Gerd Fischer

Ebene algebraische Kurven

vieweg studium
Aufbaukurs Mathematik

Herausgegeben von Martin Aigner, Gerd Fischer,
Michael Grüter, Manfred Knebusch, Gisbert Wüstholz

Martin Aigner
Diskrete Mathematik

Albrecht Beutelspacher und Ute Rosenbaum
Projektive Geometrie

Manfredo P. do Carmo
Differentialgeometrie von Kurven und Flächen

Gerd Fischer
Ebene algebraische Kurven

Wolfgang Fischer und Ingo Lieb
Funktionentheorie

Wolfgang Fischer und Ingo Lieb
Ausgewählte Kapitel aus der Funktionentheorie

Otto Forster
Analysis 3

Manfred Knebusch und Claus Scheiderer
Einführung in die reelle Algebra

Ulrich Krengel
Einführung in die Wahrscheinlichkeitstheorie und Statistik

Ernst Kunz
Algebra

Reinhold Meise und Dietmar Vogt
Einführung in die Funktionalanalysis

Erich Ossa
Topologie

Alexander Prestel
Einführung in die mathematische Logik und Modelltheorie

Jochen Werner
Numerische Mathematik 1 und 2

Advanced Lectures
in Mathematics

Herausgegeben von Martin Aigner, Gerd Fischer,
Michael Grüter, Manfred Knebusch, Gisbert Wüstholz

Wolfgang Ebeling
Lattices and Codes

Jesus M. Ruiz
The Basic Theory of Power Series

Heinrich von Weizsäcker und Gerhard Winkler
Stochastic Integrals

Gerd Fischer

Ebene algebraische Kurven

Mit 156 Bildern

Prof. Dr. Gerd Fischer
Mathematisches Institut
Heinrich-Heine-Universität Düsseldorf
40225 Düsseldorf

Umschlag: Klaus Birk, Wiesbaden

Gedruckt auf säurefreiem Papier

ISBN-13:978-3-528-07267-4   e-ISBN-13:978-3-322-80311-5
DOI: 10.1007/978-3-322-80311-5

Vorwort

Auf die Frage nach den Nullstellen von Polynomen einer Veränderlichen gibt der „Fundamentalsatz der Algebra" eine abschließende Antwort. Geht man zu zwei Veränderlichen über, so werden die Nullstellenmengen im allgemeinen unendlich. Man kann diese Mengen als geometrische Gebilde ansehen, genauer als ebene algebraische Kurven. Hier treffen sich also zwei Wege aus Algebra und Geometrie, und es ist nicht verwunderlich, daß über Eigenschaften solcher Kurven viele Jahrhunderte lang nachgedacht wurde.

Wenn zu den zahllosen Büchern über diesen Gegenstand nun schon wieder eines hinzukommt, bedarf das einer Rechtfertigung oder wenigstens einer Erklärung des speziellen Standpunktes. Das äußere Motiv sei nicht verschwiegen: Vor einigen Jahren wurde ich dazu angeregt, etwas über algebraische Kurven aufzuschreiben. Ich hatte sofort entgegnet, daß es darüber doch schon viele – vielleicht sogar zu viele – Bücher gibt. Dennoch konnte ich nicht der Versuchung widerstehen, darüber wiederholt Vorlesungen zu halten und deren Inhalt aufzuschreiben. Was schließlich daraus geworden ist, sei kurz erläutert.

Der Text besteht aus zwei recht verschiedenartigen Teilen. In den Kapiteln 0 bis 5 wird so elementar wie möglich die Geometrie der Kurven erklärt: Tangenten, Singularitäten, Wendepunkte, etc. Wichtigstes technisches Hilfsmittel ist die Schnittmultiplizität, die auf der Resultante beruht, und zentrales Ergebnis ist der Satz von BÉZOUT über die Anzahl der Schnittpunkte von zwei Kurven. Höhepunkt in Kapitel 5 sind die Plückerformeln, die eine Beziehung zwischen den in den vorhergehenden Kapiteln untersuchten Invarianten angeben.

Die Plückerformeln kann man mit den elementaren Techniken fast präzise beweisen, aber eben nicht ganz. Was fehlt, ist insbesondere ein tieferes Verständnis der Dualität und eine effiziente Methode zur Berechnung der auftretenden Schnittmultiplizitäten. Die dazu nötigen lokalen und globalen Techniken aus der Analysis werden in den Kapiteln 6 bis 9 nachgetragen. Während die Ergebnisse relativ einfach zu formulieren und anzuwenden sind, erfordert eine strenge Begründung doch einige Arbeit.

So enthalten die Kapitel 6 bis 8 eine Einführung in die lokale komplexe Analysis, das ist die Theorie der konvergenten Potenzreihen oder der holomorphen Funktionen von mehreren Veränderlichen, je nachdem, ob man den einen oder den anderen Standpunkt vorzieht. Hier stehen Potenzreihen und die algebraischen Eigenschaften der Potenzreihenringe im Vordergrund, was auf die bahnbrechenden Untersuchungen von RÜCKERT [R] zurückgeht.

Im letzten Kapitel werden die lokalen Parametrisierungen zu einer Riemannschen Fläche verklebt. In Anlehnung an ein berühmtes Zitat von FELIX KLEIN kann man sagen, daß die Kurven damit aus ihrem Käfig der projektiven Ebene befreit und außerhalb eines festen Raumes schwebend angesehen werden. Die Geschlechtsformel ist schließlich eine Ergänzung der elementaren Plückerformeln.

Einige technische Hilfsmittel aus Algebra und Topologie, die an mehreren Stellen verwendet werden, sowie Ergänzungen zu den vorhergehenden Kapiteln finden sich in den Anhängen.

Überall in dem Text wurde versucht, sehr konkret zu bleiben und wenn möglich Verfahren anzugeben, mit Hilfe von Polynomen und Potenzreihen etwas auszurechnen. Dabei sollen auch die zahlreichen Beispiele und Bilder helfen. Dieser lange Zeit als recht altmodisch angesehene Aspekt der algebraischen Geometrie hat wieder mehr Bedeutung gewonnen.

Wie zu erwarten ist: fast alles, was hier steht, wird man in ähnlicher Form auch anderswo finden. Ganz besonders erwähnen möchte ich WALKER [Wa], BURAU [Bu] und BRIESKORN-KNÖRRER [B-K]. Mein Ziel war ein möglichst knapper Text als Grundlage für eine einführende Vorlesung über ein oder zwei Semester. (Einer Bemerkung von Horst Knörrer folgend, könnte man dieses Büchlein als eine tragbare Ausführung des Standmodells [B-K] bezeichnen.) Vorausgesetzt werden nur Kenntnisse aus dem Grundstudium, vor allem in elementarer Algebra und Funktionentheorie. Nach vielen Mühen damit bin ich in der Überzeugung bestärkt, daß es kaum einen schöneren Einstieg in die algebraische Geometrie und komplexe Analysis gibt als über die algebraischen Kurven. Hier liegen die geometrische Intuition und die „analytische" Methode noch sehr nahe beieinander, und jede neue Technik ist ganz und gar durch offensichtliche geometrische Probleme motiviert. Wie im Paradies vor den zahlreichen Sündenfällen.

Mein Dank gilt all denen, die beim Entstehen dieses Buches mitgewirkt haben: meinem Lehrer R. Remmert für den Anstoß dazu, meinen Studenten in Düsseldorf und UC Davis für ihre Verbesserungsvorschläge, Herrn H.-J. Stoppel für seine unermüdliche Hilfe bei zahllosen Einzelheiten und die Herstellung des TEX-Manusripts, Herrn U. Daub für das Plotten der ersten Bilder, Herrn C. Töller für die anschließende Herstellung der perfekten Abbildungen und schließlich dem Verlag Vieweg, der sich bereiterklärt hat, das Buch in deutscher Sprache und zu einem studentenfreundlichen Preis zu veröffentlichen.

Düsseldorf, im Juni 1994   Gerd Fischer

Inhaltsverzeichnis

Anhang

A.1 Die Resultante

A.2 Überlagerungen

A.3 Der Satz über implizite Funktionen 149

A.4 Das Newton-Polygon

A.5 Eine numerische Invariante von Kurvensingularitäten

A.6 Die Ungleichung von Harnack

0. Einführung

Ein Gegenstand bewege sich im Laufe der Zeit durch den Raum. Diesen Vorgang abstrakt zu beschreiben und näher zu untersuchen, ist die Aufgabe der Kurventheorie. Sie ist heute weitverzweigt, und es soll hier gar nicht versucht werden, einen Überblick über die zahlreichen Fragen zu geben, die in diesem Zusammenhang behandelt wurden. Vielmehr wird ein kleiner, wohlbegrenzter, aber höchst spannender Ausschnitt näher beleuchtet, nämlich die elementare Theorie der *ebenen algebraischen* Kurven. Die erste Einschränkung *eben* bedeutet, daß der Raum, in dem die Bewegung stattfindet, nur die *Dimension zwei* hat; dadurch wird vieles einfacher. Bevor erklärt wird, wann eine Kurve *algebraisch* heißt, einige Beispiele für ebene Kurven ganz allgemein.

Der bewegte Gegenstand wird punktförmig angenommen, dann ist der Bewegungsvorgang in der Ebene beschrieben durch eine Abbildung

$$\varphi \colon I \to \mathbb{R}^2, \quad t \mapsto \varphi(t) = (x_1(t), x_2(t)) \,,$$

wobei $I \subset \mathbb{R}$ ein Intervall bezeichnet; der *Parameter t* kann als *Zeit* angesehen werden.

0.1. Eine *Gerade* kann beschrieben werden durch

$$\varphi(t) = v + tw$$

mit Vektoren $v, w \in \mathbb{R}^2$, wobei der Richtungsvektor $w \neq 0$ ist. Dabei kann man $I = \mathbb{R}$ wählen. Dieselbe Teilmenge $C = \varphi(\mathbb{R}) \subset \mathbb{R}^2$ kann man auf sehr viele verschiedene Arten durchlaufen, d.h. es gibt eine Vielzahl verschiedener *Parametrisierungen* φ mit gleicher *Spur* $\varphi(I)$. So, wie die Eisenbahn bei festem Schienennetz immer wieder neue Fahrpläne aufstellen kann. Wie sich herausstellen wird, hat man weit weniger Auswahl bei den Gleichungen f, die C *beschreiben*, d.h.

$$C = \left\{ (x_1, x_2) \in \mathbb{R}^2 \colon f(x_1, x_2) = 0 \right\} \,.$$

Im Fall einer Geraden hat man immer eine lineare Gleichung

$$f(x_1, x_2) = a_1 x_1 + a_2 x_2 + b \quad \text{mit } (a_1, a_2) \neq (0, 0) \,,$$

aber jedes $g = c \cdot f^k$ mit $c \in \mathbb{R}^*$ und $k \in \mathbb{N}^*$ beschreibt offensichtlich dieselbe Gerade. Welche weiteren Gleichungen es geben kann, wird in 1.6 näher untersucht.

0.2. Der *Kreis* C mit Mittelpunkt (z_1, z_2) und Radius r hat als Gleichung

$$(x_1 - z_1)^2 + (x_2 - z_2)^2 = r^2,$$

und eine transzendente Parametrisierung

$$\varphi(t) = (z_1 + r \cos t, z_2 + r \sin t).$$

Es gibt auch eine *rationale Parametrisierung*, die wir für den Fall $(z_1, z_2) = (0,0)$ und $r = 1$ konstruieren. Dazu wird der Kreis vom Punkt $p = (0,1)$ aus auf die Gerade $x_2 = 0$ projiziert. Wie man leicht nachrechnet, wird dabei der Punkt

$$(\varphi_1(t), \varphi_2(t)) = \left(\frac{2t}{t^2 + 1}, \frac{t^2 - 1}{t^2 + 1} \right)$$

auf $(t, 0)$ abgebildet. Das ergibt die Parametrisierung

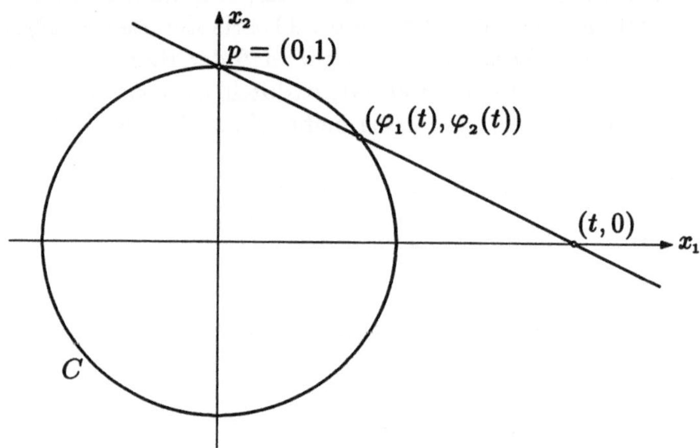

Bild 0.1. Rationale Parametrisierung des Kreises

$$\varphi : \mathbb{R} \to C \smallsetminus \{p\} \subset \mathbb{R}^2, \quad t \mapsto (\varphi_1(t), \varphi_2(t))$$

des punktierten Kreises. Fügt man zu $\mathbb{R}$ einen unendlich fernen Punkt ∞ hinzu, so kann man φ durch $\varphi(\infty) = p$ sinnvoll fortsetzen. Wie unentbehrlich unendlich ferne Punkte sind, wird in Kapitel 2 erläutert.

Ganz analog erhält man rationale Parametrisierungen beliebiger Kegelschnitte (Ellipse, Hyperbel, Parabel).

0.3. Die *Neilsche Parabel* $C \subset \mathbb{R}^2$ ist gegeben durch die Parametrisierung

$$\varphi(t) = (t^2, t^3)$$

und hat somit als Gleichung

$$x_1^3 - x_2^2 = 0.$$

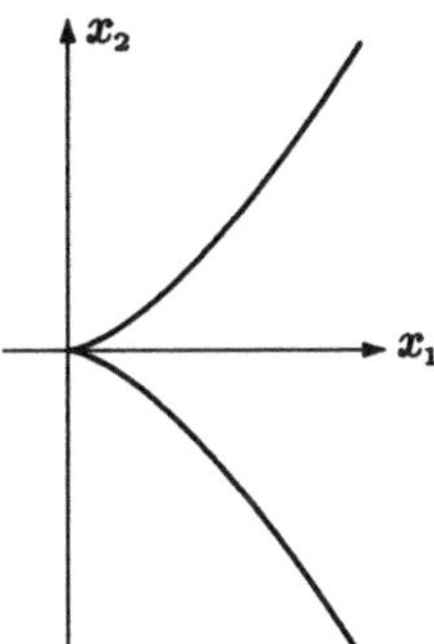

Bild 0.2. Neilsche Parabel

Dies ist ein Polynom vom Grad drei, daher nennt man die Kurve eine *Kubik*. Der Tangentenvektor ist gegeben durch

$$\dot\varphi(t) = (2t, 3t^2), \quad \text{also} \quad \dot\varphi(0) = (0,0).$$

Zur Zeit $t = 0$ kehrt die Geschwindigkeit beim Durchlaufen von C ihre Richtung um und ihr Betrag wird gleich Null. Man kann zeigen, daß $\dot\psi(0) = (0,0)$ sein muß für jede differenzierbare Parametrisierung

$$\psi\colon \mathbb{R} \to C \subset \mathbb{R}^2 \quad \text{mit} \quad \psi(0) = (0,0).$$

Für genügend oft differenzierbare ψ_i folgt das leicht aus $\psi_1^3 = \psi_2^2$. Ist ψ nur einmal differenzierbar, muß man sich etwas mehr anstrengen. Dieses Phänomen kann nur in einem *singulären* Punkt auftreten; die Spitze der Neilschen Parabel ist das einfachste und wichtigste Beispiel einer *Singularität*.

0.4. Der *Newtonsche Knoten* ist gegeben durch

$$C = \left\{ (x_1, x_2) \in \mathbb{R}^2 : x_2^2 = x_1^2 (x_1 + 1) \right\}.$$

Um ein Bild von der Kurve zu erhalten, ist folgendes Verfahren nützlich: man bestimmt die Schnittpunkte von C mit der Geraden $x_1 = \lambda$. Für $\lambda < -1$ gibt es keinen, für $\lambda = -1$ und $\lambda = 0$ einen und für alle anderen λ zwei Schnittpunkte mit den Quadratwurzeln von $\lambda^3 + \lambda^2$ als Abszisse.

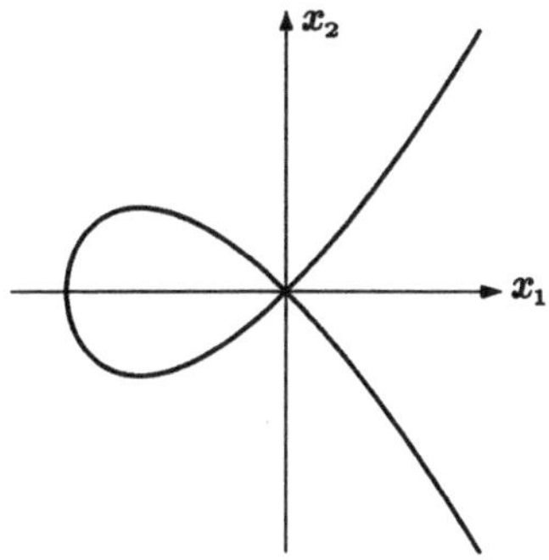

Bild 0.3. Newtonscher Knoten

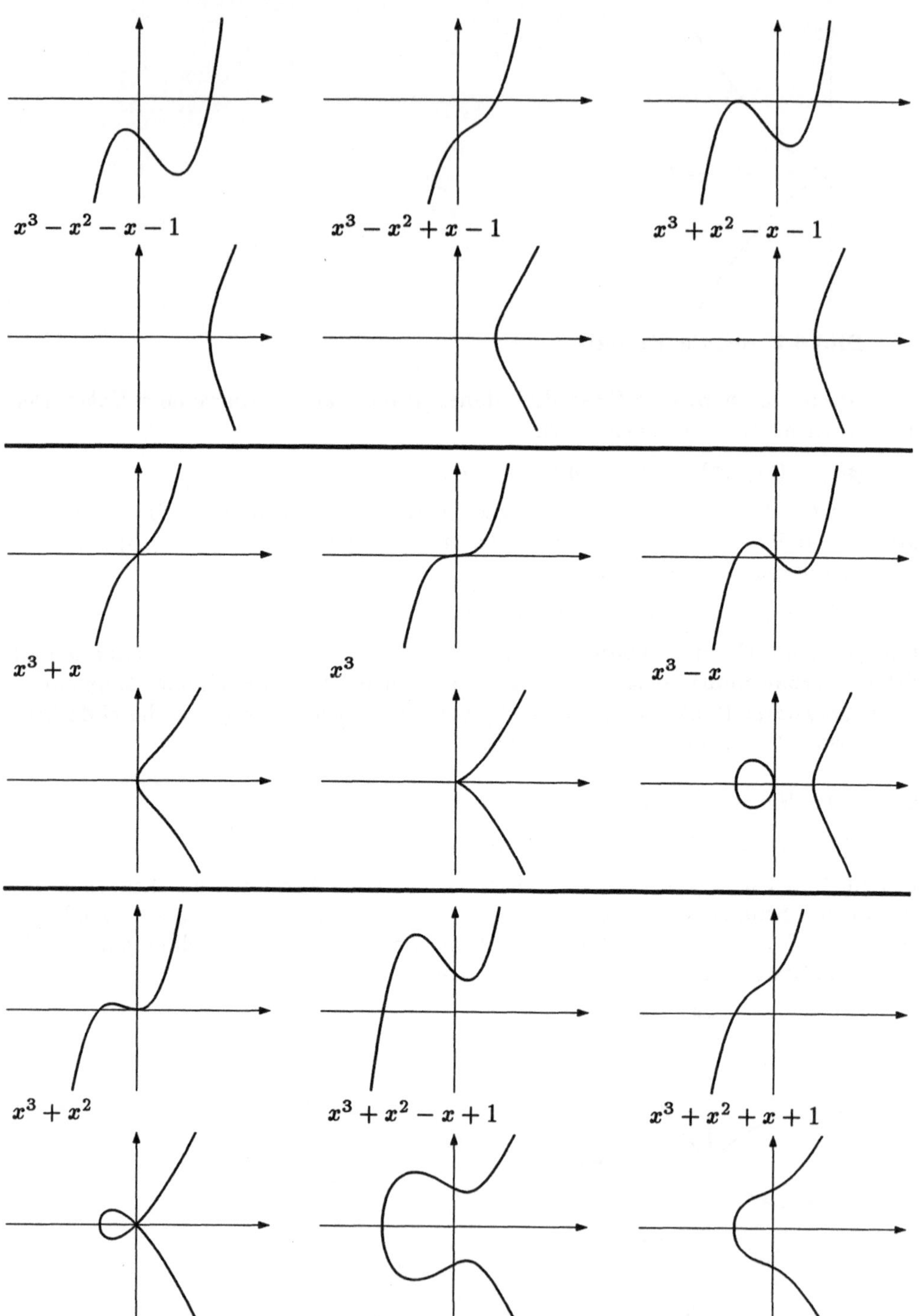

Bild 0.4. Newtons *diverging parabolas*: Die Kurven $y = g(x)$ und $y^2 = g(x)$

Eine rationale Parametrisierung

$$\varphi\colon \mathbb{R} \to C\,, \quad t \mapsto \left(t^2 - 1, t - t^3\right),$$

erhält man durch Projektion der Kurve vom Ursprung aus auf die Gerade $x_1 = -1$. Dabei ist $\varphi(1) = \varphi(-1) = (0,0)$. Der Ursprung ist ein *gewöhnlicher Doppelpunkt*, um ihn herum hat die Kurve zwei *Zweige*, was den verschiedenen Parameterwerten $t = \pm 1$ entspricht.

In NEWTONS Klassifikation kubischer Kurven [Ne], wie sie 1710 veröffentlicht wurde, gehört dieser Knoten ebenso wie die Neilsche Parabel zur Familie der "diverging parabolas" , die allgemein durch eine Gleichung der Form $x_2^2 = g(x_1)$ mit einem kubischen Polynom g definiert sind. Einige Beispiele von Kurven $x_2 = g(x_1)$ und $x_2^2 = g(x_1)$ sind in Bild 0.4 zu sehen. Dabei ist $x = x_1$ und $y = x_2$.

0.5. Das *Cartesische Blatt* (benannt nach R. DESCARTES) sieht ähnlich aus wie der Newtonsche Knoten, gehört aber nach NEWTON zu den "defective hyperbolas". Die übliche Gleichung ist

$$x_1^3 + x_2^3 - 3x_1 x_2 = 0\,.$$

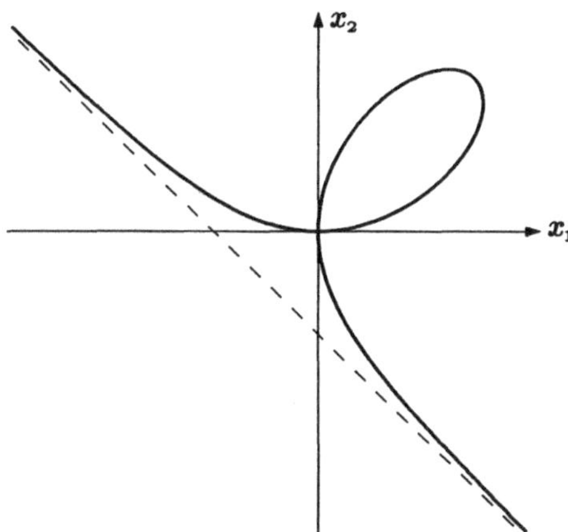

Bild 0.5. Cartesisches Blatt

Der wesentliche Unterschied zum Newtonschen Knoten ist die Existenz einer Asymptote, sie hat die Gleichung

$$x_1 + x_2 + 1 = 0\,.$$

Dreht man die Symmetrieachse in $x_2 = 0$ und verschiebt man die Asymptote in $x_1 = 0$, so hat das Cartesische Blatt eine Gleichung der Form

$$x_1 x_2^2 = g(x_1)$$

mit einem kubischen Polynom g, was nach NEWTON für die defective hyperbolas charakteristisch ist. NEWTONS Liste von Kubiken enthält 72 „Spezies", sie wurde später ergänzt und durch Übergang zu einer gröberen Äquivalenz (komplexprojektiv statt reell-affin, siehe Kapitel 2) wesentlich vereinfacht. Damit läßt sich die Gleichung jeder glatten Kubik auf die Hessesche Normalform bringen, die einen komplexen Parameter enthält (siehe [B-K]).

Der Übergang von Quadriken zu Kubiken läßt schon erkennen, daß das Problem der Klassifikation mit steigendem Grad der Gleichungen immer schwieriger und bald hoffnungslos wird. Schon ab Grad 4 kann die Liste der Beispiele daher nur noch ganz sporadisch sein.

0.6. Die Bahnkurve eines Fahrradventils ist ein Beispiel für eine *Zykloide*. Man kann sie parametrisieren durch

$$x_1 = t - \sin t, \quad x_2 = 1 - \cos t .$$

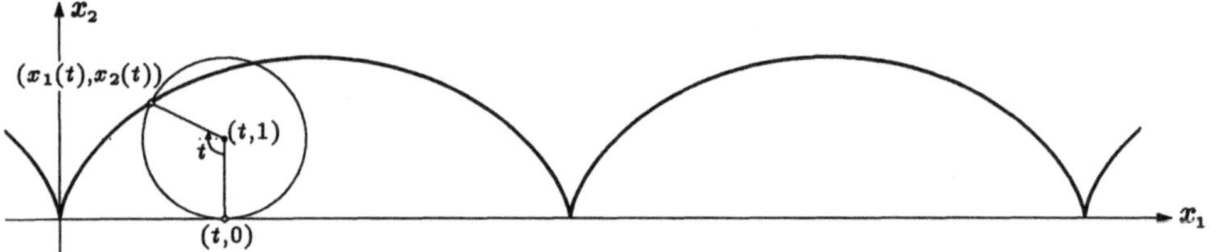

Bild 0.6. Zykloide

Da sie die Gerade $x_2 = 0$ in unendlich vielen Punkten trifft, kann sie nicht durch ein Polynom beschrieben werden (siehe 1.7). Läßt man einen Kreis vom Radius r in einen Kreis vom Radius $R > r$ abrollen, so heißt die Bahnkurve eines Punktes auf dem inneren Kreis *Hypozykloide*. Sie ist geschlossen für rationales r/R. Ist etwa $R = 1$ und $r = \frac{1}{3}$, so hat der Mittelpunkt des kleinen Kreises die Koordinaten $z = \frac{2}{3}(\cos t, \sin t)$, also ist der bewegliche Punkt

$$p = (x_1, x_2) = z + \tfrac{1}{3}(\cos 2t, -\sin 2t) = \tfrac{1}{3}(2\cos t + \cos 2t, 2\sin t - \sin 2t) .$$

Unter Benutzung einiger trigonometrischer Formeln erhält man daraus

$$3(x_1^2 + x_2^2)^2 + 8x_1(3x_2^2 - x_1^2) + 6(x_1^2 + x_2^2) = 1$$

als Gleichung der *dreispitzigen Hypozykloide*. Dieses Polynom hat den Grad vier, daher spricht man von einer *Quartik*.

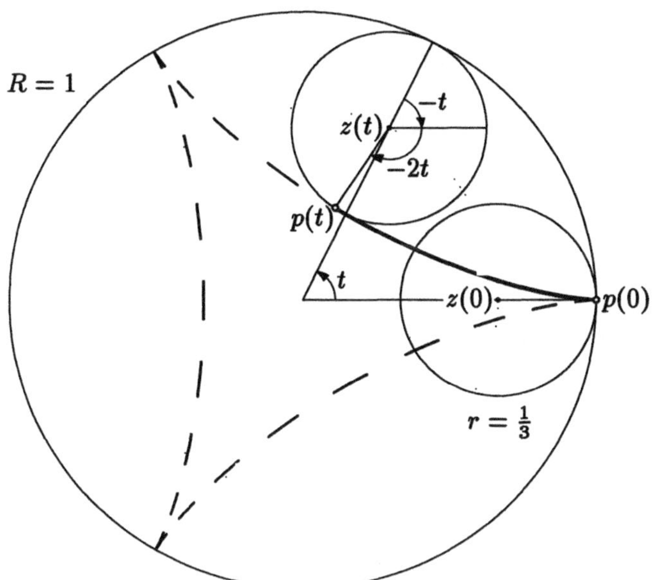

Bild 0.7. Entstehung der dreispitzigen Hypozykloide

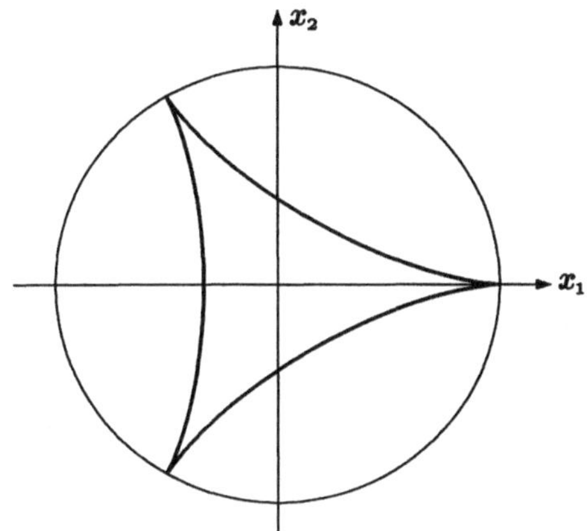

Bild 0.8. Dreispitzige Hypozykloide

Eine *rationale Parametrisierung* kann man folgendermaßen erhalten. Setzt man $\tau = \tan \frac{t}{2}$, so ist

$$(\cos t, \sin t) = \left(\frac{1 - \tau^2}{1 + \tau^2}, \frac{2\tau}{1 + \tau^2} \right)$$

(vgl. 0.2). Also wird

$$p = (x_1, x_2) = \frac{1}{3(1 + \tau^2)^2} (3 - 6\tau^2 - \tau^4, 8\tau^3).$$

Für $t = \pi$ ist $p = (-\frac{1}{3}, 0)$, dazu gehört der Parameter $\tan \frac{t}{2} = \infty$.

Eine elegantere Methode, die Beziehung zwischen Kreis und Hypozykloide zu benutzen, findet sich in 5.1, Beispiel d).

Ist das Radienverhältnis irrational, so liegen die Spitzen der Hypozykloide dicht auf dem äußeren Kreis. Dies folgt sofort aus dem

Satz von Kronecker. *Ist $\alpha \in \mathbb{R}$ irrational und $\xi \in \mathbb{R}$ beliebig, so gibt es zu $\varepsilon > 0$ ganze Zahlen n und p, so daß*

$$|n\alpha - \xi - p| < \varepsilon.$$

Kurz: die Vielfachen $n \cdot \alpha$ liegen dicht mod 1 (vgl. [Cha],VIII).

0.7. Eine interessante Familie von Quartiken hat FELIX KLEIN folgendermaßen konstruiert: Man geht aus von zwei Ellipsen C_1, C_2 mit Gleichungen

$$f_1 = x_1^2 + \tfrac{1}{4}x_2^2 - 1 = 0 \quad \text{und}$$

$$f_2 = \tfrac{1}{4}x_1^2 + x_2^2 - 1 = 0 \, .$$

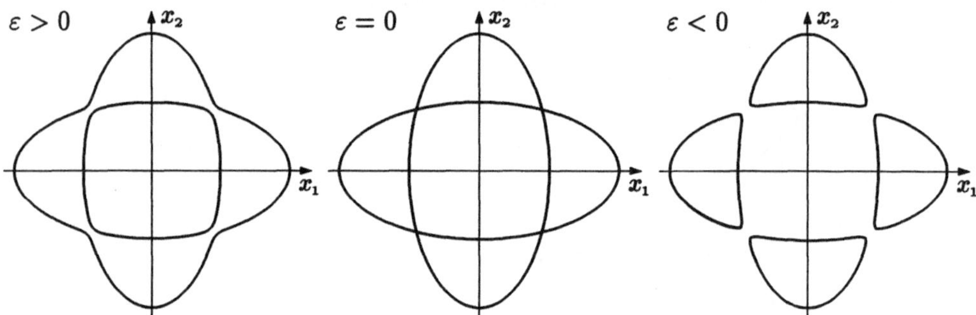

Bild 0.9. Drei Mitglieder aus Felix Kleins Familie von Quartiken

Die Gleichung $f_1 \cdot f_2 = 0$ beschreibt dann die Kurve $C_0 = C_1 \cup C_2$. Für kleines reelles ε sei dann C_ε die durch $f_1 \cdot f_2 = \varepsilon$ beschriebene Kurve. Betrachtet man die Vorzeichen der Funktionen f_1, f_2 und $f_1 \cdot f_2$ erhält man ein Bild vom Aussehen von C_ε: für $\varepsilon < 0$ besteht die Kurve aus vier nierenförmigen Teilen, für $\varepsilon > 0$ zerfällt sie in zwei Gürtel.
Die nierenförmige Quartik ist bemerkenswert, weil sie (im Gegensatz zu Quadriken und Kubiken) *Doppeltangenten* besitzt; das sind Tangenten, die zwei Berührpunkte mit der Kurve haben. Eine genaue Zählung ergibt 28 Stück.

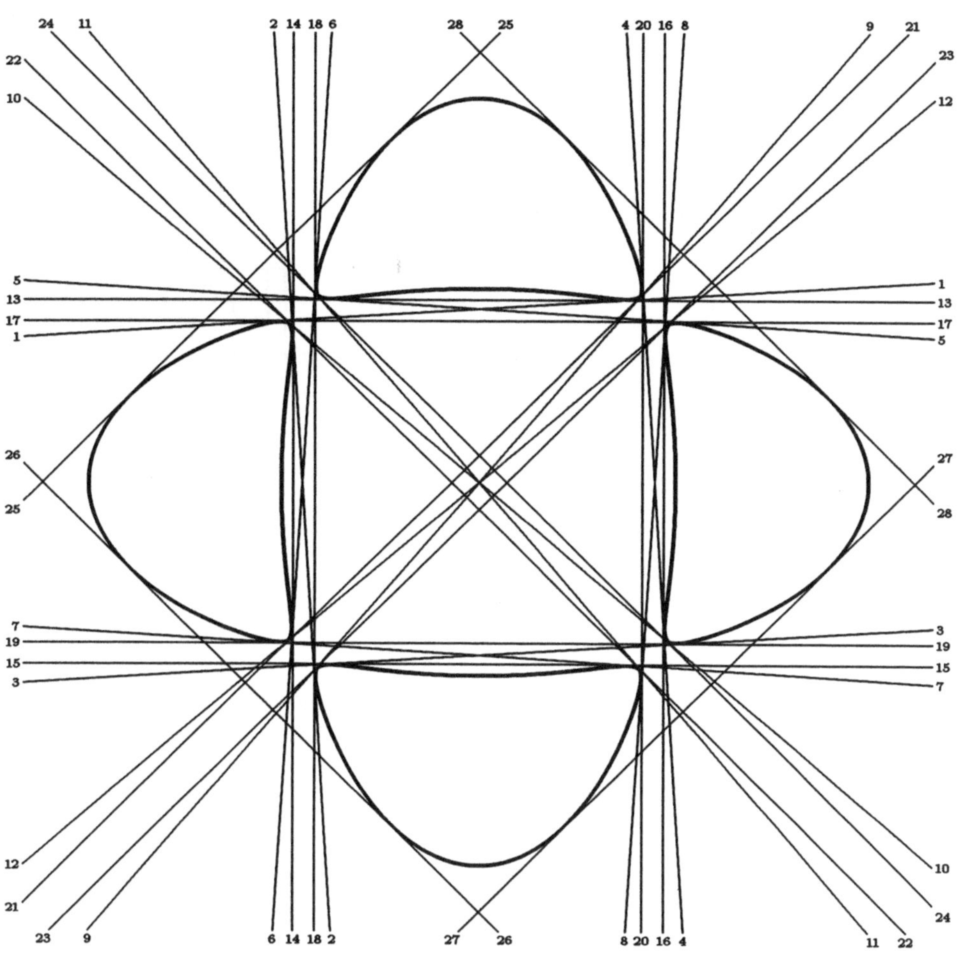

Bild 0.10. Die 28 Doppeltangenten an die nierenförmige Quartik

Für $\varepsilon > 0$ hat C_ε dagegen nur vier relle Doppeltangenten.

0.8. Aus gutem Grund hatten die bisher vorgestellten Kurven fast alle Gleichungen in Form eines Polynoms. Schon die Rationalitätsbedingung bei den Hypozykloiden läßt erkennen, wie selten dieser Fall bei elementar parametrisierten Kurven eintritt.

Ganz pathologisch kann es werden, wenn die Kurve nur eine stetige Parametrisierung gestattet, etwa bei der *Peanokurve*. Dies ist eine stetige surjektive Abbildung

$$\varphi: I \to I \times I, \text{ wobei } I = [0, 1]\,.$$

φ wird konstruiert als gleichmäßiger Limes von stückweise linearen Abbildungen. HILBERT hat das 1890 in Bremen der Gesellschaft deutscher Naturforscher und

Ärzte so illustriert:

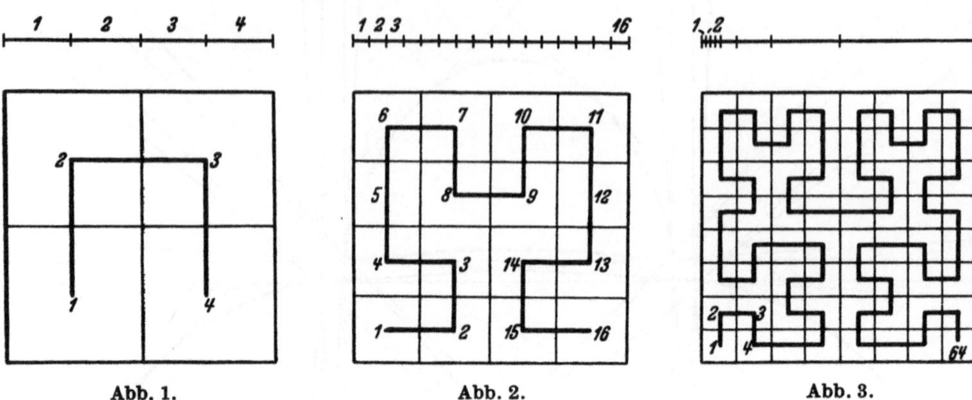

Abb. 1.　　　　　　　　Abb. 2.　　　　　　　　Abb. 3.

Bild 0.11. Peanokurve

In diesem Fall ist die Spur der Kurve das ganze Quadrat, sie erlaubt keinerlei Vorstellung mehr von der Art, in der die „Kurve" entstanden ist.

Bild 0.12. Schneeflockenkurve

Bei der Konstruktion der *Schneeflockenkurve* kann man an einen Geographen denken, der die Küstenlinie der Bretagne mit zunehmender Genauigkeit zeichnen will.

Man beginnt mit einem gleichseitigen Dreieck und setzt im jeweils folgenden Schritt auf die vorhandenen Seiten der Länge a Dreiecke der Länge $\frac{a}{3}$ auf. Dadurch verlängert sich die Kurve bei jedem Schritt um den Faktor $\frac{4}{3}$. Der gleichmäßige Limes dieser Folge ist eine stetige und nirgendwo rektifizierbare Kurve; für ihre Spur kann man keine Gleichung mehr aufschreiben.

Die letzten Beispiele sollten vor allem zeigen, wie unvermeidlich es ist, die Klasse der untersuchten Kurven einzuschränken, wenn man an speziellen Gesetzmäßigkeiten interessiert ist. Eine sehr rigide Forderung ist die Existenz einer polynomialen Gleichung. Dann kann man aber genauere Aussagen erhoffen etwa über mögliche Singularitäten, Wendepunkte, Doppeltangenten und Beziehungen zwischen ihren Anzahlen. Dies auszuführen ist der Zweck der folgenden Kapitel.

Übungsaufgabe. Man untersuche die Symmetriegruppe der nierenförmigen Quartik aus 0.7 und ihre Wirkung auf den 28 Doppeltangenten. Wieviele Achterbahnen gibt es?

1. Affin-algebraische Kurven und ihre Gleichungen

1.1. Nach einem Satz von H. WHITNEY ist jede abgeschlossene Teilmenge des $\mathbb{R}^n$ als Nullstellenmenge einer unendlich oft differenzierbaren Funktion beschreibbar ([B-J], §14). Daß selbst Nullstellenmengen von Polynomen im $\mathbb{R}^2$ nicht immer das halten, was man von einer „algebraischen Kurve" erwartet, kann man schon an ganz primitiven Beispielen erkennen. Dazu ist folgende Notation nützlich: für $f \in \mathbb{R}[X_1, X_2]$ heißt

$$V(f) := \{(x_1, x_2) \in \mathbb{R}^2 : f(x_1, x_2) = 0\}$$

die *Varietät* von f. Nun ist im $\mathbb{R}^2$

$$
\begin{aligned}
V\left(X_1^2 + X_2^2 - 1\right) &\quad \text{ein Kreis,} \\
V\left(X_1^2 + X_2^2\right) &\quad \text{ein Punkt und} \\
V\left(X_1^2 + X_2^2 + 1\right) &\quad \text{die leere Menge.}
\end{aligned}
$$

Nur im ersten Fall hat es Sinn, von einer Kurve zu sprechen. Die beiden anderen Fälle verlieren ihre Absonderlichkeit, wenn man von den reellen zu den komplexen Zahlen, d.h. von der reellen Ebene $\mathbb{R}^2$ zur komplexen „Ebene" $\mathbb{C}^2$ übergeht. Das ist nicht verwunderlich, wenn man an die Auswirkung der Körpererweiterung $\mathbb{R} \subset \mathbb{C}$ für Polynome einer Veränderlichen denkt. Aus der Zerlegung

$$X_1^2 + X_2^2 = (X_1 + iX_2)(X_1 - iX_2)$$

folgt, daß in $\mathbb{C}^2$

$$V\left(X_1^2 + X_2^2\right) = V(X_1 + iX_2) \cup V(X_1 - iX_2),$$

d.h. die Nullstellenmenge besteht aus zwei Geraden mit dem Ursprung als Schnittpunkt. Dies ist der einzige reelle Punkt der Kurve. Die leere Menge im $\mathbb{R}^2$ wird zu einem Kreis mit der Gleichung

$$Y_1^2 + Y_2^2 - 1 = 0$$

durch die Transformation $X_1 = iY_1$, $X_2 = iY_2$. Bei Polynomen höheren Grades können die reellen Teile einer komplexen Varietät je nach Lage der Koordinaten noch weit verschiedenartiger ausfallen. Daher hat man im Reellen keine Chance mehr, von der Varietät zu den möglichen Gleichungen zurückzufinden. Der klassische Ausweg besteht darin, die Theorie im Komplexen zu entwickeln und danach gelegentlich zu versuchen, wieder in die Realität zurückzukehren (siehe hierzu etwa [B-C-R] und Anhang 6).

1.2. Nun ist die Zeit reif für die grundlegende

Definition. Eine Teilmenge $C \subset \mathbb{C}^2$ heißt *affin-algebraische Kurve*, wenn es ein Polynom $f \in \mathbb{C}[X_1, X_2]$ gibt mit $\deg f \geq 1$ und

$$C = V(f) = \left\{ (x_1, x_2) \in \mathbb{C}^2 : f(x_1, x_2) = 0 \right\} .$$

Selbstverständlich kann das Polynom f zu gegebener Varietät C nicht eindeutig bestimmt sein, denn für $\lambda \in \mathbb{C}^*$ und $k \in \mathbb{N}^*$ gilt

$$V(f) = V(\lambda \cdot f) = V\left(f^k\right) .$$

Zentrales Ergebnis dieses Kapitels wird sein, daß dies im wesentlichen die einzige Unbestimmtheit ist. Wie schon das Beispiel der leeren Menge zeigt, ist die Situation im Reellen dagegen hoffnungslos.

Den vielen technischen Vorteilen beim Übergang von $\mathbb{R}$ zu $\mathbb{C}$ steht ein Verlust der unmittelbaren Anschauung entgegen: eine „Kurve" in $\mathbb{C}^2$ ist reell gesehen eine Fläche im vierdimensionalen Raum. In Kapitel 9 wird sich zeigen, daß dies einen interessanten Zusammenhang mit den in der Funktionentheorie untersuchten Riemannschen Flächen ergibt. Aus den verschiedenartigen Möglichkeiten, eine Ebene in $\mathbb{C}^2 = \mathbb{R}^4$ als „reell" auszuzeichnen, ergeben sich die unterschiedlichen reellen Kurven als Schnitte einer Fläche im $\mathbb{R}^4$ mit verschiedenen Ebenen.

1.3. Zu jedem Polynom $f \in \mathbb{C}[X_1, X_2]$ vom Grad ≥ 1 gehört eine Kurve $V(f) \subset \mathbb{C}^2$. Ist f ein Teiler von g, d.h. $g = f \cdot h$, so ist $V(f) \subset V(g)$. Der Polynomring ist faktoriell, daher hat man eine gute Übersicht über die Teilbarkeitseigenschaften von Polynomen und damit möchte man schließen auf die möglichen Teilkurven einer gegebenen Kurve. Um von den Punktmengen der Kurven zu den Polynomen zurückzufinden, dient das

Lemma von Study. *Seien $f, g \in \mathbb{C}[X_1, X_2]$. Ist f irreduzibel vom Grad ≥ 1 und $V(f) \subset V(g)$, so ist f Teiler von g.*

Offensichtlich ist die analoge Aussage im Reellen falsch (etwa für $f = X_1^2 + X_2^2$ und $g = X_1$). Dieses technische Lemma ist ein Vorläufer des *Hilbertschen Nullstellensatzes* ([Z-S], vol. II, p. 164). Im Spezialfall von Kurven besagt er:

Korollar. *Ist $f \in \mathbb{C}[X_1, X_2]$ eine Nicht-Einheit, so ist $V(f) \neq \emptyset$.*

Beweis. Angenommen $V(f) = \emptyset$; ist h ein irreduzibler Faktor von f, so ist $V(h) = \emptyset$. Nach dem Lemma teilt h jedes g, was nicht sein kann.   □

Zum *Beweis des Studyschen Lemmas* benutzen wir eine klassische geometrische Methode, die es gestattet, die Aussage mit Hilfe einer Resultante auf den Fundamentalsatz der Algebra zurückzuführen (vgl. etwa [Wae], [B-K]). Sei dazu

$$f = a_0 X_2^m + a_1 X_2^{m-1} + \ldots + a_m ,$$

$$g = b_0 X_2^n + b_1 X_2^{n-1} + \ldots + b_n ,$$

wobei $a_\mu, b_\nu \in \mathbb{C}[X_1]$ mit $a_0, b_0 \neq 0$. Indem man eventuell X_1 und X_2 vertauscht, kann man $m \geq 1$ voraussetzen. Nun betrachtet man die Mengen $V(f) \subset V(g)$ und schneidet sie mit den senkrechten Geraden $X_1 = x_1$ für alle $x_1 \in \mathbb{C}$. Es muß auch $n > 0$ sein: andernfalls wähle man x_1 so, daß $a_0(x_1) \neq 0$ und $b_0(x_1) \neq 0$; dann würde $V(f)$ die Gerade $X_1 = x_1$ schneiden, aber $V(g)$ nicht.

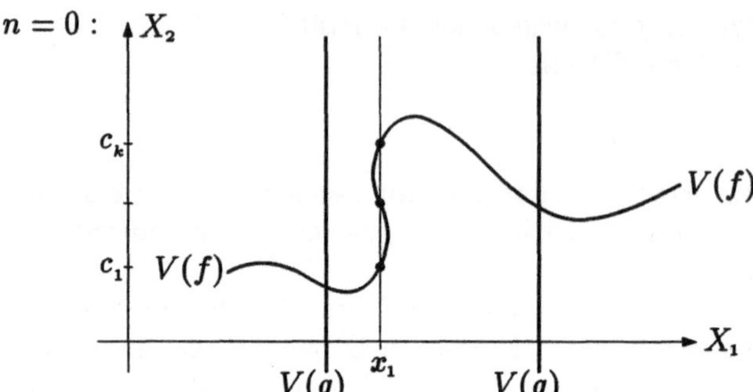

Bild 1.1. $n = 0$

Nun betrachten wir die Resultante $R_{f,g} \in A$ mit $A = \mathbb{C}[X_1]$ (vgl. Anhang 1). Unser f war als irreduzibel vorausgesetzt, also ist f nach Satz A.1 Teiler von g, wenn $R_{f,g} = 0$. $R_{f,g} \in A$ ist wieder ein Polynom. Also genügt es zu zeigen, daß $R_{f,g}(x_1) = 0$ für unendlich viele $x_1 \in \mathbb{C}$.

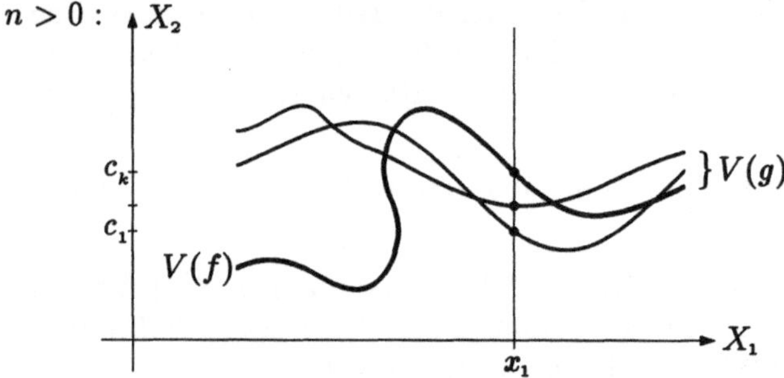

Bild 1.2. $n > 0$

Wegen $a_0 \neq 0$ gilt $a_0(x_1) \neq 0$ für fast alle $x_1 \in \mathbb{C}$. Setzen wir $X_1 = x_1$ in f und g ein, so erhalten wir Polynome $f_{x_1}, g_{x_1} \in \mathbb{C}[X_2]$. Hat f_{x_1} die paarweise verschiedenen Nullstellen $c_1, \ldots, c_k \in \mathbb{C}$, so auch g_{x_1}, also ist

$$(X_2 - c_1) \cdot \ldots \cdot (X_2 - c_k)$$

ein wegen $1 \leq k \leq m$ nicht konstanter gemeinsamer Faktor von f_{x_1} und g_{x_1} in $\mathbb{C}[X_2]$, also muß $R_{f,g}(x_1) = R_{f_{x_1}, g_{x_1}} = 0$ sein nach dem Resultantensatz für $A = \mathbb{C}$.   □

Mit dieser Methode der Projektion der Kurve auf eine Achse ergibt sich ganz einfach auch die

Bemerkung. *Eine algebraische Kurve $C \subset \mathbb{C}^2$ enthält unendlich viele Punkte.*

1.4. Von den zahlreichen Konsequenzen des Studyschen Lemmas wird zunächst die Komponentenzerlegung einer algebraischen Kurve erklärt. Da Polynomringe über Körpern faktoriell sind, gestattet jedes $f \in \mathbb{C}[X_1, X_2]$ eine bis auf Einheiten und Reihenfolge eindeutige Zerlegung

$$f = f_1^{k_1} \cdot \ldots \cdot f_r^{k_r}$$

mit irreduziblen und paarweise nicht assoziierten f_ϱ. Daher ist

$$V(f) = V(f_1) \cup \cdots \cup V(f_r),$$

d.h. die durch f definierte Kurve kann in *Komponenten* $V(f_\varrho)$ zerlegt werden. Diese geometrische Vorstellung wird präzisiert in der

Definition. Eine algebraische Kurve $C \subset \mathbb{C}^2$ heißt *reduzibel*, wenn es algebraische Kurven C_1, C_2 gibt mit $C_1 \neq C_2$ und $C = C_1 \cup C_2$ (nach 1.3 ist $C_i \neq \emptyset$). *Irreduzibel* heißt nicht reduzibel, d.h. für jede Zerlegung $C = C_1 \cup C_2$ folgt $C_1 = C_2$.

Diese Bedingung für die Punktmengen wird in die Algebra übersetzt durch das

Lemma. *Eine algebraische Kurve $C = V(f) \subset \mathbb{C}^2$ ist genau dann irreduzibel, wenn es ein irreduzibles $g \in \mathbb{C}[X_1, X_2]$ und $k \in \mathbb{N}^*$ gibt mit $f = g^k$.*

Beweis. Sei C irreduzibel und $f = f_1 \cdot f_2$ mit teilerfremden Nicht-Einheiten f_1, f_2. Ist h ein irreduzibler Faktor von f_1 so folgt mit Study aus $V(h) \subset V(f_1) = V(f_2)$, daß h auch f_2 teilt.

Sei umgekehrt C reduzibel, d.h. $V(f) = V(f_1) \cup V(f_2)$ und $V(f_1) \neq V(f_2)$. Daher gibt es nicht-assoziierte irreduzible Faktoren h_i von f_i. Aus $V(h_i) \subset V(f)$ folgt mit Study, daß f mindestens zwei verschiedene Primfaktoren hat. $\square$

Satz. *Jede algebraische Kurve $C \subset \mathbb{C}^2$ gestattet eine bis auf Reihenfolge eindeutige Darstellung*

$$C = C_1 \cup \ldots \cup C_r$$

mit irreduziblen algebraischen Kurven $C_1, \ldots, C_r$.

Diese heißen *irreduzible Komponenten.*

Beweis. Die Existenz folgt aus der Primfaktorzerlegung eines beschreibenden Polynoms und dem Lemma. Zur Eindeutigkeit bleibt zu zeigen, daß jede irreduzible Kurve $C' \subset C$ unter den C_ϱ vorkommt. Ist aber $C' = V(f')$ mit irreduziblem f', so muß dieses nach Study Primfaktor von f sein. $\square$

1.5. Die irreduziblen Komponenten einer algebraischen Kurve entsprechen den Zusammenhangskomponenten eines topologischen Raums. Neben dieser mehr formalen Analogie gibt es eine weit interessantere Beziehung.

Satz. *Jede irreduzible Kurve $C \subset \mathbb{C}^2$ ist als topologischer Raum zusammenhängend.*

Dies wird in 9.5 als Folgerung aus der Singularitätenauflösung bewiesen.

Es erscheint fast überflüssig, darauf hinzuweisen, daß all die in den letzten Abschnitten bewiesenen Aussagen im Reellen falsch sind. Etwa die Hyperbel besteht aus zwei Zusammenhangskomponenten, wird aber durch ein irreduzibles Polynom beschrieben. Ein einzelner Ast ist keine algebraische Menge im $\mathbb{R}^2$ (Beweis!).

1.6. Wie wir in 1.4 gesehen haben, sind die irreduziblen Komponenten einer algebraischen Kurve eindeutig bestimmt. Das legt nach dem Studyschen Lemma auch die möglichen irreduziblen Faktoren eines beschreibenden Polynoms fest:

Korollar. *Sei $C = V(f) \subset \mathbb{C}^2$ eine algebraische Kurve und*

$$f = f_1^{k_1} \cdot \ldots \cdot f_r^{k_r}$$

eine Primfaktorzerlegung. Ist g ein weiteres Polynom mit $C = V(g)$, so ist

$$g = \lambda \cdot f_1^{l_1} \cdot \ldots \cdot f_r^{l_r}$$

mit $\lambda \in \mathbb{C}^*$ und $l_\varrho \in \mathbb{N}^*$.

Damit hat man eine vollständige Übersicht über die möglichen Gleichungen von C. In Analogie zu Polynomen einer Veränderlichen kann man

$$\tilde{f} = f_1 \cdot \ldots \cdot f_r$$

ein *Minimalpolynom* der Kurve C nennen. Es ist bis auf eine Einheit eindeutig bestimmt und hat folgende algebraische Eigenschaft:

$$\mathfrak{I}(C) := \{ h \in \mathbb{C}[X_1, X_2] : h|C = 0 \}$$

ist ein Ideal im Polynomring und heißt *Verschwindungsideal* von C. Dies ist ein Hauptideal, das vom Minimalpolynom erzeugt wird. Bei einer Kurve, die nicht vom Minimalpolynom beschrieben wird, kann man die Potenz k_ϱ als Vielfachheit der Komponente $C_\varrho = V(f_\varrho)$ betrachten. Allgemein nennt man eine formale Kombination

$$k_1 C_1 + \ldots + k_r C_r$$

mit irreduziblen C_ϱ und $k_\varrho \in \mathbb{Z}$ einen *Divisor*, falls $k_\varrho \geq 0$ heißt er *effektiv*. Diese Verallgemeinerungen sind sinnvoll für den Fall, daß man eine Kurve nicht als Punktmenge antrifft, sondern über ein Polynom oder eine rationale Funktion.

1.7. Mit Hilfe des Minimalpolynoms kann man nun die wichtigste *Invariante* einer algebraischen Kurve erklären, ihren *Grad*:

Definition. Ist $C = V(f) \subset \mathbb{C}^2$ eine algebraische Kurve und f Minimalpolynom, so heißt

$$\deg C := \deg f$$

der *Grad der Kurve C*. Ist f nicht notwendig Minimalpolynom, so spricht man vom *Grad des Divisors*.

Um die geometrische Bedeutung des Grades zu erläutern, betrachten wir Schnitte der Kurve mit Geraden. Eine Gerade $L \subset \mathbb{C}^2$ sei gegeben durch die Parametrisierung

$$\varphi : \mathbb{C} \to L \subset \mathbb{C}^2, \quad t \mapsto (\varphi_1(t), \varphi_2(t)) \,,$$

mit linearen Polynomen $\varphi_i \in \mathbb{C}[T]$. Ist $C = V(f) \subset \mathbb{C}^2$, so erhält man ein Polynom

$$g(T) := f(\varphi_1(T), \varphi_2(T))$$

und die Nullstellen von g entsprechen den Schnittpunkten von C mit L. Ihre Anzahl, in Zeichen $\#(C \cap L)$, kann man nun leicht abschätzen. Da $g = 0$ gleichbedeutend ist mit $L \subset C$, folgt aus $\deg g \leq \deg f$ die

Bemerkung. *Ist $C \subset \mathbb{C}^2$ eine algebraische Kurve vom Grad n und $L \subset \mathbb{C}^2$ eine Gerade mit $L \not\subset C$, so folgt*

$$\#(C \cap L) \leq n.$$

Dies gilt natürlich analog im Reellen und liefert eine Methode um zu zeigen, daß gewisse Teilmengen des $\mathbb{R}^2$ oder $\mathbb{C}^2$ keine algebraischen Kurven sein können: etwa die Sinuskurve, die Zykloide oder die Hypozykloide mit irrationalem Radienverhältnis. Es gibt jeweils Geraden, die nicht ganz in der Kurve enthalten sind, sie aber in unendlich vielen Punkten schneiden.

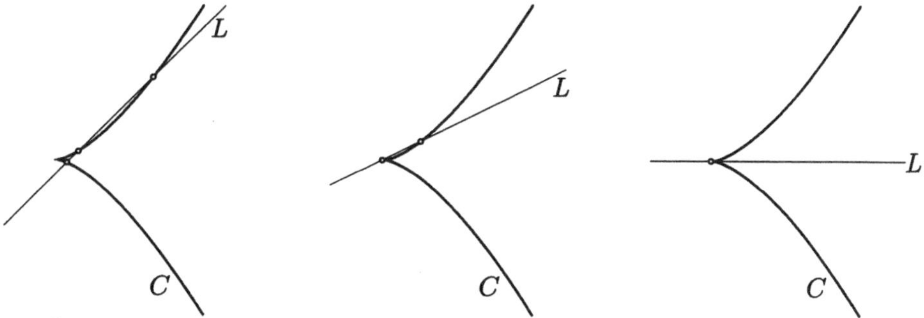

Bild 1.3. Schnittpunkte der Neilschen Parabel mit Geraden

1.8. Die in 1.7 angegebene Schranke für die Zahl der Schnittpunkte mit einer Geraden wird im Reellen selten erreicht, im Komplexen jedoch „fast immer". Um das zu präzisieren, betrachten wir noch einmal die Konstruktion des für die Schnittpunkte verantwortlichen Polynoms $g(T) = f(\varphi(T))$. Ist $0 \leq d \leq n = \deg f$, so ist

$$f \;=\; f_{(0)} + f_{(1)} + \cdots + f_{(n)} \,, \quad \text{wobei}$$
$$f_{(d)} \;=\; \sum_{k_1 + k_2 = d} a_{k_1 k_2} X_1^{k_1} X_2^{k_2}$$

den *homogenen Bestandteil* vom Grad d von f bezeichnet. Ist

$$\varphi_1 = \lambda_1 T + \mu_1, \quad \varphi_2 = \lambda_2 T + \mu_2,$$

so ist der Koeffizient von T^n in g gleich $f_{(n)}(\lambda_1, \lambda_2)$. Wegen $f_{(n)} \neq 0$ kann $f_{(n)}$ für höchstens n verschiedene Steigungen $\lambda_1 : \lambda_2$ von L verschwinden. Für alle übrigen Steigungen ist $\deg g = \deg f = \deg C$. Es gibt also zwei Hindernisse gegen das Erreichen der Schranke $\#(C \cap L) = \deg C$:

a) Die Gerade L kann eine Ausnahmesteigung haben.

b) Das Polynom g kann mehrfache Nullstellen haben.

Das zweite Problem kann man lösen, indem man Schnittpunkte mit Vielfachheit zählt, das erste, indem man auch Schnittpunkte im Unendlichen berücksichtigt. Im einfachsten Fall ist C selbst Gerade und die eine Ausnahmesteigung liegt vor, wenn L parallel ist.

2. Der projektive Abschluß

2.1. Schon in der elementaren Geometrie ist es nützlich, den affinen Raum K^n über einem Körper K zum projektiven Raum $\mathbb{P}_n(K)$ zu erweitern. Ein überzeugendes Beispiel ist die Klassifikation der Quadriken: ist überdies $K = \mathbb{C}$, so verbleibt als einzige projektive Invariante der *Rang* der quadratischen Form (vgl. etwa [Fi], 3.5.9). Für algebraische Kurven höheren Grades kann das Verhalten im Unendlichen weit komplizierter sein; daher muß man diese Punkte von Anfang an als gleichberechtigt mit in die Betrachtung einbeziehen.

Nach DIEUDONNÉ [D] dauerte das „goldene Zeitalter der projektiven Geometrie" von 1795 (dem Erscheinen der „Géométrie" von MONGE) bis 1850 (als die Ideen von RIEMANN die Geometrie auf neue Wege führten). Es ist typisch für die projektive Geometrie, daß sie sich algebraisch elementar handhaben läßt, ein Versuch der geometrischen Vorstellung dagegen von nicht nur imaginären, sondern auch noch unendlich fernen Punkten recht mühsam und nicht immer hilfreich ist. Sehr ausführlich hat sich F. KLEIN mit diesen Fragen auseinandergesetzt ([Kl], p.126 ff).

2.2. Zunächst sei in der gebotenen Kürze an die grundlegenden Begriffe aus der projektiven Geometrie erinnert. Wir beschränken uns dabei auf den Fall der Ebene (d.h. $n = 2$), der Körper K kann beliebig sein.

$\mathbb{P}_2(K)$ bezeichne die *projektive Ebene über* K, das ist die Menge aller Geraden durch den Ursprung des K^3. Ist $0 \neq x = (x_0, x_1, x_2) \in K^3$ so bezeichnet

$$(x_0 : x_1 : x_2) = K \cdot (x_0, x_1, x_2)$$

die Gerade durch x, also einen Punkt von $\mathbb{P}_2(K)$. Für das Rechnen mit diesen *homogenen Koordinaten* gilt die Regel

$$(x_0 : x_1 : x_2) = (y_0 : y_1 : y_2) \quad \Leftrightarrow \quad (x_0, x_1, x_2) = \lambda(y_0, y_1, y_2) \quad \text{mit} \quad \lambda \in K^*.$$

Die *kanonische Einbettung* der affinen Ebene ist gegeben durch

$$\iota : K^2 \to \mathbb{P}_2(K), \quad (x_1, x_2) \mapsto (1 : x_1 : x_2).$$

Die Menge der *unendlich fernen Punkte* von K^2 ist gleich

$$\mathbb{P}_2(K) \smallsetminus \iota(K^2) = \{(x_0 : x_1 : x_2) \in \mathbb{P}_2(K) : x_0 = 0\},$$

dies ist eine projektive Gerade $\mathbb{P}_1(K)$, und zu jedem unendlich fernen Punkt $(0 : x_1 : x_2)$ gehört eine *Richtung* $x_1 : x_2$ in K^2. Statt der Geraden $x_0 = 0$ kann jede andere Gerade von $L \subset \mathbb{P}_2(K)$ die Rolle des unendlich fernen Teils der affinen Ebene $\mathbb{P}_2(K) \smallsetminus L$ übernehmen.

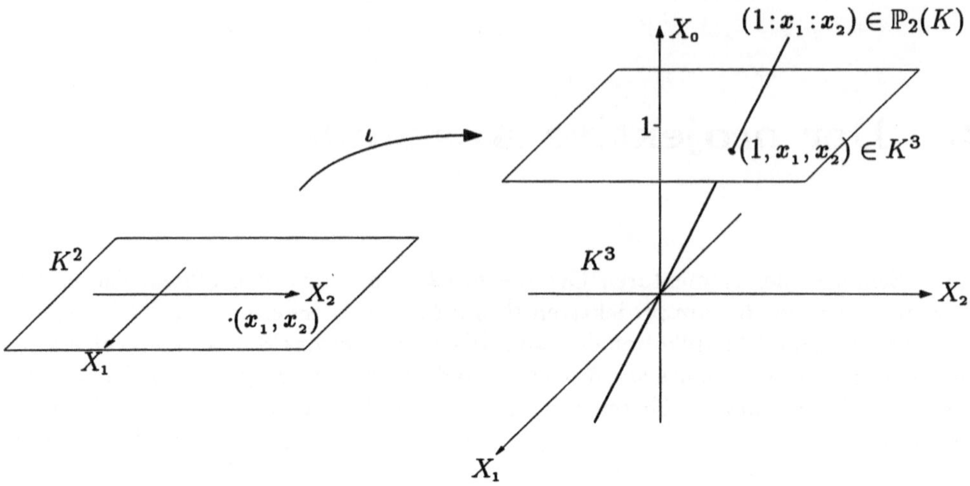

Bild 2.1. Die kanonische Einbettung des K^2 in $\mathbb{P}_2(K)$

Die reell projektive Ebene $\mathbb{P}_2(\mathbb{R})$ ist eine nicht orientierbare Mannigfaltigkeit. Die Konfiguration der Geraden mit den Gleichungen $x_\nu = 0$ kann man so skizzieren:

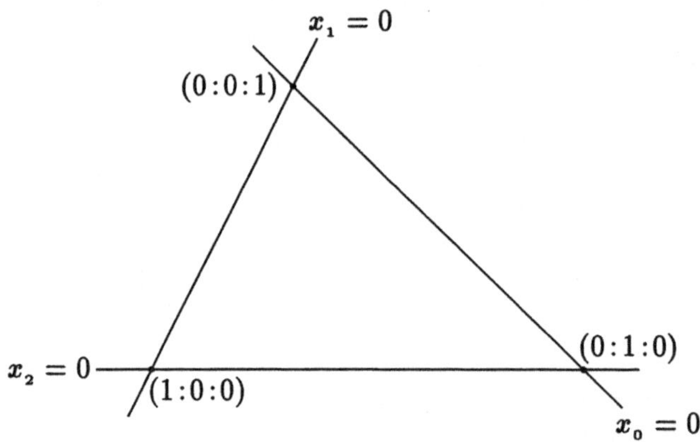

Bild 2.2. Das Fundamentaldreieck der projektiven Ebene

Dabei muß man sich vorstellen, daß jede der gezeichneten Geraden Teil einer geschlossenen Linie vom topologischen Typ der Kreislinie ist; betrachtet man in $\mathbb{P}_2(\mathbb{R})$ einen schmalen Streifen darum, so erhält man ein Möbiusband mit der Kreislinie als Seele.

2.3. Eine affine Kurve $C \subset K^2$ soll nun zu einer projektiven Kurve $\bar{C} \subset \mathbb{P}_2(K)$ fortgesetzt werden. Dazu muß man entscheiden, welche unendlich fernen Punkte hinzuzunehmen sind. Im Fall von $K = \mathbb{R}$ oder $\mathbb{C}$ hat $\mathbb{P}_2(K)$ als Quotient von K^3 eine Topologie, und es ist naheliegend, $\bar{C}$ als den topologischen Abschluß zu erklären. Dann wird für jede Gerade, die Asymptote der Kurve ist, der entsprechende unendlich ferne Punkt dazugenommen. Ist die Kurve C algebraisch, so sind das nur endlich viele, und die obige topologische Konstruktion läßt sich durch eine einfache Rechnung mit Polynomen wie folgt beschreiben.

Ist $F \in K[X_0, X_1, X_2]$ ein homogenes Polynom, so heißt

$$V(F) := \{(x_0 : x_1 : x_2) \in \mathbb{P}_2(K) : F(x_0, x_1, x_2) = 0\}$$

die *Varietät* von F; genauer ist $V(F)$ die Menge der Geraden durch 0 im *affinen Kegel*

$$\{(x_0, x_1, x_2) \in K^3 : F(x_0, x_1, x_2) = 0\}$$

zu $V(F)$. Zu einem $f \in K[X_1, X_2]$ konstruiert man nun ein homogenes $F \in K[X_0, X_1, X_2]$, die *Homogenisierung von f*, wie folgt: ist $n = \deg f$ und

$$f(X_1, X_2) = f_{(0)} + f_{(1)} + \ldots + f_{(n)}$$

die Zerlegung in homogene Bestandteile mit $f_{(n)} \neq 0$, so ist

$$F(X_0, X_1, X_2) := X_0^n f_{(0)} + \ldots + X_0 f_{(n-1)} + f_{(n)} \ .$$

Offenbar gilt

$$F = X_0^n f\left(\frac{X_1}{X_0}, \frac{X_2}{X_0}\right) \quad \text{und} \quad f = F(1, X_1, X_2) \ .$$

Während diese Rechnungen für beliebige Körper gelten, wollen wir nur im Fall $K = \mathbb{C}$ von „Kurven" sprechen.

Definition. Eine Teilmenge $\bar{C} \subset \mathbb{P}_2(\mathbb{C})$ heißt *projektiv-algebraische Kurve*, falls es ein homogenes $F \in \mathbb{C}[X_0, X_1, X_2]$ mit $\deg F \geq 1$ gibt, so daß $\bar{C} = V(F)$.

Ist $C = V(f) \subset \mathbb{C}^2$ eine affin-algebraische Kurve und F die Homogenisierung von f, so heißt $\bar{C} = V(F) \subset \mathbb{P}_2(\mathbb{C})$ der *projektive Abschluß* von C.

Offensichtlich gilt $C = \bar{C} \cap \mathbb{C}^2$.

Wie der Abschluß von Quadriken aussieht, ist wohlbekannt. Der Leser möge als Beispiel das Bild der Parametrisierung

$$\varphi : \mathbb{P}_1(\mathbb{C}) \to \mathbb{P}_2(\mathbb{C}), \quad (t_0 : t_1) \mapsto (t_0^2 : t_0 t_1 : t_1^2) \ ,$$

betrachten. Für die Kubik mit

$$f = X_1^3 - X_2 \quad \text{ist} \quad F = X_1^3 - X_0^2 X_2 \ .$$

Sie hat in $(1 : 0 : 0)$ einen Wendepunkt und in $(0 : 0 : 1)$ eine Spitze (dieser Punkt liegt im affinen Teil mit $X_2 = 1$ und Koordinaten (X_0, X_1)).

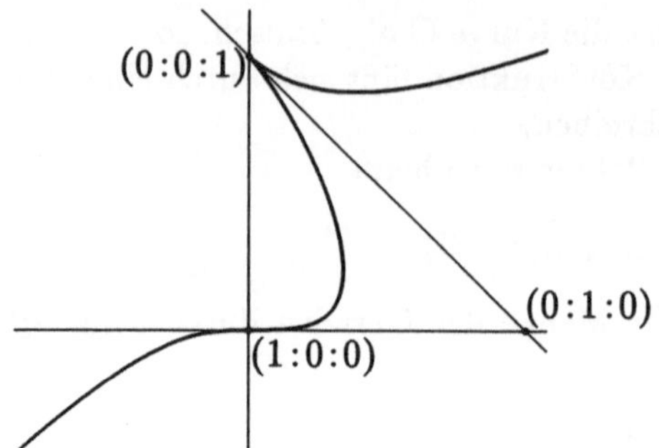

Bild 2.3. Projektiver Abschluß der kubischen Parabel

Weitere Beispiele werden folgen.

Übungsaufgabe. Der oben erklärte projektive Abschluß $\bar{C}$ von C stimmt mit dem topologischen Abschluß von C in $\mathbb{P}_2(\mathbb{C})$ überein.

Dabei ist wesentlich, daß der Grundkörper $\mathbb{C}$ ist, weil ein Argument über die Stetigkeit der Wurzeln nötig ist (vgl. 6.8).

2.4. Was in Kapitel 1 mit Hilfe des Studyschen Lemmas über mögliche *Gleichungen, Irreduziblität* und *Komponentenzerlegung* einer affin-algebraische Kurve bewiesen wurde, gilt entsprechend für projektiv algebraische Kurven. Das folgt ohne Mühe aus dem

Lemma. *Sei $f \in K[X_1, X_2]$ und $F \in K[X_0, X_1, X_2]$ die Homogenisierung. Dann gilt:*

$$f \text{ irreduzibel} \iff F \text{ irreduzibel} .$$

Beweis. Sei F reduzibel, also $F = G \cdot H$. Da F homogen ist, sind auch G und H homogen. Das sieht man sofort aus den Zerlegungen von F, G und H in homogene Bestandteile. Wegen

$$f = F(1, X_1, X_2) = G(1, X_1, X_2) \cdot H(1, X_1, X_2) = g \cdot h$$

ist f reduzibel.

Ist umgekehrt $f = g \cdot h$, so gilt für die Homogenisierungen $F = G \cdot H$. $\square$

Wie in 1.7 ist der *Grad* einer (projektiv)-algebraischen Kurve $C \subset \mathbb{P}_2(\mathbb{C})$ als der Grad eines *Minimalpolynoms* $F \in \mathbb{C}[X_0, X_1, X_2]$ erklärt. Dieses ist homogen und erzeugt das Ideal

$$\mathfrak{I}(C) = \{G \in \mathbb{C}[X_0, X_1, X_2]\colon G(x_0, x_1, x_2) = 0 \text{ für alle } (x_0 \colon x_1 \colon x_2) \in C\} .$$

Auf $\mathbb{P}_2(\mathbb{C})$ operiert die Gruppe $PGL_2(\mathbb{C})$ der projektiven Transformationen. Sie ist isomorph zum Quotienten von $GL(3, \mathbb{C})$ nach der Relation $A \sim \lambda A$ für $\lambda \in \mathbb{C}^*$. Da die homogenen Koordinaten dabei linear transformiert werden, sieht man leicht, daß etwa der Grad oder die Irreduziblität einer Kurve von projektiven Transformationen unabhängig sind. Solche Zahlen oder Eigenschaften nennt man *Invarianten*.

2.5. Das wichtigste Ergebnis der elementaren Kurventheorie ist der Satz von BÉZOUT, der sagt, in wievielen Punkten sich zwei algebraische Kurven schneiden. Wir behandeln vorweg den Spezialfall des Schnittes einer Kurve mit einer Geraden.

Ist $C = V(F) \subset \mathbb{P}_2(\mathbb{C})$ eine Kurve vom Grad $n \geq 1$, so wählen wir zur Vereinfachung der Rechnung die Koordinaten so, daß die Gerade L durch $X_2 = 0$ beschrieben wird. Die Schnittpunkte von C mit L entsprechen dann (vgl. dazu 1.7) den Nullstellen des Polynoms $G(T_0, T_1) = F(T_0, T_1, 0)$. Wir entwickeln F nach X_2, d.h. schreiben

$$F(X_0, X_1, X_2) = F_0 X_2^n + F_1 X_2^{n-1} + \ldots + F_n$$

mit homogenen $F_\nu \in \mathbb{C}[X_0, X_1]$ und $\deg F_\nu = \nu$, falls $F_\nu \neq 0$. Also ist $G = F_n$.

Ist $F_n = 0$, so wird F von X_2 geteilt; das ist gleichbedeutend mit $L \subset C$. Andernfalls ist $\deg G = n$ (im Affinen gilt das nicht immer, vgl. 1.8), und es gibt nach dem Fundamentalsatz der Algebra (in seiner „homogenen" Form) eine Zerlegung

$$G = (b_1 T_0 - a_1 T_1)^{k_1} \cdot \ldots \cdot (b_m T_0 - a_m T_1)^{k_m}$$

mit eindeutig bestimmten, paarweise verschiedenen Punkten $(a_\mu : b_\mu) \in \mathbb{P}_1(\mathbb{C})$, $\mu = 1, \ldots, m$ und $k_\mu \in \mathbb{N}^*$. Es ist nicht schwer zu beweisen, daß die auftretende Potenz k_μ nur von C und L und nicht von der Wahl der Koordinaten abhängt. Daher kann man

$$\mathrm{mult}_p(C \cap L) := k$$

als *Schnittmultiplizität* von C und L erklären, wobei $k = k_\mu$ für $p = (a_\mu : b_\mu : 0)$ und $k = 0$ für alle anderen $p \in \mathbb{P}_2(\mathbb{C})$. Wegen $k_1 + \ldots + k_m = n$ folgt schließlich als Verbesserung des in 1.8 erhaltenen Ergebnisses die

Bemerkung. *Ist $C \subset \mathbb{P}_2(\mathbb{C})$ eine Kurve vom Grad $n \geq 1$ und L eine nicht in C enthaltene Gerade, so ist die Gesamtzahl der Schnittpunkte von C und L mit Multiplizität gezählt gleich n. Für fast alle Geraden L sind die Schnittpunkte $C \cap L$ einfach, d.h. es gibt genau n Schnittpunkte.*

Ist $C = V(F)$, wobei F nicht notwendig Minimalpolynom ist, so bleibt die erste Aussage richtig, wenn man $n = \deg F$ als Grad des Divisors betrachtet (vgl. 1.6). Hat F mehrfache Primfaktoren, so erhöht sich entsprechend die Potenz der betroffenen Linearfaktoren von G und damit die Multiplizität.

Zum Beweis der zweiten Aussage kann man mit Hilfe einer Diskriminante diejenigen Geraden aussondern, die mindestens einen mehrfachen Schnittpunkt mit C haben (vgl. 5.1). Diesen Aufwand kann man vermeiden, indem man Korollar 4.3 anwendet (dabei wird implizit der Satz von BÉZOUT verwendet).

Beispiel. Sei $C = V(X_0 X_2^2 - X_1^3)$ der projektive Abschluß der Neilschen Parabel, und die Gerade L sei parametrisiert durch

$$(T_0, T_1) \mapsto (T_0, \lambda_0 T_1, \lambda_1 T_1) = X(T).$$

Sie geht durch $p = (1 : 0 : 0)$ und $(\lambda_0 : \lambda_1) \in \mathbb{P}_1(\mathbb{C})$ bestimmt ihre Steigung im Affinen. Dann ist

$$F(X(T)) = G(T) = T_1^2(\lambda_1^2 T_0 - \lambda_0^3 T_1)\,.$$

Der Faktor T_1^2 beschreibt den Schnittpunkt p, der zweite Faktor einen Schnittpunkt $q = (\lambda_0^3 : \lambda_0 \lambda_1^2 : \lambda_1^3)$. Ist die Gerade waagrecht, so ist $(\lambda_0 : \lambda_1) = (1 : 0)$, also $p = q$ und $\mathrm{mult}_p(C \cap L) = 3$. Diese Gerade wird in Kapitel 3 *Spitzentangente* genannt. Andernfalls ist $p \neq q$ und

$$\mathrm{mult}_p(C \cap L) = 2\,, \quad \mathrm{mult}_q(C \cap L) = 1\,.$$

Für $(\lambda_0 : \lambda_1) = (0 : 1)$ ist $q = (0 : 0 : 1)$ unendlich ferner Wendepunkt, aber L nicht die Wendetangente. Diese ist die unendlich ferne Gerade $L' = V(X_0)$ und es ist

$$\mathrm{mult}_q(C \cap L') = 3\,.$$

2.6. Nun soll die Anzahl der Schnittpunkte von zwei algebraischen Kurven $C_1 = V(F_1)$ und $C_2 = V(F_2)$ in $\mathbb{P}_2(\mathbb{C})$ bestimmt werden. Dazu wird wie beim Beweis des Studyschen Lemmas in 1.3 die Ebene durch eine Schar von Geraden überstrichen. Wir können annehmen, daß die Kurven nicht durch $q = (0 : 0 : 1)$ gehen. Für einen Punkt $x = (x_0 : x_1 : 0)$ bezeichne $L_x = x \vee q$ die Verbindungsgerade. Ob sich auf ihr

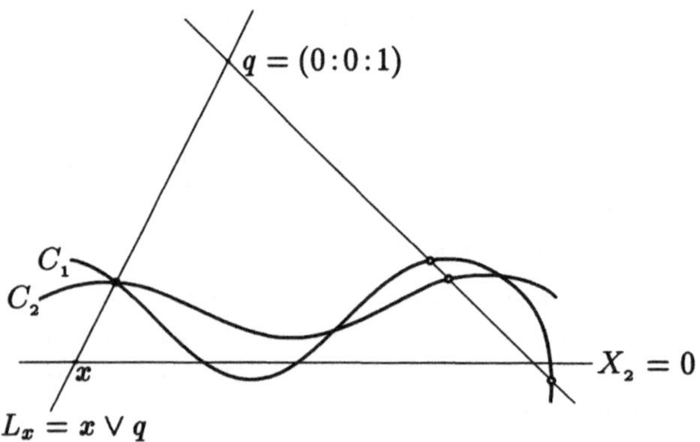

Bild 2.4. Anzahl der Schnittpunkte zweier algebraischer Kurven

ein Schnittpunkt befindet, sieht man an einer Resultante. Man entwickelt nach X_2 (der Variablen längs einer der Geraden):

$$F_1 = a_0 X_2^m + a_1 X_2^{m-1} + \ldots + a_m\,,$$

$$F_2 = b_0 X_2^n + b_1 X_2^{n-1} + \ldots + b_n\,,$$

wobei $a_\mu, b_\nu \in \mathbb{C}[X_0, X_1]$ homogen sind mit $\deg a_\mu = \mu$, $\deg b_\nu = \nu$, falls $a_\mu, b_\nu \neq 0$. Wegen $q \notin C_1$ und $q \notin C_2$ ist $a_0 \neq 0$ und $b_0 \neq 0$. Damit bildet man die Resultante

$$G = R_{F_1, F_2}\,.$$

Nach Satz A.1.3 ist $G \in \mathbb{C}[X_0, X_1]$ homogen vom Grad mn. Im Spezialfall der Geraden $C_2 = V(X_2)$ wird die Resultante zu $G = \pm a_m$ wie in 2.5.

Falls C_1 und C_2 keine gemeinsame Komponente haben, ist $G \neq 0$ nach Satz A.1.1. Weiter ist $G(x_0, x_1) = 0$ genau dann, wenn C_1 und C_2 auf L_x einen Schnittpunkt besitzen. Es gibt für festes x nur endlich viele Schnittpunkte, weil sonst L_x eine gemeinsame Komponente von C_1 und C_2 wäre. Also ist $C_1 \cap C_2$ endlich.

Nun werden die Schnittpunkte gezählt. Zwischen ihnen gibt es nur endlich viele Verbindungsgeraden. Sind die Koordinaten so gewählt, daß q auf keiner von ihnen liegt, so gibt es auf jeder Geraden L_x höchstens einen Schnittpunkt, d.h. insgesamt höchstens so viele wie Nullstellen der Resultante G. Das ergibt den

Satz. *Sind $C_1, C_2 \subset \mathbb{P}_2(\mathbb{C})$ algebraische Kurven ohne gemeinsame Komponente, so gilt für die Anzahl der Schnittpunkte*

$$\#(C_1 \cap C_2) \leq \deg C_1 \cdot \deg C_2 \, .$$

2.7. Um die gerade bewiesene Ungleichung zu einer Gleichung zu machen, muß man die Schnittpunkte mit Vielfachheit zählen. Die größte Schwierigkeit dabei bereitet die Definition der *Schnittmultiplizität*. Sie soll die Definition aus 2.5 (wenn eine der Kurven eine Gerade ist) verallgemeinern und es soll der Satz von Bézout gelten. Das leistet am sichersten die folgende

Definition. Gegeben seien die algebraischen Kurven $C_1 = V(F_1)$, $C_2 = V(F_2) \subset \mathbb{P}_2(\mathbb{C})$ ohne gemeinsame Komponente in folgender Lage: Sie gehen nicht durch $q = (0\!:\!0\!:\!1)$, und auf jeder Geraden durch q liegt höchstens ein Schnittpunkt von C_1 und C_2. Wie in 2.6 sei $G \in \mathbb{C}[X_0, X_1]$ die Resultante von F_1 und F_2. Ist

$$p = (p_0\!:\!p_1\!:\!p_2) \in C_1 \cap C_2 \quad \text{und} \quad p' = (p_0\!:\!p_1) \, ,$$

so ist

$$\mathrm{mult}_p(C_1 \cap C_2) := \mathrm{ord}_{p'}(G) \, ,$$

d.h. die *Schnittmultiplizität* von C_1 und C_2 in p ist die Ordnung der Nullstelle von G in p'.

Nach den Überlegungen aus 2.6 ergibt sich daraus sofort der um 1765 entdeckte

Satz von Bézout. *Für algebraische Kurven $C_1, C_2 \subset \mathbb{P}_2(\mathbb{C})$ ohne gemeinsame Komponente gilt*

$$\sum_{p \in C_1 \cap C_2} \mathrm{mult}_p(C_1 \cap C_2) = \deg C_1 \cdot \deg C_2 \, .$$

Daß der Satz von Bézout auch für *effektive Divisoren* (vgl. 1.6) gilt, sieht man sofort an der Rechnung in 2.6. Es ist nämlich keineswegs nötig, daß die Polynome F_i Minimalpolynome von C_i sind. Falls mehrfache Komponenten vorliegen, erhöht sich die Schnittmultiplizität um einen entsprechenden Faktor.

In den folgenden Paragraphen werden wir laufend den Satz von Bézout benutzen. Zunächst ein ganz einfaches

Beispiel. Ist $C_1 = V(X_2^3 - X_0 X_1^2)$ und $C_2 = V(X_2^3 + X_0 X_1^2)$, so ist

$$G(X_0, X_1) = 8X_0^3 X_1^6 \ .$$

Also schneiden sich die beiden Kubiken in $q = (0:1:0)$ von der Multiplizität 3 und in $p = (1:0:0)$ von der Multiplizität 6. Der Punkt q ist gemeinsamer Wendepunkt mit der Wendetangente $X_0 = 0$.

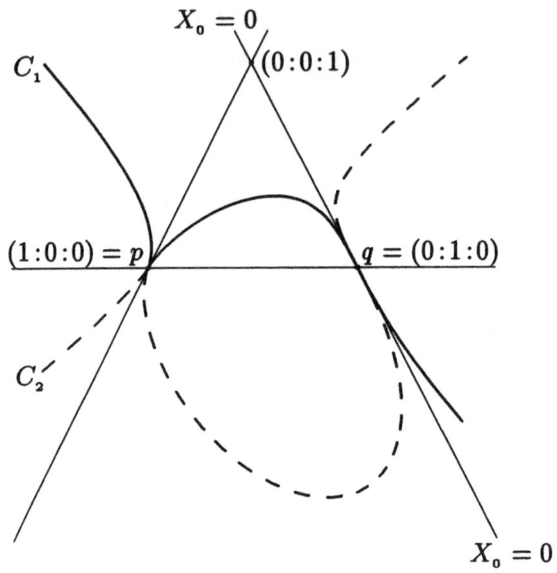

Bild 2.5. Schnitt der Kubiken $C_1 = V(X_2^3 - X_0 X_1^2)$ und $C_2 = V(X_2^3 + X_0 X_1^2)$

Die Definition der Schnittmultiplizität mit Hilfe der Resultante hat den Vorteil, daß der Satz von BÉZOUT damit offensichtlich wird und daß man sicher damit rechnen kann. Sie ist dagegen wenig elegant für viele theoretische Überlegungen, und sie läßt nicht ohne weiteres den geometrischen Hintergrund erkennen: aus einem Schnittpunkt der Multiplizität k entstehen bei einer kleinen Veränderung der beteiligten Kurven (d.h. der Koeffizienten ihrer Gleichungen) k verschiedene einfache Schnittpunkte. Das folgt im wesentlichen daraus, daß die Resultante stetig von den Koeffizienten abhängt und daß eine mehrfache Nullstelle eines Polynoms von einer Veränderlichen bei einer kleinen Störung der Koeffizienten in mehrere einfache Nullstellen zerfällt. All das präzise zu begründen ist recht mühsam, erst in Kapitel 8 werden die notwendigen Hilfsmittel dafür bereitstehen. Es wird sich zeigen, daß die Schnittmultiplizität eine *lokale* Invariante ist, d.h. schon durch das Verhalten der beiden Kurven in einer beliebig kleinen Umgebung des Schnittpunktes bestimmt ist. Bis dahin ist das Rechnen mit der Resultante etwas geheimnisvoll.

In obigem Beispiel überlege man sich, wie der gemeinsame Wendepunkt q in 3 Schnittpunkte zerfällt. Kleine Störungen der Neilschen Parabeln ergeben Kubiken, die sich nahe bei p in 6 Punkten schneiden.

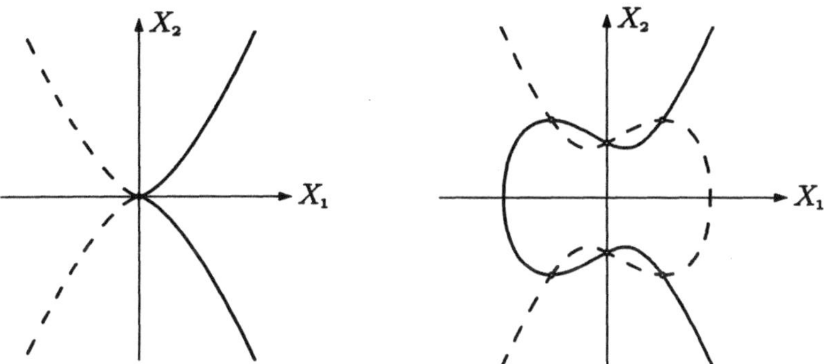

Bild 2.6. Neilsche Parabeln ungestört und mit kleinen Störungen

Will man die Schnittpunkte von zwei algebraischen Kurven explizit ausrechnen, so genügt es dazu, mit Hilfe der Resultantenmethode die Nullstellen von Polynomen in einer Veränderlichen zu berechnen: zunächst ergibt die Resultante diejenigen Geraden, auf denen Schnittpunkte liegen. Auf jeder dieser Geraden erhält man sie als gemeinsame Nullstellen von zwei Polynomen. In einfachen Beispielen kann man die Nullstellen dieser Polynome leicht sehen, in komplizierten Fällen muß man sie numerisch approximieren.

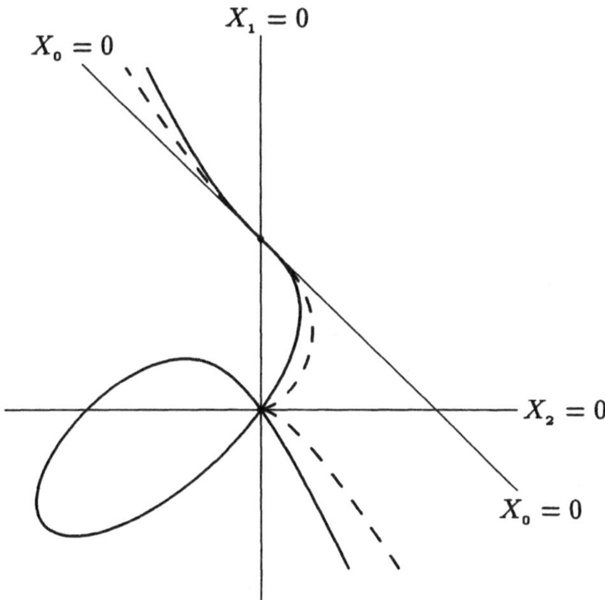

Bild 2.7. Schnitt der Neilschen Parabel mit dem Newtonschen Knoten

Übungsaufgabe. Bestimme die Schnittpunkte (mit Multiplizität) folgender Kurven:

a) $V(X_0 X_2^2 - X_1^3)$ (Neilsche Parabel) und

$V\left(X_0 X_2^2 - X_1^2(X_1 + X_0)\right)$ (Newtons Knoten).

b) Newtons Knoten (wie in a) mit

$V(X_1^2 + X_2^2 + X_0 X_1)$ (Krümmungskreis), sowie

$V(X_0^2 + 2X_1^2 + X_2^2 + 3X_0 X_1)$ (Ellipse).

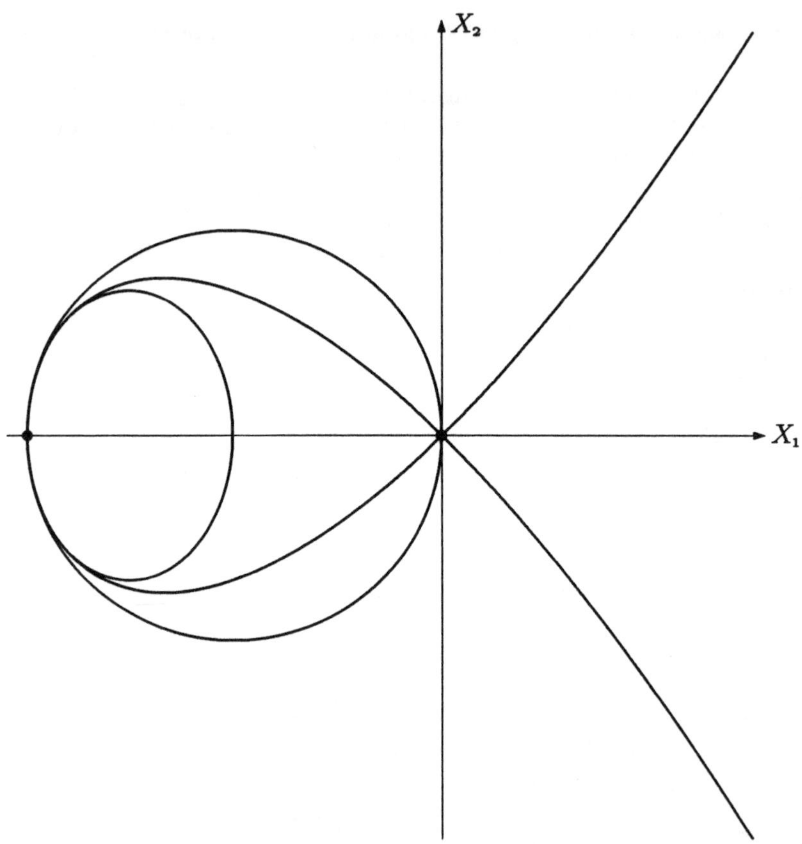

Bild 2.8. Schnitt des Newtonschen Knotens mit Krümmungskreis und Ellipse

3. Tangenten und Singularitäten

3.1. Der eben bewiesene Satz von BÉZOUT hat einen lokalen und einen globalen Aspekt: die Schnittmultiplizität ist durch das Verhalten der Kurven in der Nähe des Schnittpunktes festgelegt, für die gesamte Summe muß man alle (auch die unendlich fernen) Punkte mitzählen. Die lokalen Eigenschaften einer Kurve kann man in einem affinen Teil des projektiven Raumes studieren, das wollen wir zunächst etwas genauer tun.

Definition. Sei $C = V(f) \subset \mathbb{C}^2$ eine algebraische Kurve, wobei $f \in \mathbb{C}[X_1, X_2]$ ein Minimalpolynom ist. C heißt *glatt* in einem Punkt $p \in C$, wenn

$$\mathrm{grad}_p f = \left(\frac{\partial f}{\partial X_1}(p), \frac{\partial f}{\partial X_2}(p) \right) \neq (0, 0)\,.$$

Statt *nicht glatt* sagt man *singulär*.

Es ist wichtig, ein Minimalpolynom zu verwenden, denn für $f = g^k$ mit $k \geq 2$ wäre C in jedem Punkt singulär.

Ist C glatt in p, so heißt die Gerade

$$T_p C = \left\{ (x_1, x_2) \in \mathbb{C}^2 \colon \frac{\partial f}{\partial X_1}(p) \cdot x_1 + \frac{\partial f}{\partial X_2}(p) \cdot x_2 = c \right\}$$

Tangente an C in p. Dabei ist $c \in \mathbb{C}$ so zu wählen, daß $p \in T_p C$. Wie bei differenzierbaren Kurven ist die Tangente diejenige Gerade durch p, die um p herum möglichst nahe bei C verläuft.

Beispiele für Singularitäten sind die Spitze der Neilschen Parabel (0.3), der Ursprung beim Newtonschen Knoten (0.4) und beim Cartesischen Blatt (0.5), sowie die Spitzen der Zykloiden (0.6) und die Schnittpunkte der Ellipsen in der Quartik C_0 aus 0.7. Allgemein ist jeder Schnittpunkt von Komponenten singulär. Um das präzise zu begründen, verwendet man am besten den Satz über implizite Funktionen (6.9).

3.2. Die Menge $\mathrm{Sing}\, C := \{p \in C \colon C \text{ singulär in } p\}$ heißt *Singularitätenmenge* von C. Eine erste nicht-triviale Eigenschaft enthält die

Bemerkung. *Für eine algebraische Kurve $C \subset \mathbb{C}^2$ ist $\mathrm{Sing}\, C$ endlich.*

Beweis. Ist $C = V(f)$, so setzen wir $C_i := V(\partial f/\partial X_i)$. Dann ist

$$\mathrm{Sing}\, C = C \cap C_1 \cap C_2\,.$$

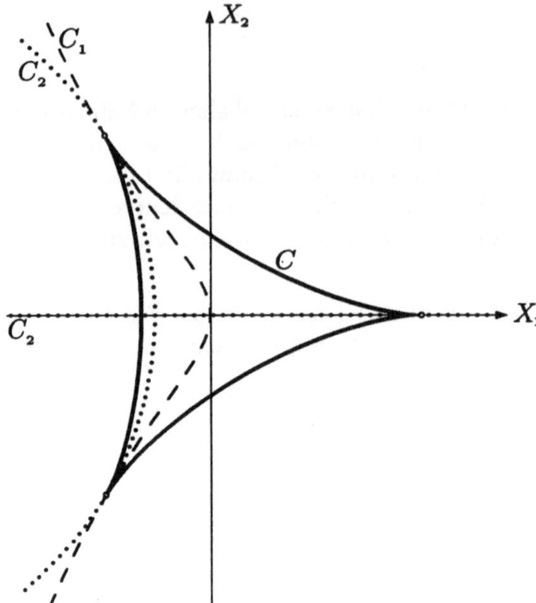

Bild 3.1. Die Singularitäten der dreispitzigen Hypozykloide

Eine Gerade ist in jedem Punkt glatt, also können wir $\deg C = \deg f \geq 2$ voraussetzen. Damit ist für ein i auch $\deg(\partial f/\partial X_i) \geq 1$, o.E. sei $i = 1$. Dann ist C_1 eine algebraische Kurve und $\operatorname{Sing} C \subset C \cap C_1$. Es genügt also zu zeigen, daß $C \cap C_1$ endlich ist. Dazu benutzen wir den Satz von BÉZOUT in der Form für Divisoren, denn $\partial f/\partial X_1$ ist nicht notwendig Minimalpolynom von C_1 (nehme etwa $f = X_1 X_2^2 + 1$). Es bleibt zu zeigen, daß C und C_1 keine gemeinsame Komponente besitzen.

Angenommen f und $\partial f/\partial X_1$ haben einen gemeinsamen Primfaktor g. Dann ist

$$f = g \cdot h \quad \text{und} \quad \frac{\partial f}{\partial X_1} = g \cdot h_1 = h \frac{\partial g}{\partial X_1} + g \frac{\partial h}{\partial X_1} \,.$$

Daher ist g auch Teiler von $h \cdot \partial g/\partial X_1$. Falls $\partial g/\partial X_1 \neq 0$ ist g Teiler von h, also g^2 Teiler von f im Widerspruch dazu, daß f Minimalpolynom ist.

Ist $\partial g/\partial X_1 = 0$, so ist $g = X_2 - a$. Die Koordinaten können aber von Anfang an so gewählt werden, daß C keine achsenparallele Gerade enthält.   □

Ist $n = \deg C$, so folgt, daß C höchstens $n(n-1)$ singuläre Punkte hat. Diese Abschätzung ist sehr schlecht, sie wird in 3.8 verbessert.

3.3. Um ein erstes Maß für die Bösartigkeit einer Singularität zu erhalten, betrachten wir höhere Ableitungen des beschreibenden Polynoms. Sei also $f \in \mathbb{C}[X_1, X_2]$ und $p = (p_1, p_2) \in \mathbb{C}^2$ ein fester Punkt. Durch die Substitution

$$X_i = p_i + (X_i - p_i)$$

erhält man die *Taylorentwicklung* von f in p:

$$f(X_1, X_2) = \sum_k f_{(k)}, \quad \text{wobei} \quad f_{(k)} = \sum_{\mu+\nu=k} a_{\mu\nu}(X_1 - p_1)^\mu (X_2 - p_2)^\nu$$

und

$$a_{\mu\nu} = \frac{1}{\mu!\nu!} \frac{\partial^{\mu+\nu} f}{\partial X_1^\mu \partial X_2^\nu}(p)\,.$$

Damit kann man die *Ordnung von f in p* erklären als

$$\mathrm{ord}_p(f) := \min\{k \colon f_{(k)} \neq 0\}\,.$$

Ist f Minimalpolynom der Kurve $C \subset \mathbb{C}^2$, so ist

$$\mathrm{ord}_p(C) := \mathrm{ord}_p(f)$$

die *Ordnung von C in p*. Offensichtlich gilt:

a) $0 \leq \mathrm{ord}_p(C) \leq \deg C$,

b) $p \in C \Leftrightarrow \mathrm{ord}_p(C) > 0$,

c) C glatt in $p \Leftrightarrow \mathrm{ord}_p(C) = 1$,

d) C singulär in $p \Leftrightarrow \mathrm{ord}_p(C) > 1$.

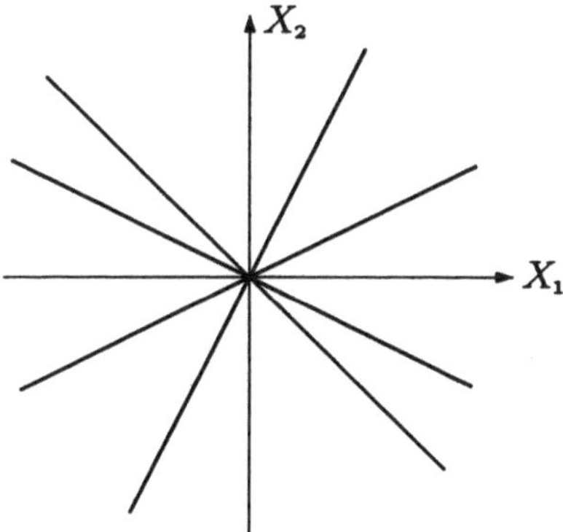

Bild 3.2. Der Extremfall $\mathrm{ord}_p(C) = \deg C$

Der Extremfall $\mathrm{ord}_p(C) = \deg C =: n$ tritt genau dann auf, wenn $f = f_{(n)}$. Das bedeutet, daß C aus n verschiedenen Geraden durch p besteht. Also sind bei einer irreduziblen Kubik alle singulären Punkte von der Ordnung 2.

Bei der Quartik

$$V((X_1^2 + X_2^2)^2 + 3X_1^2 X_2 - X_2^3) \quad \text{(dreiblättriges Kleeblatt)}$$

hat der Ursprung die Ordnung 3, bei der Sextik

$$V((X_1^2 + X_2^2)^3 - 4X_1^2 X_2^2) \quad \text{(vierblättriges Kleeblatt)}$$

die Ordnung 4.

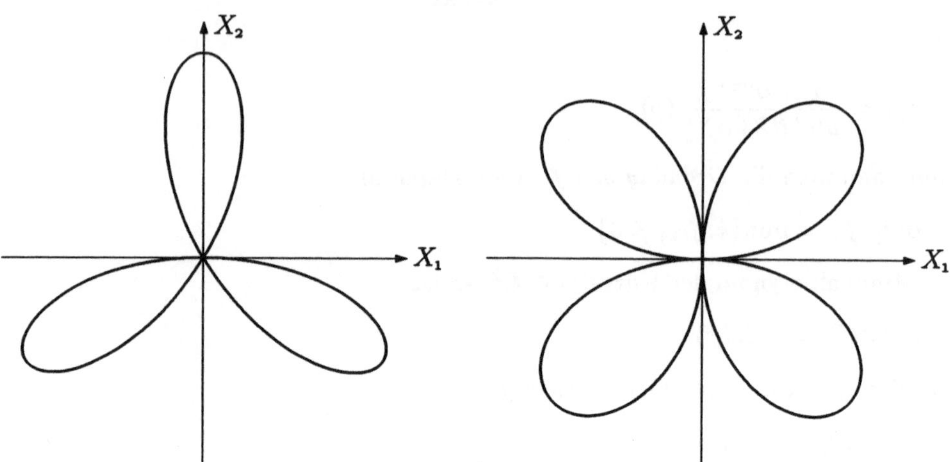

Bild 3.3. Dreiblättriges Kleeblatt   **Bild 3.4.** Vierblättriges Kleeblatt

In diesen Beispielen zählt die Ordnung die „lokalen Zweige" der Kurve (vgl. 6.14). Ganz anders sieht das *Ovoid*

$$V\left((X_1^2 + X_2^2)^2 - X_1^3\right)$$

aus, eine Quartik mit Ordnung 3 im Ursprung.

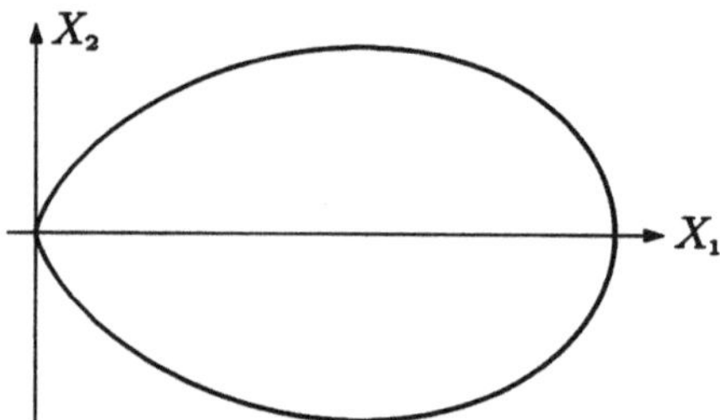

Bild 3.5. Ovoid

Bemerkung. *Eine Kurve $C \in \mathbb{P}_2(\mathbb{C})$ ohne Gerade als Komponente und mit einem Punkt p, so daß $\mathrm{ord}_p(C) = \deg C - 1$, gestattet eine rationale Parametrisierung, d.h. es gibt eine surjektive Abbildung*

$$\varphi \colon \mathbb{P}_1(\mathbb{C}) \to C \subset \mathbb{P}_2(\mathbb{C})\,, \quad t = (t_0\colon t_1) \mapsto (\varphi_0(t)\colon \varphi_1(t)\colon \varphi_2(t))\,,$$

wobei $\varphi_i \in \mathbb{C}[T_0, T_1]$ homogen vom Grad $\deg C$ sind.

Beweis. Sei $C = V(F)$ und $n = \deg F$. Wir nehmen $p = (0,0) \in \mathbb{C}^2$ an. Dann ist

$$f(X_1, X_2) = F(1, X_1, X_2) = f_{(n-1)} + f_{(n)}\,.$$

Zum Parameter $(t_0\colon t_1)$ betrachten wir die Gerade durch p mit dieser Steigung, also

$$x_1 = \lambda t_0 , \quad x_2 = \lambda t_1 \quad \text{mit } \lambda \in \mathbb{C},$$

und schneiden sie mit C. Das ergibt

$$
\begin{aligned}
0 &= f_{(n-1)}(\lambda t_0, \lambda t_1) + f_{(n)}(\lambda t_0, \lambda t_1) \\
&= \lambda^{n-1} f_{(n-1)}(t_0, t_1) + \lambda^n f_{(n)}(t_0, t_1) \\
&= \lambda^{n-1} \left(f_{(n-1)}(t_0, t_1) + \lambda f_{(n)}(t_0, t_1) \right) .
\end{aligned}
$$

Da C keine Gerade enthält gibt es nach BÉZOUT neben dem Schnittpunkt p der Vielfachheit $n - 1$ zu $\lambda = 0$ einen weiteren zu

$$\lambda = -\frac{f_{(n-1)}(t_0, t_1)}{f_{(n)}(t_0, t_1)} .$$

Insbesondere haben $f_{(n)}$ und $f_{(n-1)}$ keine gemeinsame Nullstelle. Daher ist die gesuchte Parametrisierung gegeben durch

$$(t_0 : t_1) \mapsto \left(f_{(n)}(t_0, t_1) : -t_0 f_{(n-1)}(t_0, t_1) : -t_1 f_{(n-1)}(t_0, t_1) \right) . \qquad \square$$

Übungsaufgabe. Man gebe eine rationale Parametrisierung des dreiblättrigen Kleeblattes an.

3.4. Es ist klar, daß die möglichen Schnittmultiplizitäten zweier Kurven in einem Punkt von der Ordnung der Kurve abhängen. Um das zu präzisieren, schneiden wir zunächst eine Kurve mit einer Geraden.

Sei also $f \in \mathbb{C}[X_1, X_2]$ Minimalpolynom von $C = V(f)$ und

$$f = \sum_{k=r}^{n} f_{(k)} \quad \text{mit } r = \mathrm{ord}_0(f) \quad \text{und } n = \deg f$$

die Entwicklung in $p = 0$. Ist die Gerade L parametrisiert durch $\varphi(T) = (\lambda_1 T, \lambda_2 T)$, so ist

$$g(T) = f(\varphi(T)) = \sum_{k=r}^{n} f_{(k)}(\lambda_1, \lambda_2) T^k .$$

Nach 2.5 ist die Schnittmultiplizität erklärt durch

$$\mathrm{mult}_p(C \cap L) = \mathrm{ord}_p(g) .$$

Diese ist größer als r genau dann, wenn $f_{(r)}(\lambda_1, \lambda_2) = 0$. Das beweist die

Bemerkung. *Ist $C \subset \mathbb{C}^2$ eine algebraische Kurve und L eine Gerade durch $p \in C$, so gilt*

$$\mathrm{ord}_p(C) \le \mathrm{mult}_p(C \cap L) ,$$

und für höchstens $\mathrm{ord}_p(C)$ Stück Geraden durch p ist dies eine echte Ungleichung.

Um Fallunterscheidungen zu vermeiden, setzen wir $\mathrm{mult}_p(C \cap L) := \infty$ für $p \in L \subset C$. Damit ergibt sich die Möglichkeit, für eine algebraische Kurve auch in einem singulären Punkt Tangenten zu erklären:

Definition. Sei wie oben $p \in C \cap L$. Die Gerade L heißt *Tangente an C in p*, wenn

$$\mathrm{ord}_p(C) < \mathrm{mult}_p(C \cap L) \, .$$

Ist C glatt in p, so stimmt diese Definition mit der in 3.1 gegebenen überein. In diesem Fall gibt es genau eine Tangente.

Ist $r = \mathrm{ord}_p(C)$, so heißt p *gewöhnlicher r-facher Punkt*, wenn es r verschiedene Tangenten in p gibt, d.h. wenn das homogene Polynom $f_{(r)}$ (der Entwicklung des Minimalpolynoms von C in p) r verschiedene Nullstellen $(\lambda_1 : \lambda_2)$ in $\mathbb{P}_1(\mathbb{C})$ hat. Diese geben die Steigungen der Tangenten an.

Im Fall $p = 0$ kann man die Tangenten besonders einfach beschreiben: dann ist $f_{(r)}$ das *Initialpolynom* von f und $V(f_{(r)})$ ist die Vereinigung der Tangenten in 0 an die Kurve $C = V(f)$. Die Tangenten entsprechen also dem „Anteil niedrigster Ordnung" von f.

Beispiele für nicht gewöhnliche Punkte sind die Spitze der Neilschen Parabel (0.3) und der Ursprung beim Ovoid (3.3). Dort gibt es jeweils nur eine Tangente, die doppelt bzw. dreifach zu zählen ist. Das vierblättrige Kleeblatt (3.3) hat im Ursprung zwei doppelt zu zählende Tangenten.

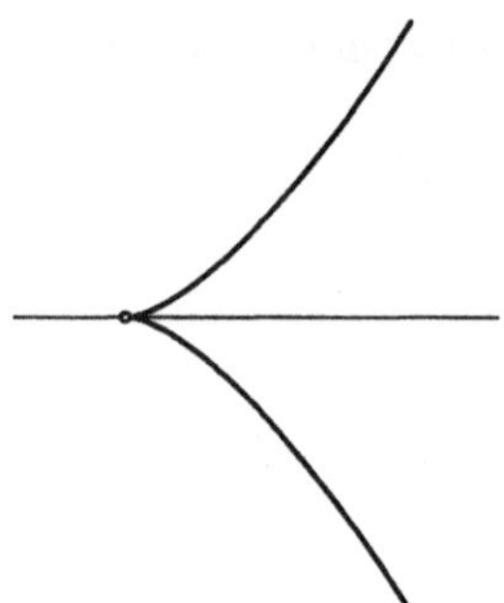

Bild 3.6. Die Spitzentangente der Neilschen Parabel

Ist $p \in C \subset \mathbb{C}^2$ ein glatter Punkt und T die Tangente durch p, so nennt man

$$k := \mathrm{mult}_p(C \cap T)$$

auch die *Kontaktordnung*. Es ist $2 \leq k \leq \infty$. Bei spezieller Wahl der Koordinaten hat man eine nützliche Darstellung der Gleichung von C:

Lemma. *Sei $C = V(f) \subset \mathbb{C}^2$ glatt in $p = (0,0)$ mit der Tangente $T = V(X_2)$. Ist $k = \mathrm{mult}_p(C \cap T) < \infty$, so ist*

$$f(X_1, X_2) = X_1^k g(X_1) + X_2 h(X_1, X_2)$$

mit $g(0) \neq 0$ und $h(0,0) \neq 0$.

Beweis. Die Aussage folgt ganz einfach aus der Taylorentwicklung von f in $(0,0)$.$\square$

Bild 3.7. Wendetangente

Bild 3.8. Doppeltangente

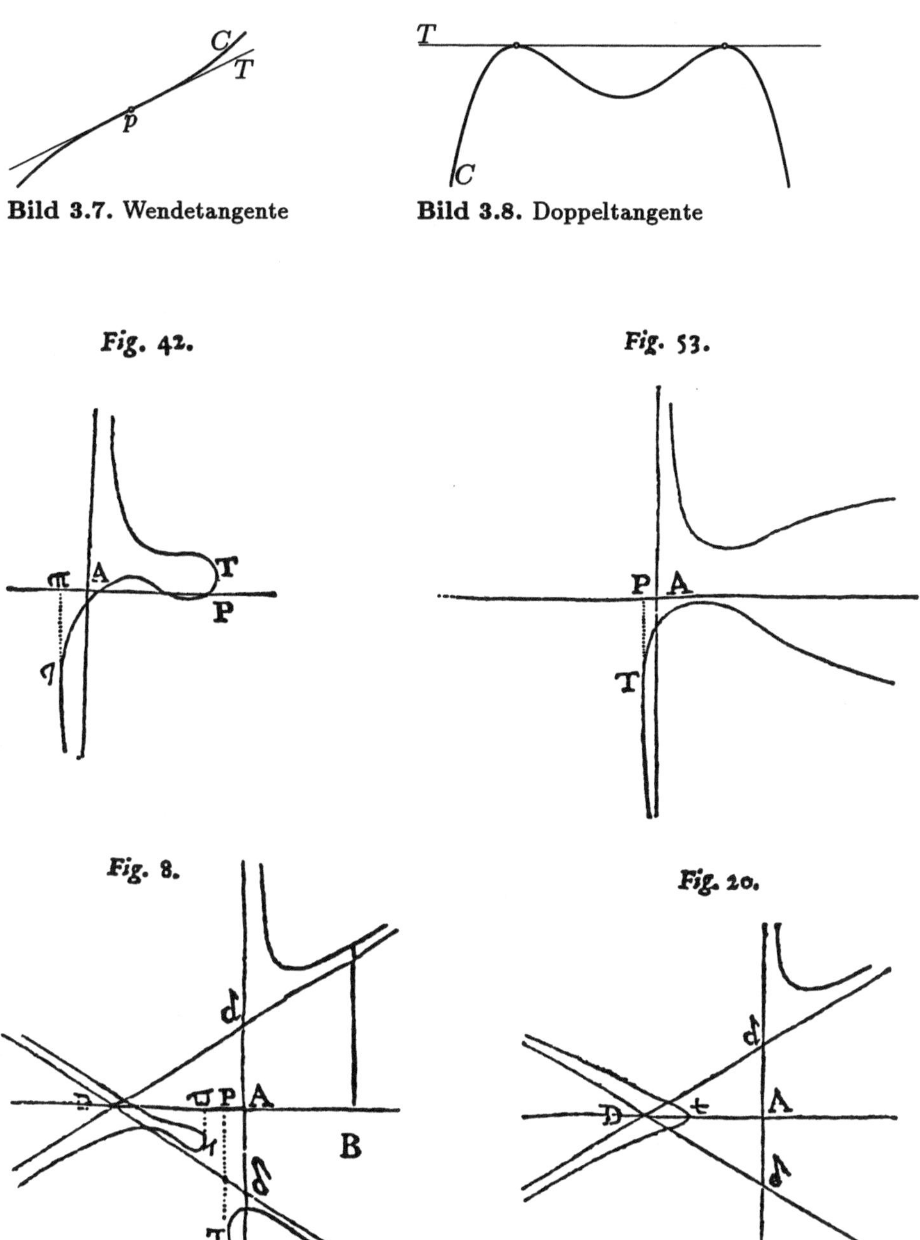

Bild 3.9. Vier Kubiken aus NEWTONS Sammlung

Definition. Ist T die Tangente an C in einem glatten Punkt, so heißt T

einfache Tangente, wenn $\text{mult}_p(C \cap T) = 2$, und

Wendetangente, wenn $\text{mult}_p(C \cap T) \geq 3$.

Im letzten Fall nennt man p einen *Wendepunkt*. Der Fall $\text{mult}_p(C \cap T) = \infty$, d.h. $T \subset C$ wird dabei sicherheitshalber ausgeschlossen.

Ein Wendepunkt p heißt *einfach*, wenn $\text{mult}_p(C \cap T) = 3$. Von einer *Doppeltangente* verlangt man dagegen, daß sie in mindestens zwei verschiedenen glatten Punkten von C Tangente ist.

Quadriken können keine Wendepunkte besitzen, bei Kubiken sind im Reellen höchstens drei zu sehen. In Bild 3.9 reproduzieren wir hierzu vier Bilder aus NEWTONS Sammlung [Ne]. Man beachte, daß im letzten Bild ein Wendepunkt im Unendlichen liegt.

3.5. Wesentlich komplizierter wird die Rechnung, wenn eine Kurve nicht mit einer Geraden, sondern mit einer anderen Kurve geschnitten wird. Mit Hilfe von lokalen Methoden kann man beweisen (vgl. 8.6):

Theorem. *Seien $C_1, C_2 \subset \mathbb{C}^2$ algebraische Kurven ohne gemeinsame Komponente. Für $p \in C_1 \cap C_2$ gilt:*

$$\text{mult}_p(C_1 \cap C_2) \geq \text{ord}_p(C_1) \cdot \text{ord}_p(C_2).$$

Gleichheit gilt genau dann, wenn C_1 und C_2 in p keine gemeinsame Tangente haben.

Damit läßt sich in vielen Fällen die Schnittmultiplizität ohne Resultante berechnen oder wenigstens abschätzen. Als Beispiel erinnern wir an die beiden Neilschen Parabeln in 2.7 mit $\text{ord}_p(C_i) = 2$, aber $\text{mult}_p(C_1 \cap C_2) = 6 > 2 \cdot 2$.

Im Anschluß daran ein weiteres

Beispiel. Ist $C_1 = V(X_1)$ und $C_n = V(X_2^n + X_0^{n-1}X_1)$ so gilt für $n \geq 2$ und $p = (1\!:\!0\!:\!0)$

$$\text{mult}_p(C_1 \cap C_n) = n \ .$$

Nimmt man dagegen die Kubik $C = V(X_2^3 + X_0 X_1^2)$ mit der Spitzentangente $V(X_1)$ in p und C_n wie zuvor, so ist

$$\text{mult}_p(C \cap C_n) = 3$$

unabhängig von n. Um das zu beweisen, setze man

$$
\begin{aligned}
F &= X_2^3 + a &&\text{mit } a = X_0 X_1^2, &&\text{und} \\
F_n &= X_2^n + b &&\text{mit } b = X_0^{n-1} X_1 \ .
\end{aligned}
$$

Nach Berechnung einer $(n\!+\!3)$-reihigen Determinante erhält man als Resultante von F und F_n für $n \geq 2$

$$R_n = X_1^3 Q_n(X_0, X_1) \quad \text{mit } Q_n(1, 0) \neq 0 \, .$$

Der Kontakt von C_n mit der Spitzentangente erhöht also nicht die Schnittmultiplizität mit der Kubik. Dies zeigt, wie schwierig die Schnittmultiplizität in einem singulären Punkt bei gemeinsamen Tangenten geometrisch zu vestehen ist. In Kapitel 5 wird dieses Beispiel zum Verständnis der Plückerformeln beitragen.

3.6. Um die globale Aussage des Satzes von BÉZOUT anwenden zu können, müssen wir wieder zum projektiven Raum übergehen und die auftretenden Polynome homogenisieren. Das geht alles recht zügig mit Hilfe der

Formel von Euler. *Ist $F \in \mathbb{C}[X_0, X_1, X_2]$ homogen vom Grad n, so gilt*

$$X_0 \frac{\partial F}{\partial X_0} + X_1 \frac{\partial F}{\partial X_1} + X_2 \frac{\partial F}{\partial X_2} = n \cdot F.$$

Das kann man direkt nachrechnen; es gilt ebenso für mehrere Variable und über jedem Körper der Charakteristik Null. Daraus folgt die

Bemerkung. *Sei $C = V(F) \subset \mathbb{P}_2(\mathbb{C})$ eine algebraische Kurve, wobei F Minimalpolynom ist, und $p \in C$. Dann gilt:*

a) *C ist glatt in p genau dann, wenn*

$$\mathrm{grad}_p F = \left(\frac{\partial F}{\partial X_0}(p), \, \frac{\partial F}{\partial X_1}(p), \, \frac{\partial F}{\partial X_2}(p) \right) \neq (0, 0, 0) \, .$$

b) *Ist C glatt in p, so ist die projektive Tangente $T_p C$ in p gegeben durch die lineare Gleichung*

$$X_0 \frac{\partial F}{\partial X_0}(p) + X_1 \frac{\partial F}{\partial X_1}(p) + X_2 \frac{\partial F}{\partial X_2}(p) = 0 \, .$$

Beweis. Ist $p = (p_0 : p_1 : p_2)$, so können wir o.E. $p_0 \neq 0$ annehmen. Ein affiner Teil von C der p enthält, wird dann beschrieben durch $f(X_1, X_2) = F(1, X_1, X_2)$ (vgl. 2.3), und es gilt

$$\frac{\partial f}{\partial X_i}(X_1, X_2) = \frac{\partial F}{\partial X_i}(1, X_1, X_2) \text{ für } i = 1, 2.$$

Also folgt $\mathrm{grad}_p F \neq 0$ aus $\mathrm{grad}_p f \neq 0$. Ist umgekehrt $\mathrm{grad}_p f = 0$, so folgt aus der Formel von Euler

$$0 = nF(p) = p_0 \frac{\partial F}{\partial X_0}(p),$$

also $\mathrm{grad}_p F = 0$. Das beweist a). Nach 3.1 hat die in b) gegebene Gerade die richtige Steigung, nach Euler geht sie durch p. $\qquad \square$

Zusammen mit der Bemerkung aus 3.2 ergibt sich die

Folgerung. *Eine algebraische Kurve $C \subset \mathbb{P}_2(\mathbb{C})$ hat nur endlich viele Singularitäten.*

Beispiel. Die *Fermat-Kurve* $V(X_0^n - X_1^n - X_2^n) \subset \mathbb{P}_2(\mathbb{C})$ ist für jedes $n \geq 1$ irreduzibel (Eisenstein!) und glatt.

Man kann beweisen, daß für „fast alle" homogenen Polynome $F \in \mathbb{C}[X_0, X_1, X_2]$ vom Grad n die Kurve $V(F) \subset \mathbb{P}_2(\mathbb{C})$ irreduzibel und glatt ist. Daher könnte man sich nur mit solchen Kurven beschäftigen; aber wie so oft sind die Ausnahmen besonders attraktiv.

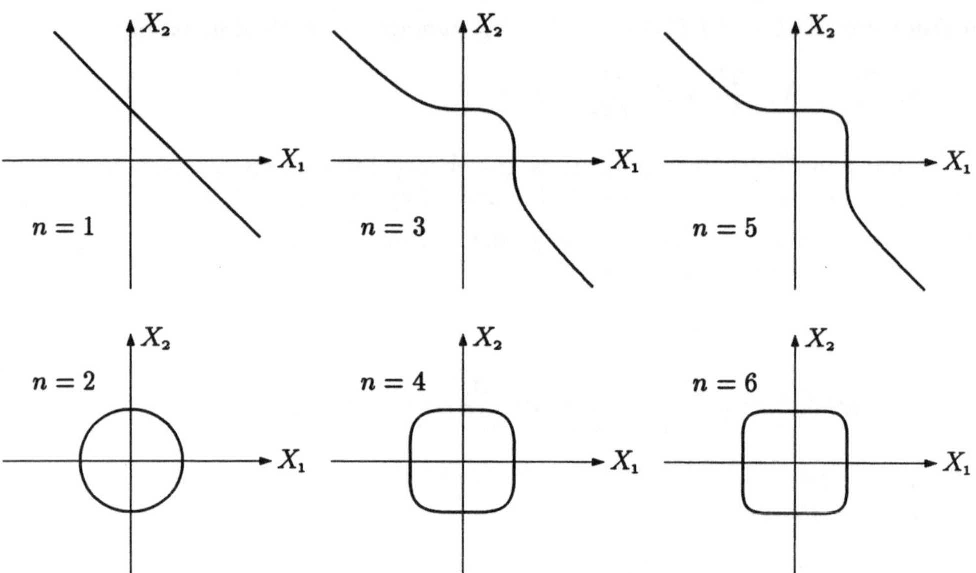

Bild 3.10. Fermat-Kurven

Die in 3.4 gegebene Definition der Tangenten in einem singulären Punkt durch die Nullstellen des *Initialpolynoms* $f_{(r)}$ ist geometrisch nicht unmittelbar einleuchtend. Wenn man wissen möchte, wie sie mit den Tangenten in glatten Punkten zusammenhängt, ist etwas Aufwand nötig. Wir verwenden die obigen Bezeichnungen.

Ist $p \in C$ ein glatter Punkt, so sind die Koeffizienten der Tangentengleichung gegeben durch

$$a_i = \frac{\partial F}{\partial X_i}(p) \quad \text{für} \quad i = 0, 1, 2 \, .$$

Sie sind nur bis auf einen Faktor $\neq 0$ eindeutig, also kann man die Tangente mit $(a_0 : a_1 : a_2)$ identifizieren, das ist ein Punkt des dualen projektiven Raumes $\mathbb{P}_2^*(\mathbb{C})$ (vgl. [Fi], 3.4). Dieser hat wie $\mathbb{P}_2(\mathbb{C})$ eine Topologie, also kann man sagen, wann eine Folge von Geraden konvergiert. Das gestattet die Formulierung von folgendem

Satz. *Sei $p \in C \subset \mathbb{P}_2$ und $L \subset \mathbb{P}_2$ eine Gerade. L ist genau dann Tangente an C in p, wenn es eine gegen p konvergente Folge von glatten Punkten $p_\nu \subset C$ gibt mit*

$$L = \lim_{\nu \to \infty} T_{p_\nu} C \, .$$

Der *Beweis* wird in 8.2 nachgeholt.

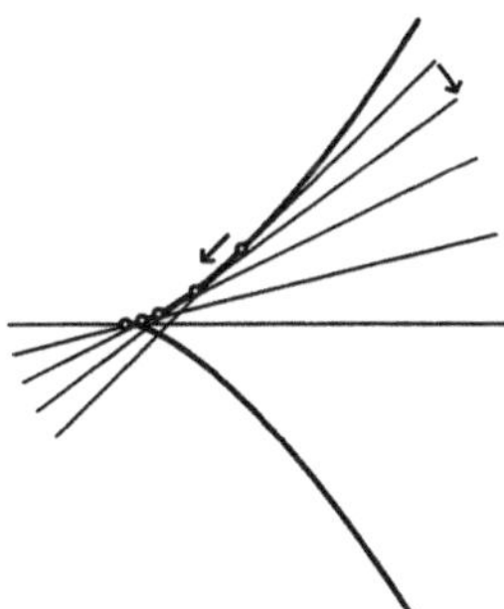

Bild 3.11. Konvergenz von Tangenten

3.7. Um die Anzahl der Singularitäten abzuschätzen, benutzen wir eine „Konstruktion" von algebraischen Kurven durch vorgegebene Punkte. Durch zwei Punkte geht genau eine Gerade, durch fünf Punkte genau eine Quadrik, wenn die Punkte nicht kollinear sind. Für den allgemeinen Fall ist es einfacher, nach einem Polynom zu suchen als nach einer Kurve.

Mit $V_{k,n} \subset \mathbb{C}[X_0, \ldots, X_k]$ bezeichnen wir den Vektorraum der homogenen Polynome vom Grad n in $k+1$ Unbestimmten. Durch Induktion über k beweist man ganz einfach

$$\dim V_{k,n} = \binom{n+k}{n} \, .$$

Zwei Polynome aus $V_{k,n}$ sollen äquivalent heißen, wenn sie sich nur durch einen Faktor aus $\mathbb{C}^*$ unterscheiden. Geometrisch entspricht einer solchen Äquivalenzklasse für $k = 2$ ein effektiver Divisor vom Grad n in $\mathbb{P}_2(\mathbb{C})$ (vgl. 1.6); dessen Träger ist eine Kurve vom Grad $\leq n$. Die Menge dieser Äquivalenzklassen ist ein projektiver Raum $\mathbb{P}_N(\mathbb{C})$ mit $N = \binom{n+k}{n} - 1$. Sei nun

$$F = \sum_{\nu_0 + \nu_1 + \nu_2 = n} a_{\nu_0 \nu_1 \nu_2} X_0^{\nu_0} X_1^{\nu_1} X_2^{\nu_2} \quad \text{und} \quad p = (p_0 : p_1 : p_2) \in \mathbb{P}_2(\mathbb{C}) \, .$$

Die Bedingung $p \in V(F)$ bedeutet $F(p_0, p_1, p_2) = 0$; dies ist eine lineare Bedingung für die $N + 1$ Koeffizienten $a_{\nu_0 \nu_1 \nu_2}$ von F, d.h. für die homogenen Koordinaten in $\mathbb{P}_N(\mathbb{C})$. Jeder Punkt in $\mathbb{P}_2(\mathbb{C})$, durch den die „Kurve" gehen soll, bestimmt also eine Hyperebene in $\mathbb{P}_N(\mathbb{C})$. Der Durchschnitt von N Hyperebenen enthält mindestens einen Punkt in $\mathbb{P}_N(\mathbb{C})$ (d.h. eine Äquivalenzklasse von Polynomen). Man sagt, daß Punkte $P_1, \ldots, P_N \in \mathbb{P}_2(\mathbb{C})$ sich (bezüglich Kurven vom Grad n) in *allgemeiner Lage* befinden, wenn sich die entstehenden Hyperebenen im $\mathbb{P}_N(\mathbb{C})$ in genau einem Punkt schneiden. Wegen

$$\binom{n+2}{n} - 1 = \tfrac{1}{2}n(n+3)$$

folgt daraus das

Lemma. *Durch $\tfrac{1}{2}n(n+3)$ Punkte in $\mathbb{P}_2(\mathbb{C})$ geht mindestens eine algebraische Kurve vom Grad $\leq n$. Genauer gilt: Befinden sich die Punkte in allgemeiner Lage, so gibt es genau einen effektiven Divisor vom Grad n, auf dessen Trägerkurve die Punkte liegen.*

3.8. In der Ebene können sich n Geraden in $\tfrac{1}{2}n(n-1)$ Punkten schneiden. Also kann eine algebraische Kurve vom Grad n so viele Singularitäten haben. Für irreduzible Kurven gibt es eine bessere Schranke.

Satz. *Eine irreduzible algebraische Kurve $C \subset \mathbb{P}_2(\mathbb{C})$ vom Grad n hat höchstens*

$$\gamma(n) := \tfrac{1}{2}(n-1)(n-2)$$

Singularitäten.

Es ist $\gamma(1) = \gamma(2) = 0$. Das ist aus der elementaren Geometrie bekannt. $\gamma(3) = 1$ entspricht der Beobachtung, daß bei einer irreduziblen Kubik höchstens eine Spitze oder ein gewöhnlicher Doppelpunkt auftreten kann. $\gamma(4) = 3$ wird von der Hypozykloide in 0.6 erreicht.

Zum *Beweis des Satzes* können wir $n \geq 3$ annehmen. Angenommen, es gäbe $\gamma(n) + 1$ Singularitäten auf C. Wir nehmen noch $n - 3$ weitere Punkte auf C dazu, dann sind es insgesamt

$$\gamma(n) + 1 + n - 3 = \tfrac{1}{2}(n-2)(n+1)$$

Punkte. Nach 3.7 gibt es eine Kurve C' vom Grad $m \leq n - 2$, die durch all diese Punkte geht. Für jeden singulären Punkt p von C ist $\mathrm{mult}_p(C \cap C') \geq 2$, für jeden der $n - 3$ weiteren Punkte ist $\mathrm{mult}_p(C \cap C') \geq 1$, also ist

$$\sum_{p \in C \cap C'} \mathrm{mult}_p(C \cap C') \geq 2(\gamma(n) + 1) + n - 3 = n(n-2) + 1 \,.$$

C ist irreduzibel, kann also wegen $\deg C' < n$ keine Komponente von C' sein. Der Satz von BÉZOUT ergibt

$$\sum_{p \in C \cap C'} \mathrm{mult}_p(C \cap C') = n \cdot m \leq n(n-2)$$

im Widerspruch zu obiger Ungleichung.	$\square$

Korollar. *Eine beliebige algebraische Kurve vom Grad n in $\mathbb{P}_2(\mathbb{C})$ hat höchstens $\tfrac{1}{2}n(n-1)$ Singularitäten.*

Das folgt aus obigem Satz durch Induktion über die Anzahl der Komponenten.

Für eine präzisere Zählung kann man die Singularitäten mit Gewichten versehen und zeigen, daß

$$\sum_{p \in \operatorname{Sing} C} \operatorname{ord}_p(\operatorname{ord}_p - 1) \leq (n-1)(n-2) \, ,$$

falls C irreduzibel ist (vgl. 9.9 und A.5.5).

In Kapitel 9 wird sich zeigen, was die im Satz eingeführte Zahl $\gamma(n)$ mit dem *Geschlecht* der Kurve zu tun hat.

4. Polaren und Hesse-Kurve

In diesem Kapitel beschäftigen wir uns mit folgenden Fragen an eine algebraische Kurve $C \subset \mathbb{P}_2(\mathbb{C})$:

a) Wie findet man die Tangenten an C, die durch einen vorgegebenen Punkt q gehen?

b) Wie findet man die Wendepunkte von C?

Zur Lösung dieser Fragen wird die gegebene Kurve mit geeigneten anderen Kurven (Polaren und Hesse-Kurve) geschnitten. Der Satz von BÉZOUT erlaubt dann auch Aussagen über die Anzahl der Tangenten und der Wendepunkte.

4.1. Zunächst zu den Tangenten. Ist $C = V(F) \subset \mathbb{P}_2(\mathbb{C})$ und $p \in C$ ein glatter Punkt, so ist die Gleichung der Tangente $T_p C$ in p nach 3.6 gegeben durch

$$\sum_{i=0}^{2} X_i \frac{\partial F}{\partial X_i}(p) = 0 \,.$$

Also liegt ein beliebiger Punkt $q = (q_0 : q_1 : q_2) \in \mathbb{P}_2(\mathbb{C})$ genau dann auf $T_p C$, wenn

$$\sum_i q_i \frac{\partial F}{\partial X_i}(p) = 0\,, \quad \text{d.h.} \quad p \in V\left(\sum_i q_i \frac{\partial F}{\partial X_i}\right)\,.$$

Das motiviert die

Definition. Sei $C \subset \mathbb{P}_2(\mathbb{C})$ eine algebraische Kurve mit Minimalpolynom F vom Grad ≥ 2, $q = (q_0 : q_1 : q_2) \in \mathbb{P}_2(\mathbb{C})$ beliebig und

$$D_q F := q_0 \frac{\partial F}{\partial X_0} + q_1 \frac{\partial F}{\partial X_1} + q_2 \frac{\partial F}{\partial X_2}\,.$$

Ist $\deg D_q F \geq 1$, so heißt $P_q C := V(D_q F)$ die *Polare* von C bezüglich q als *Pol*.

Dazu zunächst einige

Beispiele.
a) Sei $F = X_1 X_2$. Für $q = (1 : 0 : 0)$ ist $D_q F = 0$, die Polare ist nicht erklärt; für $q = (\lambda : 1 : 0)$ ist $D_q F = X_2$, die Polare ist eine Komponente der Kurve. Dies sind die pathologischen Fälle.

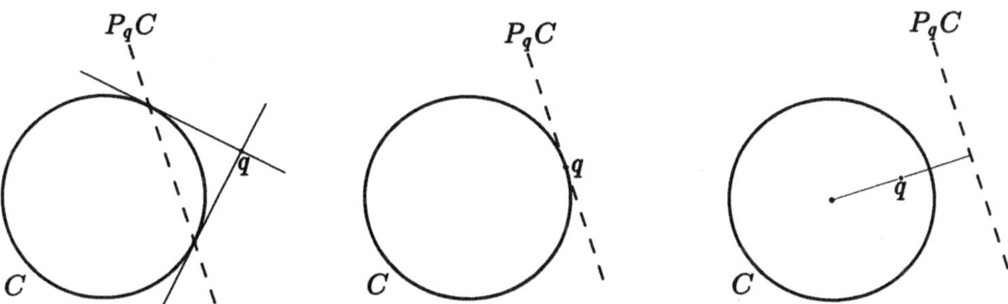

Bild 4.1. Die Polaren eines Kreises

b) Für eine glatte Quadrik C ist $P_q C$ eine Gerade, die klassische Polare.

c) Sei C eine Neilsche Parabel mit $F = X_2^3 + X_0 X_1^2$. Dann ist

$$D_q F = q_0 X_1^2 + 2q_1 X_0 X_1 + 3q_2 X_2^2 \,.$$

In $p = (1:0:0)$ hat C die Spitzentangente $T = V(X_1)$. Liegt q darauf, so besteht die Polare $P_q C$ aus zwei Geraden durch p, und es ist $\operatorname{mult}_p(C \cap P_p C) = 4$.

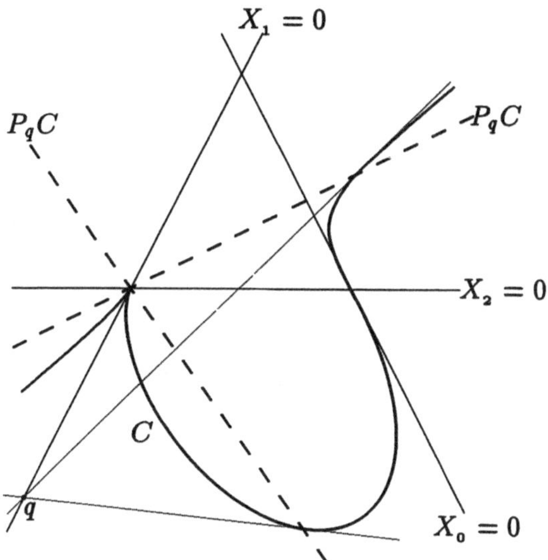

Bild 4.2. Polare an die Neilsche Parabel für einen Pol auf der Geraden $V(X_1)$

Andernfalls ist $q_1 \neq 0$. Im Fall $q_2 = 0$ besteht $P_q C$ aus der Spitzentangente T und einer weiteren Geraden durch $(0:0:1)$. Also gilt für die Schnittmultiplizität

$$\operatorname{mult}_p(C \cap P_q C) = 3 \,.$$

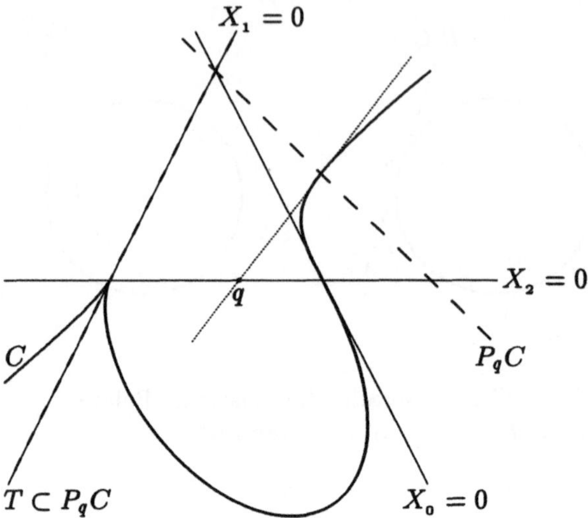

Bild 4.3. Polare an die Neilsche Parabel für einen Pol auf der Geraden $V(X_2)$

Um zu zeigen, daß dies auch für $q_2 \neq 0$ gilt, muß man entsprechend 2.7 eine Resultante berechnen. Wir können $3q_2 = 1$ annehmen, dann ist

$$
\begin{aligned}
F &= X_2^3 + a & \text{mit} \quad a &= X_0 X_1^2 \,, \\
D_q F &= X_2^2 + b & \text{mit} \quad b &= (q_0 X_1 + 2q_1 X_0)X_1 = \tilde{b}(X_0, X_1) \cdot X_1 \,.
\end{aligned}
$$

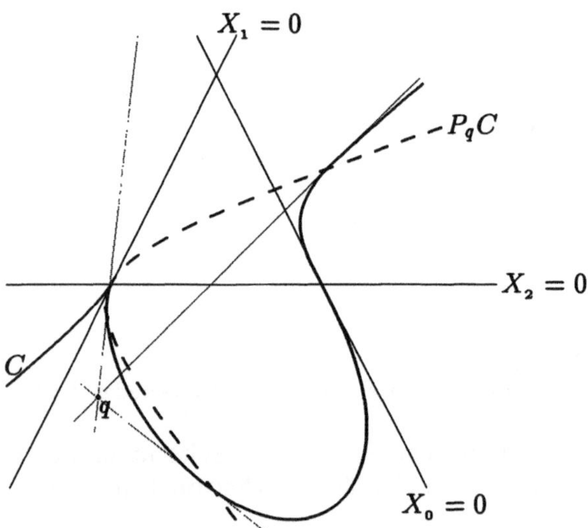

Bild 4.4. Polare an die Neilsche Parabel für einen allgemeinen Pol

Also ist P_qC eine glatte Quadrik mit Tangente $V(X_1)$ in p. Es ist

$$R = \begin{vmatrix} 1 & 0 & 0 & a & 0 \\ 0 & 1 & 0 & 0 & a \\ 1 & 0 & b & 0 & 0 \\ 0 & 1 & 0 & b & 0 \\ 0 & 0 & 1 & 0 & b \end{vmatrix} = a^2 + b^3 = X_1^3(X_0^2 X_1 + \tilde{b}^3) \, .$$

Wegen $q_1 \neq 0$ ist $\tilde{b}(1,0) \neq 0$. Also folgt insgesamt

$$\mathrm{mult}_p(C \cap P_q C) = 3 \, ,$$

falls q nicht auf der Spitzentangente $V(X_1)$ liegt.

d) Für das Cartesische Blatt C mit $F = X_1^3 + X_2^3 - 3X_0 X_1 X_2$ ist

$$\tfrac{1}{3} D_q F = -q_0 X_1 X_2 + q_1(X_1^2 - X_0 X_2) + q_2(X_2^2 - X_0 X_1) \, .$$

Also ist die Polare zu $q = (1{:}0{:}0)$ das Achsenkreuz $X_1 X_2 = 0$. Ist $(q_1, q_2) \neq (0,0)$, so ist $P_q C$ eine glatte Quadrik mit der Tangente

$$q_2 X_1 + q_1 X_2 = 0$$

im Doppelpunkt $p = (1{:}0{:}0)$ von C. Also gilt (z.B. nach 3.5)

$$\mathrm{mult}_p(C \cap P_q C) = 2 \, ,$$

falls $q_1 \neq 0$ und $q_2 \neq 0$, d.h. falls q nicht auf einer der beiden Tangenten an C in p liegt.

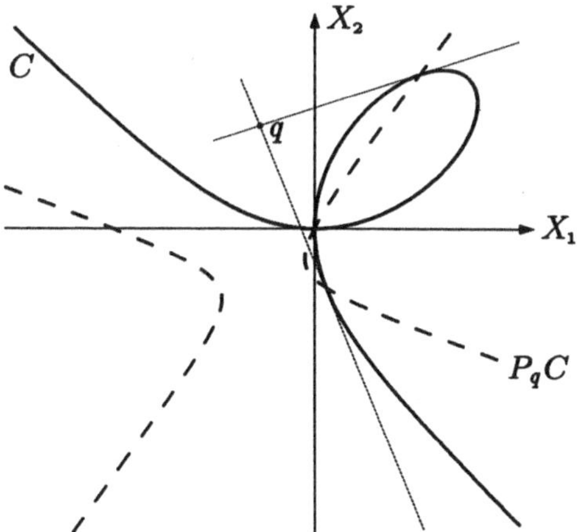

Bild 4.5. Polare an das Cartesische Blatt

4.2. Die obigen Beispiele geben schon Hinweise auf allgemein gültige Eigenschaften der Polaren:

Bemerkung. *Unter den Voraussetzungen von Definition 4.1 gilt mit $n := \deg F$:*

a) *Die Polare P_qC hängt nicht von der Wahl der Koordinaten ab.*

b) *$D_qF = 0$ genau dann, wenn C aus n Geraden durch q besteht.*

c) *$\deg D_qF = n - 1$, falls $D_qF \neq 0$.*

d) *C und P_qC haben eine gemeinsame Komponente genau dann, wenn C eine Gerade durch q enthält.*

e) *Ist $p \in C$ singulär und $q \in \mathbb{P}_2(\mathbb{C})$ beliebig, so ist $p \in P_qC$.*

Beweis. a) folgt durch elementare Rechnung mit linearen Transformationen. Bei b) kann man daher $q = (1:0:0)$ annehmen. $D_qF = 0$ bedeutet dann, daß F nicht von X_0 abhängt, also $f(X_1, X_2) = F(1, X_1, X_2)$ homogen vom Grad n ist. In der Notation von 3.3 bedeutet das $f = f_{(n)}$. c) und e) sind klar. d) erfordert eine Überlegung analog zum Beweis von Bemerkung 3.2. □

4.3. Zusammenfassend halten wir fest:

Satz. *Sei $C = V(F)$ eine algebraische Kurve vom Grad $n \geq 2$, die keine Gerade enthält, und $q \in \mathbb{P}_2(\mathbb{C})$ beliebig. Dann ist die Polare P_qC eine algebraische Kurve vom Grad $\leq n - 1$, die mit C keine Komponente gemeinsam hat. Als effektiver Divisor, der durch D_qF beschrieben wird, hat sie den Grad $n - 1$. Die Schnittmenge $C \cap P_qC$ besteht aus den Berührpunkten von Tangenten an C durch q und den Singularitäten von C.*

Insbesondere kann man nach dem Satz von BÉZOUT durch q höchstens $n(n - 1)$ Tangenten an C legen. Diese Zahl wird verringert durch Doppeltangenten, Wendetangenten und Singularitäten. Für eine präzise Zählung der Schnittpunkte notieren wir noch die

Bemerkung. *C habe in p eine einfache Tangente T, d.h. $\mathrm{mult}_p(T \cap C) = 2$. Ist $q \in T$ von p verschieden, so geht die Polare P_qC in p transversal durch C, d.h.*

$$\mathrm{mult}_p(C \cap P_qC) = 1 \, .$$

Insbesondere ist die Polare glatt in p.

Beweis. Ist $p = (1:0:0)$ und $T = V(X_2)$, so ist nach Lemma 3.4

$$F = X_1^2 \cdot G(X_0, X_1) + X_2 \cdot H(X_0, X_1, X_2)$$

mit $\quad G(1, 0) \neq 0 \quad$ und $\quad H(1, 0, 0) \neq 0 \, .$

Berechnet man damit D_qF und berücksichtigt man $q_1 \neq 0$ und $q_2 = 0$, so folgt leicht die Behauptung. □

Aus den oben bewiesenen Eigenschaften der Polare folgt das häufig nützliche

Korollar. *Ist C eine algebraische Kurve vom Grad n und $q \notin C$, so haben fast alle Geraden durch q mit C genau n einfache Schnittpunkte.*

Beweis. Die Polare $P_q C$ hat mit C nur endlich viele Schnittpunkte. Jede Gerade durch q, die nicht durch $C \cap P_q C$ geht, erfüllt die obige Bedingung. $\square$

4.4. Nun zum zweiten Problem dieses Paragraphen, der Suche nach Wendepunkten (vgl. 3.4) und einer Abschätzung ihrer Anzahl. Es ist ganz klar, daß man dazu zweite Ableitungen benötigt, aber gar nicht selbstverständlich, wie man daraus die Gleichung für eine passende algebraische Kurve erhält.

Definition. Ist $F \in \mathbb{C}[X_0, X_1, X_2]$ homogen vom Grad ≥ 2, so heißt die symmetrische 3×3-Matrix

$$H_F := \left(\frac{\partial^2 F}{\partial X_i \partial X_j} \right)_{0 \leq i,j \leq 2}$$

die *Hesse-Matrix* von F. Ist F Minimalpolynom einer Kurve $C = V(F) \subset \mathbb{P}_2(\mathbb{C})$ und $\deg(\det H_F) \geq 1$, so heißt $H(C) := V(\det H_F)$ die *Hesse-Kurve* von C.

Zunächst einige entartete

Beispiele.
a) Für $F = X_0^2 + X_1^2 + X_2^2$ ist $\det H_F = 8$, also $H(C) = \emptyset$.
b) Für $F = X_1 X_2 (X_1 - X_2)$ ist $\det H_F = 0$, also $H(C) = \mathbb{P}_2(\mathbb{C})$.
c) Für $F = X_0 X_1 X_2$ ist $\det H_F = 2F$, also $H(C) = C$.
d) Für $F = X_0(X_0^2 + X_1^2 + X_2^2)$ ist $\det H_F = 8X_0(3X_0^2 - X_1^2 - X_2^2)$.

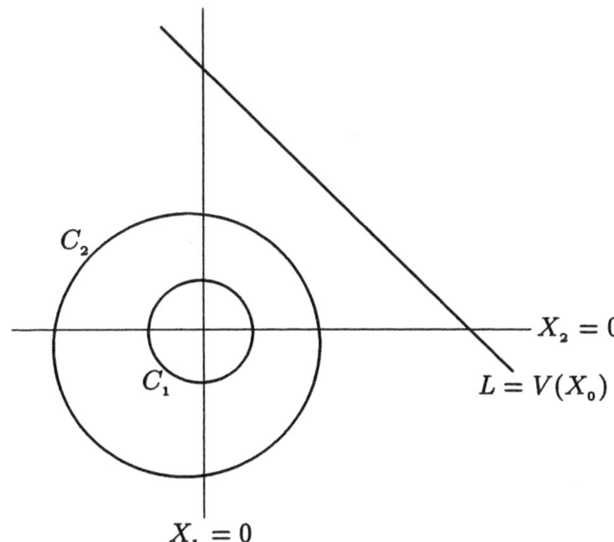

Bild 4.6. Ein entarteter Fall der Hesse-Kurve

Dem entsprechen Zerlegungen (Bild 4.6)

$$C = L \cup C_1, \quad H(C) = L \cup C_2$$

mit einer Geraden L und Quadriken C_1, C_2, wobei $C_1 \cap C_2 = C_1 \cap L = C_2 \cap L$. In diesem Fall haben C und $H(C)$ eine gemeinsame Komponente.

Nützlich für Rechnungen in affinen Koordinaten ist das

Lemma. *Ist $F \in \mathbb{C}[X_0, X_1, X_2]$ homogen vom Grad n und bezeichnet $F_i = \partial F / \partial X_i, F_{ij} = \partial^2 F / \partial X_j \partial X_i$, so gilt*

$$\det H_F = \frac{n-1}{X_0} \begin{vmatrix} F_0 & F_1 & F_2 \\ F_{01} & F_{11} & F_{21} \\ F_{02} & F_{12} & F_{22} \end{vmatrix} = \frac{n-1}{X_0^2} \begin{vmatrix} nF & F_1 & F_2 \\ (n-1)F_1 & F_{11} & F_{21} \\ (n-1)F_2 & F_{12} & F_{22} \end{vmatrix}.$$

Beweis. Die erste Gleichung folgt aus der Euler-Formel 3.6 angewandt auf F_i, indem man die nullte Zeile mit X_0 multipliziert und für $j = 1, 2$ die X_j-fache j-te Zeile dazuzählt. Analog verfährt man bei der zweiten Gleichung mit den Spalten. $\square$

Bemerkung. *Mit den obigen Bezeichnungen gilt:*

   a) *Die Hesse-Kurve hängt nicht von den Koordinaten ab.*

   b) $\deg(\det H_F) = 3(n-2)$, *falls* $\det H_F \neq 0$.

   c) $\operatorname{Sing} C \subset H(C)$.

Beweis. H_F transformiert sich wie eine quadratische Form. Also multipliziert sich $\det H_F$ bei einem durch $A \in \mathrm{GL}(3, \mathbb{C})$ gegebenem Koordinatenwechsel mit $(\det A)^2 \neq 0$; das beweist a). Aussage b) ist klar.

Zum Beweis von c) sei $p = (p_0 : p_1 : p_2) \in C$ singulär und $p_0 \neq 0$. Wegen $F(p) = F_1(p) = F_2(p) = 0$ folgt aus dem Lemma $\det H_F(p) = 0$. $\square$

4.5. Die Bedeutung der Hesse-Kurve $H(C)$ zeigt der

Satz. *Sei $C = V(F) \subset \mathbb{P}_2(\mathbb{C})$ eine Kurve, die keine Gerade enthält. Dann gilt:*

   a) $\det H_F \neq 0$.

   b) *Ein glatter Punkt $p \in C$ ist genau dann Wendepunkt, wenn $p \in H(C)$.*

   c) *C und $H(C)$ haben keine gemeinsame Komponente.*

   d) *Ist $p \in C$ einfacher Wendepunkt, so ist*

$$\operatorname{mult}_p(C \cap H(C)) = 1.$$

Beweis. Sei $p = (1:0:0) \in C$ glatt mit Tangente $T = V(X_2)$. Nach Lemma 3.4 können wir $f(X_1, X_2) = F(1, X_1, X_2)$ darstellen in der Form

$$f = X_1^k g(X_1) + X_2 h(X_1, X_2), \quad \text{wobei}$$

$$X_1^k g = a_2 X_1^2 + a_3 X_1^3 + \ldots \quad \text{und}$$

$$h = b + b_1 X_1 + b_2 X_2 + \ldots \quad \text{mit } 2 \leq k = \mathrm{mult}_p(C \cap T) < \infty, \; b \neq 0,$$

und $a_2 = 0$ genau dann, wenn $k \geq 3$, d.h. wenn p Wendepunkt ist. Mit Hilfe von Lemma 4.4 erhält man

$$\det H_F(p) = (n-1)^2 \begin{vmatrix} 0 & 0 & b \\ 0 & 2a_2 & b_1 \\ b & b_1 & 2b_2 \end{vmatrix} = -2(n-1)^2 b^2 a_2,$$

Daraus folgt sofort b). Zum Beweis von a) genügt es zu zeigen, daß es einen glatten Punkt p gibt, der nicht Wendepunkt ist. Das folgt etwa aus dem Satz über implizite Funktionen (6.9).

Um c) zu beweisen, muß man mit etwas Geduld die Terme niedrigster Ordnung der Taylorentwicklung von $\det H_F$ in p ausfindig machen. Man erhält

$$\det H_F = X_1^{k-2} \widetilde{G}(X_0, X_1) + X_2 \cdot \widetilde{H}(X_0, X_1, X_2),$$

wobei $\widetilde{G}(1, 0) \neq 0$. Daraus folgt c), denn wegen $\mathrm{mult}_p(H(C) \cap T) < k$ können C und $H(C)$ in keinem glatten Punkt eine gemeinsame Komponente haben.

Für $k = 3$ ist $H(C)$ glatt in p mit von T verschiedener Tangente, also folgt d). $\square$

Der Satz von BÉZOUT für $C \cap H(C)$ ergibt das

Korollar. *Eine algebraische Kurve $C \subset \mathbb{P}_2(\mathbb{C})$ vom Grad $n \geq 2$, die keine Gerade enthält, besitzt höchstens $3n(n-2)$ Wendepunkte.*

Mit Hilfe der bisherigen Überlegungen kann man nun auch sehen, wann die Hesse-Kurve entartet:

Bemerkung. *Genau dann gilt $C \subset H(C)$, wenn C Vereinigung von Geraden ist. Präziser gilt:*

a) *Enthält C eine Gerade L, so ist $L \subset H(C)$.*

b) *Sei $C' \subset C$ eine irreduzible Komponente mit $C' \subset H(C)$. Dann ist C' eine Gerade.*

Beweis. a) Sei $C = V(F), L = V(X_0)$ und $F = X_0 G$. Dann ist $F_i = X_0 G_i$ und $F_{ij} = X_0 G_{ij}$ für $i, j = 1, 2$, und nach Lemma 4.4 ist

$$X_0^2 \det H_F = X_0^3 \cdot \triangle, \quad \text{also} \quad \det H_F = X_0 \cdot \triangle.$$

Dabei ist $\triangle$ eine Determinante, die G, G_i und G_{ij} enthält.

b) Es ist zu zeigen, daß eine nicht-lineare Komponente $C' \subset C$ keine Komponente von $H(C)$ sein kann. Dazu wählt man einen Punkt p, in dem C und C' glatt sind, und verfährt wie im Beweis von Satz 4.5 c). $\square$

4.6. Die Höchstzahl von Wendepunkten wird nur dann erreicht, wenn C keine Singularität hat und alle Wendepunkte einfach sind. Dazu einige

Beispiele.

a) Ist $F = X_0^3 + X_1^3 + X_2^3$, so ist die *Fermat-Kubik* $C = V(F)$ glatt und $\det H_F = 6^3 X_0 X_1 X_2$, also zerfällt $H(C)$ in drei Geraden. Auf $X_0 = 0$ liegen drei Wendepunkte

$$(0:1:-1)\,, \quad (0:\zeta:-1)\,, \quad (0:\zeta^2:-1)\,,$$

wobei ζ eine primitive dritte Einheitswurzel ist. Auch auf $X_1 = 0$ und $X_2 = 0$ gibt es jeweils drei Wendepunkte, also insgesamt neun. Drei davon sind reell, nämlich $(0:1:-1)$, $(1:0:-1)$ und $(1:-1:0)$.

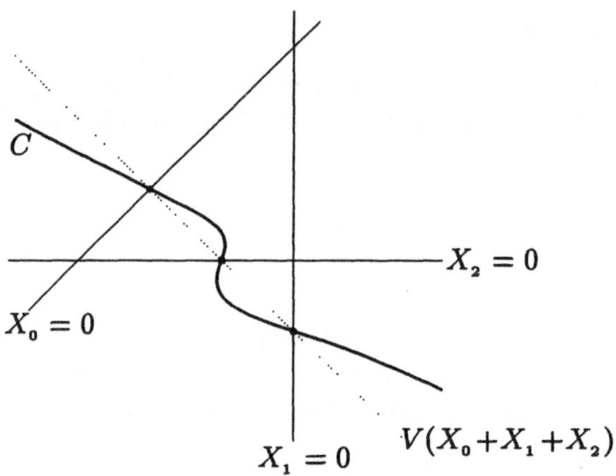

Bild 4.7. Die Fermat-Kubik mit ihren drei rellen Wendepunkten

Dies ist der Ausgangspunkt der Klassifikation von Kubiken und der Theorie elliptischer Funktionen aus der Zeit von HESSE und WEIERSTRASS. Es zeigt sich, daß jede glatte Kubik genau drei reelle Wendepunkte hat, und daß diese stets auf einer Geraden liegen (vgl. etwa [B-K], 7.3).

b) Für die Neilsche Parabel C mit $F = X_1^3 - X_0 X_2^2$ ist $\det H_F = -24 X_1 X_2^2$, also besteht $H(C)$ aus der doppelt gezählten Spitzentangente $V(X_2)$ und der Geraden $V(X_1)$ durch die Spitze $p = (1:0:0)$ und den Wendepunkt $(0:0:1)$. Es ist

$$\text{mult}_p\,(C \cap V(X_2)) = 3 \quad \text{und} \quad \text{mult}_p\,(C \cap V(X_1)) = 2\,, \text{ also}$$
$$\text{mult}_p\,(C \cap H(C)) = 2 \cdot 3 + 2 = 8\,.$$

c) Für das Cartesische Blatt C mit $F = X_1^3 + X_2^3 - X_0 X_1 X_2$ ist

$$\det H_F = -2(3X_1^3 + 3X_2^3 + X_0 X_1 X_2)\,,$$

also ist die Hesse-Kurve $H(C)$ ein gespiegeltes Cartesisches Blatt. Ihr Schnitt mit C besteht aus $p = (1:0:0)$ sowie den drei unendlich fernen Wendepunkten

$$(0\!:\!1\!:\!-1), \quad (0\!:\!\zeta\!:\!-1) \quad \text{und} \quad (0\!:\!\zeta^2\!:\!-1)$$

mit einer primitiven dritten Einheitswurzel ζ. Die Berechnung einer Resultante ergibt

$$\mathrm{mult}_p\left(C \cap H(C)\right) = 6 = 2(1+2)\,,$$

was dem Schnittverhalten der vier beteiligten Kurvenzweige in p entspricht.

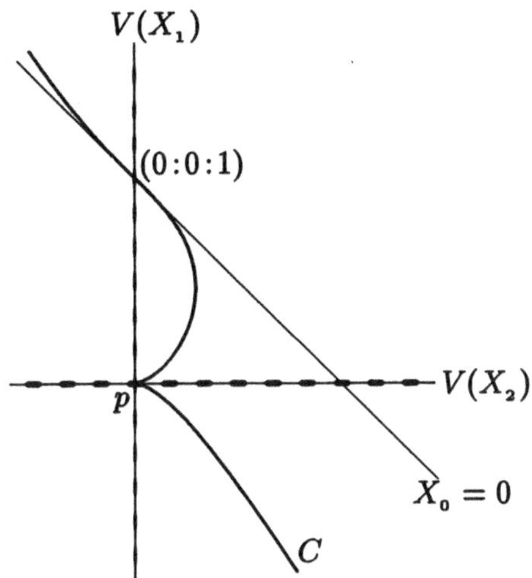

Bild 4.8. Die Neilsche Parabel und ihre Hesse-Kurve

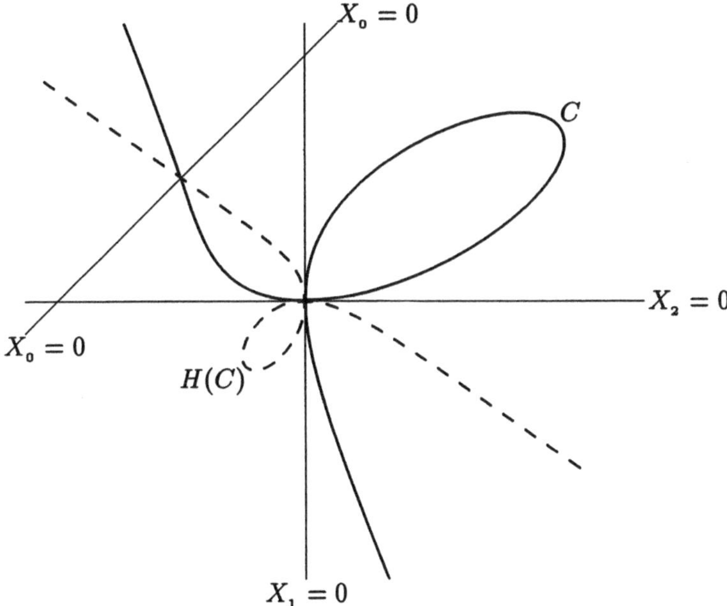

Bild 4.9. Das Cartesische Blatt und seine Hesse-Kurve

5. Duale Kurve und Plückerformeln

Eine algebraische Kurve besitzt zahlreiche „Invarianten", das sind im einfachsten
Fall natürliche Zahlen, die von den gewählten Koordinaten unabhängig sind. Beispiele sind der Grad, die Anzahl der Komponenten, der Singularitäten, der Wendepunkte oder der Doppeltangenten. Wie wir gesehen haben, sind diese Zahlen nicht
unabhängig voneinander: Singularitäten und Wendepunkte gibt es bei irreduziblen
Kurven erst ab Grad 3, Doppeltangenten bei Kurven, die keine Gerade enthalten,
erst ab Grad 4, Singularitäten vermindern bei festem Grad die Anzahl der Wendepunkte. Genaue Beziehungen zwischen verschiedenen Invarianten beinhalten die
sogenannten Plückerformeln.

Zum Beweis der Plückerformeln benötigt man einige komplizierte Hilfsmittel,
insbesondere eine lokale Technik zur Berechnung der auftretenden Schnittmultiplizitäten. Wir verwenden sie schon in diesem Kapitel, obwohl die Begründungen erst
später nachgetragen werden. Dies geschieht in der Hoffnung, den Leser durch Vor-
wegnahme der schönen Anwendungen zum Studium der folgenden sehr technischen
Kapitel stärker zu motivieren.

5.1. Die erste Klippe ist die Einführung der dualen Kurve. Sie ist eine Teilmen-
ge des *dualen projektiven Raumes* $\mathbb{P}_2^*(\mathbb{C})$. Einem Punkt $y = (y_0 : y_1 : y_2) \in \mathbb{P}_2^*(\mathbb{C})$
entspricht die Gerade

$$V(y_0 X_0 + y_1 X_1 + y_2 X_2) \subset \mathbb{P}_2(\mathbb{C}).$$

Sie ist die Polare von $q = (y_0 : y_1 : y_2) \in \mathbb{P}_2(\mathbb{C})$ bezüglich der Quadrik $V(X_0^2 +
X_1^2 + X_2^2)$ (vgl. 4.1). Um im Reellen mehr davon zu sehen, ersetzt man sie zur
Veranschaulichung der Dualität meist durch den „Kreis" $V(X_0^2 - X_1^2 - X_2^2)$. Dann
gehört zum Pol $q = (q_0 : q_1 : q_2)$ die Polare $V(q_0 X_0 - q_1 X_1 - q_2 X_2)$ (vgl. [Fi], 3.4.1).

Definition. Sei $C \subset \mathbb{P}_2(\mathbb{C})$ eine algebraische Kurve. Dann heißt

$$C^* := \{L \in \mathbb{P}_2^*(\mathbb{C}) : L \text{ ist Tangente an } C \text{ in einem } p \in C\}$$

die zu C *duale Kurve.*

Nach 3.4 bedeutet die Bedingung an L, daß $\mathrm{ord}_p(C) < \mathrm{mult}_p(C \cap L)$. Für jeden
Punkt $p \in C$ gibt es nur endlich viele solche Geraden. Ist C selbst Gerade, so
besteht C^* nur aus einem Punkt.

Theorem. *Sei $C \subset \mathbb{P}_2(\mathbb{C})$ eine algebraische Kurve ohne Gerade als Komponente.
Dann gilt:*

    a) $C^* \subset \mathbb{P}_2^*(\mathbb{C})$ *ist eine algebraische Kurve.*

b) *Ist C irreduzibel, so ist C^* irreduzibel und* $\deg C^* \geq 2$.

c) $C^{**} = C$.

Zum Beweis dieses Theorems werden zwei verschiedenartige Techniken benutzt:

i) Die Berechnung einer *Gleichung* von C^* aus einer Gleichung von C.

ii) Die Beschreibung einer *Parametrisierung* von C^* mit Hilfe einer Parametrisierung von C.

Die Methode ii) ist eleganter und geometrisch plausibler, erfordert aber mehr theoretischen Hintergrund. Sie geht aus von der Tatsache, daß man für eine glatte Kurve C eine Abbildung

$$\sigma \colon C \to C^* \subset \mathbb{P}_2^*, \quad p \mapsto \left(\frac{\partial F}{\partial X_0}(p) \colon \frac{\partial F}{\partial X_1}(p) \colon \frac{\partial F}{\partial X_2}(p) \right),$$

hat. Das wird in 5.3 erläutert.

Die Methode i) ist sehr elementar und vertieft die Überlegungen aus 2.5 zur Bestimmung der Schnittpunkte der Kurve mit einer Geraden: Sei also $C = V(F)$ und $L = V(y_0 X_0 + y_1 X_1 + y_2 X_2)$ eine beliebige Gerade. Ist $y_2 \neq 0$, so können wir mit der Geradengleichung X_2 aus F eliminieren. Ist $n = \deg F$, so setzen wir

$$
\begin{aligned}
G(X_0, X_1) \quad &:= \quad y_2^n F\left(X_0, X_1, -\frac{1}{y_2}(y_0 X_0 + y_1 X_1) \right) \\
&= \quad b_0 X_1^n + b_1 X_1^{n-1} X_0 + \ldots + b_n X_0^n \, ,
\end{aligned}
$$

wobei $b_0, \ldots, b_n \in \mathbb{C}[y_0, y_1, y_2]$ homogen vom Grad n sind. Die Nullstellen von G entsprechen den Schnittpunkten von C mit L. Sei nun $D \in \mathbb{C}[Y_0, Y_1, Y_2]$ die Diskriminante von $g(X_1) = G(1, X_1)$, d.h. die Resultante von g und dg/dX_1. Die Koordinaten von $y = (y_0 \colon y_1 \colon y_2)$ werden dabei als Variable angesehen. D ist homogen vom Grad $2n^2 - n$, und nach Korollar 4.3 ist $D \neq 0$. Also ist

$$C' := V(D) \subset \mathbb{P}_2^*$$

eine algebraische Kurve.

Ist nun die durch y bestimmte Gerade L eine Tangente an C, so hat sie mit C einen mindestens zweifachen Schnittpunkt, also hat G eine mehrfache Nullstelle. Ist sie gleich $(0 \colon 1)$, so ist $b_0(y) = 0$, andernfalls hat g eine mehrfache Nullstelle. In jedem Fall folgt $D(y) = 0$, d.h. $y \in C'$. Damit ist gezeigt, daß $C^* \subset C'$, und man hat eine gute Chance, eine Gleichung für C^* aus den Faktoren von D zu erhalten. Dazu zunächst einige

Beispiele.
a) Ist $C \subset \mathbb{P}_2(\mathbb{C})$ eine glatte Quadrik, so gehört dazu eine symmetrische Matrix $A \in GL(3, \mathbb{C})$, so daß

$$F(X) = {}^t X A X$$

mit ${}^t X := (X_0, X_1, X_2)$ Minimalpolynom von C ist. Da

$$\operatorname{grad} F = 2 \, {}^t X A \,,$$

sind die Koordinaten von $T_p C$ in $\mathbb{P}_2^*(\mathbb{C})$ gegeben durch $(p_0, p_1, p_2) \cdot A$. Betrachtet man die Abbildung

$$\sigma \colon \mathbb{P}_2(\mathbb{C}) \to \mathbb{P}_2^*(\mathbb{C}), \quad x \mapsto {}^t x A = y,$$

so ist $C^* = \sigma(C)$, und wegen

$$y \in C^* \Leftrightarrow x = {}^t(y A^{-1}) \in C \Leftrightarrow 0 = {}^t x A x = y A^{-1}({}^t y)$$

ist C^* die durch A^{-1} beschriebene Quadrik. Das beweist obiges Theorem für Quadriken.

Ist $F = a_0 X_0^2 + a_1 X_1^2 + a_2 X_2^2$, so ergibt die Elimination von X_2 und die Berechnung der Diskriminante

$$D = b_0(4 b_0 b_2 - b_1^2) = 4 b_0 Y_2^2 \left(a_1 a_2 Y_0^2 + a_2 a_0 Y_1^2 + a_0 a_1 Y_2^2 \right) = 4 b_0 Y_2^2 F^*.$$

Dabei ist $b_0 = a_2 Y_1^2 + a_1 Y_2^2$, und F^* ist offensichtlich eine Gleichung für C^*.

b) Um die duale Kurve der Neilschen Parabel $C = V(X_1^3 - X_0 X_2^2)$ zu bestimmen, betrachten wir die rationale Parametrisierung

$$\varphi \colon \mathbb{P}_1(\mathbb{C}) \to C \subset \mathbb{P}_2(\mathbb{C}), \quad (t_0 \colon t_1) \mapsto (t_0^3 \colon t_0 t_1^2 \colon t_1^3) \,.$$

Wir setzen

$$\phi = (\phi_0, \phi_1, \phi_2) = (t_0^3, t_0 t_1^2, t_1^3) \,.$$

Dann ist die Tangente an C im Punkt $\varphi(t)$ für $t \neq (1 \colon 0)$ aufgespannt durch die Vektoren $\partial \phi / \partial t_0$ und $\partial \phi / \partial t_1$ im $\mathbb{C}^3$, d.h. durch die Zeilen der Matrix

$$\begin{pmatrix} 3 t_0^2 & t_1^2 & 0 \\ 0 & 2 t_0 t_1 & 3 t_1^2 \end{pmatrix} \,.$$

Eine lineare Gleichung für die Tangente erhält man mit den Minoren dieser Matrix, d.h. mit dem Vektorprodukt der Zeilen

$$(3 t_1^4, -9 t_0^2 t_1^2, 6 t_0^3 t_1) = 3 t_1 \left(t_1^3, -3 t_0^2 t_1, 2 t_0^3 \right)$$

als Koeffizienten. Also sind $y = (t_1^3 \colon -3 t_0^2 t_1 \colon 2 t_0^3) \in \mathbb{P}_2^*(\mathbb{C})$ die Koordinaten der Tangente nicht nur für $t_1 \neq 0$, sondern auch für $t = (1 \colon 0)$, denn $V(X_2)$ ist die Spitzentangente. Das ergibt eine rationale Parametrisierung

$$\varphi^* \colon \mathbb{P}_1(\mathbb{C}) \to C^* \subset \mathbb{P}_2^*(\mathbb{C}), \quad (t_0 \colon t_1) \mapsto (t_1^3 \colon -3 t_0^2 t_1 \colon 2 t_0^3) \,.$$

Der Spitze $(1:0:0) = \varphi(1:0)$ von C entspricht der Wendepunkt $(0:0:1) = \varphi^*(1:0)$ von C^*, und dem Wendepunkt $(0:0:1) = \varphi(0:1)$ von C entspricht die Spitze $(1:0:0) = \varphi^*(0:1)$. Wiederholt man obige Rechnung mit C^*, so folgt $C^{**} = C$. In $F = X_1^3 - X_0 X_2^2$ ergibt die Elimination von X_0

$$G(X_1, X_2) = y_0^2 \left(y_0 X_1^3 + y_1 X_1 X_2^2 + y_2 X_2^3\right) \quad \text{und}$$

$$D = Y_0^{12} \left(4Y_1^3 + 27Y_0 Y_2^2\right) = Y_0^{12} F^*.$$

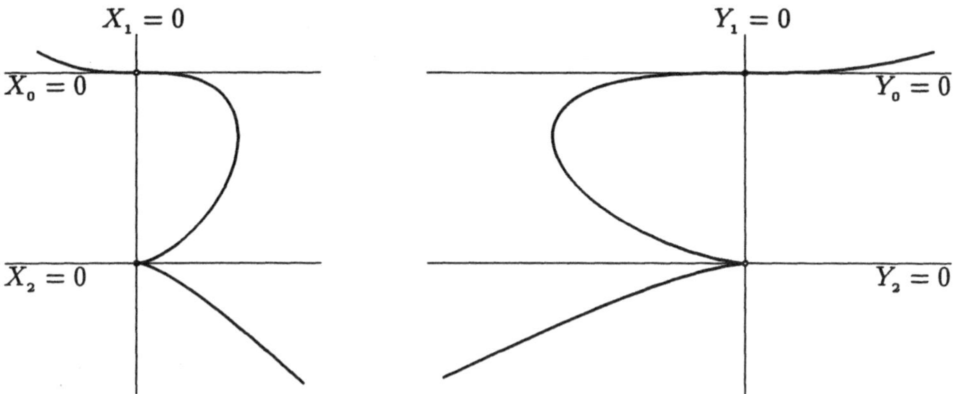

Bild 5.1. Die Neilsche Parabel und ihre duale Kurve

Durch Einsetzen der Parametrisierung sieht man, daß F^* Minimalpolynom von C^* ist.

Die beiden ersten Beispiele könnten den Eindruck erwecken, zwischen C und C^* gäbe es keinen großen Unterschied. Das ist ganz unzutreffend, wie das folgende Beispiel zeigt.

c) Der Newtonsche Knoten hat nach 0.4 die rationale Parametrisierung

$$\varphi: \mathbb{P}_1(\mathbb{C}) \to C \subset \mathbb{P}_2(\mathbb{C}), \quad (t_0:t_1) \mapsto \left(t_0^3 : t_0(t_1^2 - t_0^2) : t_1(t_0^2 - t_1^2)\right),$$

und mit einer Überlegung wie in Beispiel b) erhält man für die duale Kurve die Parametrisierung

$$\varphi^*: \mathbb{P}_1(\mathbb{C}) \to C^* \subset \mathbb{P}_2^*(\mathbb{C}), \quad (t_0:t_1) \mapsto \left((t_0^2 - t_1^2)^2 : t_0^2(t_0^2 - 3t_1^2) : -2t_0^3 t_1\right).$$

Das ist eine herzförmige Quartik, *Cardioide* genannt.

Dem Doppelpunkt $p \in C$ mit $p = \varphi(1:1) = \varphi(1:-1)$ entsprechen zwei Punkte $q = \varphi^*(1:1)$ und $q' = \varphi^*(1:-1)$ auf der Doppeltangente $V(Y_0) \subset \mathbb{P}_2^*(\mathbb{C})$. Dem Wendepunkt $\tilde{p} = (0:0:1) = \varphi(0:1) \in C$ entspricht die Spitze $\tilde{q} = (1:0:0) \in C^*$. Mit etwas Rechnung findet man auch $\varphi^{**} = \varphi$.

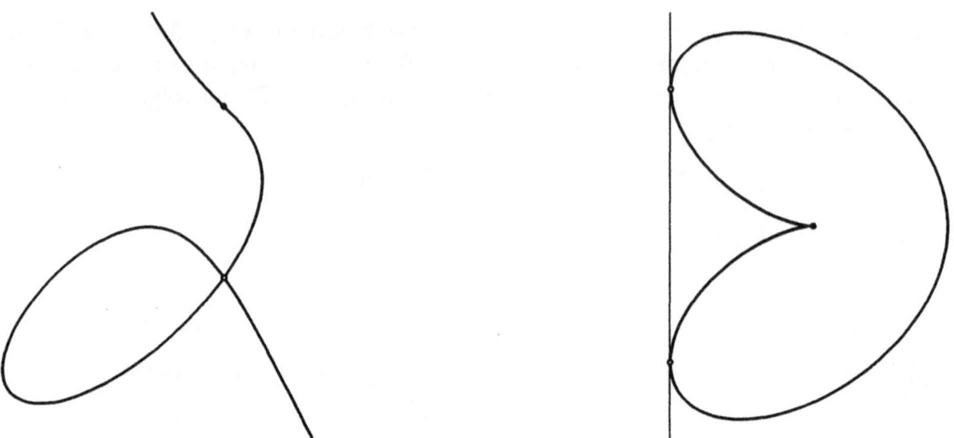

Bild 5.2. Der Newtonsche Knoten und seine duale Cardioide

Verwendet man die Gleichung $F = X_1^3 + X_0 X_1^2 - X_0 X_2^2$ des Newton-Knotens, so erhält man mit Hilfe der Diskriminantenmethode

$$F^* = 4\left(Y_1^2 - Y_2^2\right)^2 - 4Y_0 Y_1 \left(Y_1^2 - 9Y_2^2\right) - 27Y_0^2 Y_2^2$$

als Gleichung der Cardioide. Mutigen Rechnern sei empfohlen, die Parametrisierung in die Gleichung einzusetzen.

d) Die *dreispitzige Hypozykloide* C aus 0.6 wird so gelegt, daß die Spitzen in den Basispunkten $p_0 = (1{:}0{:}0)$, $p_2 = (0{:}1{:}0)$ und $p_2 = (0{:}0{:}1)$ liegen. Eine rationale Parametrisierung von C erhält man folgendermaßen: Man geht aus von der Quadrik

$$Q = V\left(Z_0^2 + Z_1^2 + Z_2^2 - 2Z_0 Z_1 - 2Z_1 Z_2 - 2Z_2 Z_0\right) \subset \mathbb{P}_2(\mathbb{C})$$

mit der Parametrisierung

$$\psi : \mathbb{P}_1(\mathbb{C}) \to Q, \quad (t_0{:}t_1) \mapsto \left(4t_0^2 : (t_0 + t_1)^2 : (t_0 - t_1)^2\right) = (Z_0{:}Z_1{:}Z_2) \, .$$

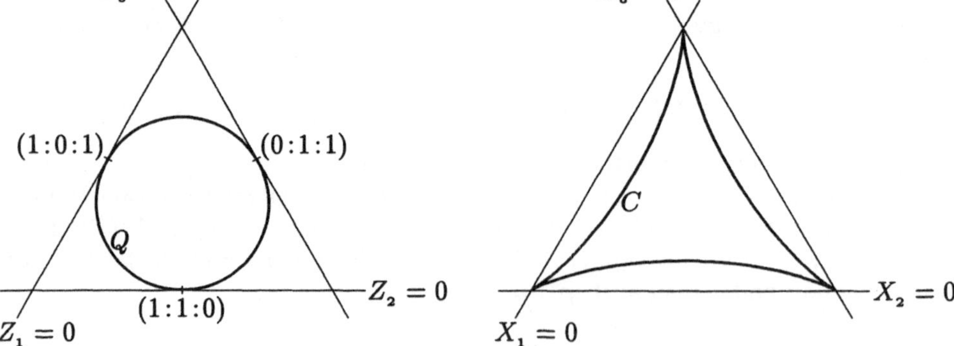

Bild 5.3. Cremona-Transformation von Kreis und Hypozykloide

Nun verwendet man eine sogenannte *Cremona-Transformation*

$$X_0 = Z_1 Z_2 , \quad X_1 = Z_2 Z_0 , \quad X_2 = Z_0 Z_1$$

mit der „Umkehrtransformation"

$$Z_0 = X_1 X_2 , \quad Z_1 = X_2 X_0 , \quad Z_2 = X_0 X_1 .$$

Wie man leicht sieht, ergibt das eine bijektive Abbildung

$$\sigma \colon \mathbb{P}_2 \smallsetminus V(X_0 X_1 X_2) \to \mathbb{P}_2 \smallsetminus V(Z_0 Z_1 Z_2)$$

mit $\sigma = \sigma^{-1}$. Auf dem „Basisdreieck" $V(X_0 X_1 X_2)$ operiert sie etwas ungewöhnlich: Bezeichnen $p_0 = (1\colon 0\colon 0)$, $p_1 = (0\colon 1\colon 0)$ und $p_2 = (0\colon 0\colon 1)$ die Basispunkte, so ist $\sigma(V(X_i)) = p_i$. Umgekehrt kann man sagen, daß die Punkte p_i, in denen σ unbestimmt wird, durch σ zu der Geraden $V(X_i)$ „aufgeblasen" werden.

Die Quadrik Q geht durch keinen Basispunkt. Also kann man ψ mit σ kombinieren. Das ergibt die Parametrisierung

$$(X_0\colon X_1\colon X_2) = \left((t_0 + t_1)^2 (t_0 - t_1)^2 : 4t_0^2 (t_0 - t_1)^2 : 4t_0^2 (t_0 + t_1)^2\right) .$$

Ihr Bild ist eine *Hypozykloide*

$$C = V\left(X_0^2 X_1^2 + X_1^2 X_2^2 + X_2^2 X_0^2 - 2X_0 X_1 X_2 (X_0 + X_1 + X_2)\right) .$$

Als Parametrisierung von C^* erhält man

$$(Y_0\colon Y_1\colon Y_2) = \left(-8t_0^3 : (t_0 + t_1)^3 : (t_0 - t_1)^3\right) .$$

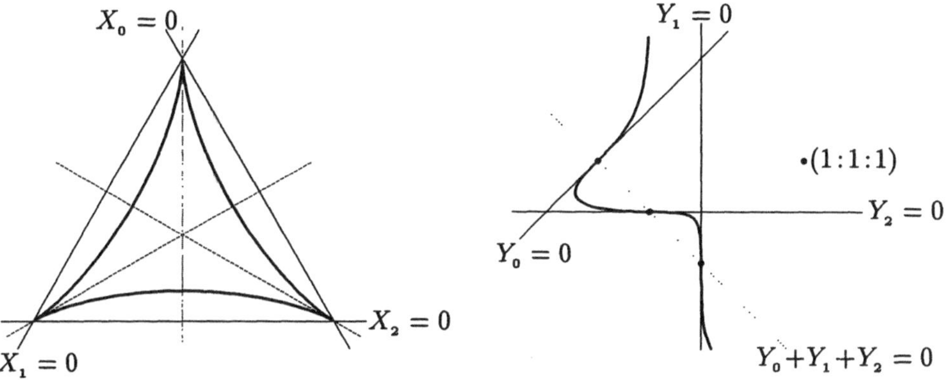

Bild 5.4. Die dreispitzige Hypozykloide und ihre duale Kurve

Das ist eine Kubik mit drei reellen Wendepunkten

$$(0\colon 1\colon -1), \quad (1\colon 0\colon -1) \quad \text{und} \quad (1\colon -1\colon 0)$$

auf der Geraden $Y_0 + Y_1 + Y_2 = 0$. Zu den Parameterwerten $(t_0\colon t_1) = (1\colon \pm i\sqrt{3})$ gehört der Doppelpunkt $(1\colon 1\colon 1)$ von C^*. Diesem entspricht die Doppeltangente

$$X_0 + X_1 + X_2 = 0$$

von C mit den beiden Berührungspunkten

$$(1:\zeta:\zeta^2) \text{ und } (1:\zeta^2:\zeta), \text{ wobei } \zeta = \exp\left(\frac{2\pi i}{3}\right).$$

Das sind auch die nicht-reellen Schnittpunkte von C und Q.

Die Berechnung einer Gleichung von C^* mit Hilfe der Diskriminantenmethode ist mühsam. Durch genaues Ansehen der Parametrisierung erhält man

$$F^* = (Y_0 + 4Y_1 + 4Y_2)(2Y_0 - Y_1 - Y_2)^2 + 27Y_0(Y_1 - Y_2)^2.$$

5.2. Nach diesen Beispielen wollen wir den in 5.1 begonnenen *Beweis von Teil a)* des Theorems über die duale Kurve zu Ende führen. Wir behaupten, daß es Geraden $L_1^*, \ldots, L_k^* \subset \mathbb{P}_2^*$ gibt, so daß

$$C' = C^* \cup L_1^* \cup \ldots \cup L_k^*. \tag{$*$}$$

Also erhält man eine Gleichung von C^* indem man aus D Linearfaktoren herauskürzt.

Die erste Art von Linearfaktoren entsteht durch die Punkte $C \cap V(X_0)$. Sei also $x = (0:x_1:x_2) \in C$. Wir können $(0:0:1) \notin C$, also $x_1 \neq 0$ annehmen. Ist $y \in \mathbb{P}_2^*$ eine Gerade durch x, so ist $y = (y_0:-x_2:x_1)$. Aus $b_0(y)x_1^n = G(0, x_1) = 0$ folgt $b_0(y) = 0$. Daher ist $x_1Y_1 + x_2Y_2$ ein Teiler von b_0, somit auch von D, und

$$L' := V(x_1Y_1 + x_2Y_2) \subset C'$$

ist eine irreduzible Komponente (siehe Beispiel a)).

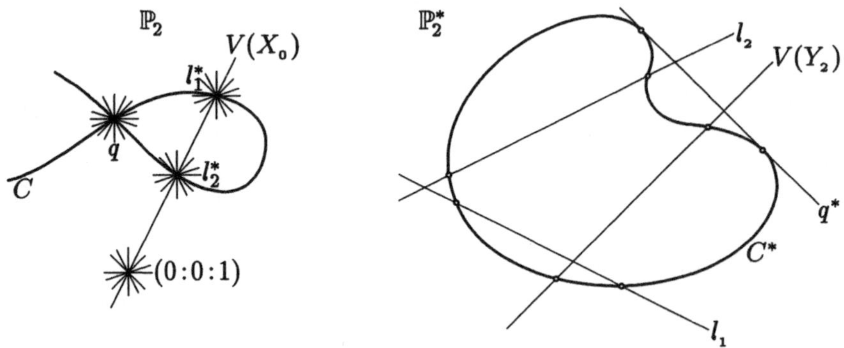

Bild 5.5. Linearfaktoren in D

Ist $x = (x_0:x_1:x_2)$ singulär, so können wir $x_0 = 1$ annehmen. Für eine Gerade y durch x hat $G(1, X_1)$ in $X_1 = x_1$ eine mehrfache Nullstelle, also ist $D(y) = 0$. Somit ist die Gerade

$$L'' := V(x_0Y_0 + x_1Y_1 + x_2Y_2) \subset C'$$

eine weitere irreduzible Komponente (siehe Beispiel b)).

Seien nun $L_1^*, \ldots, L_k^*$ die soeben konstruierten endlich vielen Geraden vom Typ L' und L''. Zum Beweis von (∗) verbleibt zu zeigen, daß C^* in der Topologie von $\mathbb{P}_2^*$ die abgeschlossene Hülle von

$$C' \smallsetminus (L_1^* \cup \ldots \cup L_k^*)$$

ist. Das folgt aber aus dem Satz 3.6. Soviel zum Beweis von Teil a) des Theorems 5.1. $\square$

5.3. In den Beispielen aus 5.1 konnten die Aussagen b) und c) des Theorems mit Hilfe einer rationalen Parametrisierung leicht eingesehen werden. Eine analoge *Parametrisierung* gibt es für beliebige irreduzible Kurven, wenn man anstatt der Riemannschen Zahlenkugel eine kompakte Riemannsche Fläche verwendet:

Theorem. *Zu jeder irreduziblen algebraischen Kurve $C \subset \mathbb{P}_2(\mathbb{C})$ gibt es eine kompakte Riemannsche Fläche S und eine holomorphe Abbildung*

$$\varphi: S \to C\,,$$

die außerhalb der Singularitäten von C biholomorph ist.

Man nennt dies eine *Singularitätenauflösung* von C. Dieses Ergebnis wird in Kapitel 9 bewiesen. Wesentlich dabei ist, daß S zusammenhängend ist.

Für einen singulären Punkt $p \in C$ kann $\varphi^{-1}(p) \subset S$ aus mehreren (höchstens endlich vielen) Punkten bestehen. Dem entsprechen die lokalen Zweige von C durch p, die Anlaß zu den verschiedenen Tangenten durch p und der Mehrdeutigkeit der erhofften Abbildung $\sigma: C \to C^*$ geben. Mit Hilfe von $\varphi: S \to C$ wird nun eine (überall eindeutige) holomorphe Parametrisierung

$$\varphi^*: S \to C^*$$

konstruiert.

Wir tun das zunächst lokal. Sei also $o \in S$ ein fester Punkt und t eine in o zentrierte Koordinate in einer genügend kleinen offenen Umgebung $U \subset S$. Zu $\varphi|U$ gibt es eine *lokale Liftung*, d.h. eine holomorphe Abbildung

$$\phi: U \to \mathbb{C}^3 \smallsetminus \{0\}\,, \quad t \mapsto (\phi_0(t), \phi_1(t), \phi_2(t))\,,$$

so daß $\varphi|U = (\phi_0 : \phi_1 : \phi_2)$. Sei $\dot\phi_i = d\phi_i/dt$ und

$$A = \begin{pmatrix} \phi_0 & \phi_1 & \phi_2 \\ \dot\phi_0 & \dot\phi_1 & \dot\phi_2 \end{pmatrix}\,.$$

Die Abbildung φ ist in einem Punkt t genau dann immersiv, wenn die Zeilen von A für t linear unabhängig sind. In diesem Fall wird die Tangente $T_{\varphi(t)}C \subset \mathbb{P}_2$ von den beiden Vektoren $\phi(t), \dot\phi(t) \in \mathbb{C}^3$ aufgespannt. Die Gleichung dieser Tangente ist gegeben durch

$$a_0(t)X_0 + a_1(t)X_1 + a_2(t)X_2 = 0 \,,$$

wobei $a_i := (-1)^i \det A_i$. Dabei sei A_i aus A für $i = 0, 1, 2$ durch Streichen der i-ten Spalte entstanden. Wir erhalten also

$$\varphi^*(t) = (a_0(t) : a_1(t) : a_2(t)) \in \mathbb{P}_2^* \,,$$

falls φ in t immersiv ist. Die Minoren a_i sind holomorph, d.h. man hat eine holomorphe Abbildung

$$U \to \mathbb{C}^3 \,, \quad t \mapsto (a_0(t), \, a_1(t), \, a_2(t)) \,.$$

Es ist nun leicht zu sehen, daß sich daraus eine holomorphe Abbildung

$$\varphi^* \colon U \to \mathbb{P}_2^*$$

durch Fortsetzung in die nicht immersiven Punkte von φ erhalten läßt.

Lemma 1. *Sei* $0 \in U \subset \mathbb{C}$ *und* $\Psi \colon U \to \mathbb{C}^3$ *holomorph mit* 0 *als einziger Nullstelle von* Ψ. *Dann gestattet die Abbildung*

$$\psi \colon U \smallsetminus \{0\} \to \mathbb{P}_2(\mathbb{C}) \,, \quad t \mapsto (\Psi_0(t) : \Psi_1(t) : \Psi_2(t)) \,,$$

eine holomorphe Fortsetzung in 0.

Beweis. Ist $k \geq 1$ das Minimum der Nullstellenordnungen der Ψ_i in 0, so ist

$$\Psi(t) = t^k \widetilde{\Psi}(t) \quad \text{mit} \quad \widetilde{\Psi}(0) \neq (0, 0, 0) \,.$$

Durch $\psi(0) := \left(\widetilde{\Psi}_0(0) : \widetilde{\Psi}_1(0) : \widetilde{\Psi}_2(0) \right)$ ist die gewünschte Fortsetzung gegeben. $\square$

Lemma 2. *Die so erhaltenen lokalen Parametrisierungen* $\varphi^* \colon U \to \mathbb{P}_2^*$ *sind unabhängig von der Auswahl der lokalen Liftung* ϕ *und der lokalen Koordinate* t.

Der *Beweis* sei dem Leser zur Übung überlassen. Damit erhält man eine globale Parametrisierung, d.h. eine holomorphe Abbildung $\varphi^* \colon S \to \mathbb{P}_2^*$, und wegen Satz 3.6 ist $\varphi^*(S) = C^*$.

Daraus folgt sofort, daß C^* irreduzibel ist. Angenommen, es ist $C^* = C_1 \cup C_2$ mit $C_1 \neq C_2$. Dann betrachte man die Mengen $S_i := \varphi^{*-1}(C_i) \subset S$ für $i = 1, 2$. Da die C_i algebraische Kurven sind und φ^* holomorph ist, werden die Teilmengen $S_i \neq S$ lokal als Nullstellenmengen von holomorphen Funktionen beschrieben. Da S kompakt und zusammenhängend ist, müssen sie endlich sein, was $S = S_1 \cup S_2$ widerspricht.

Wäre C^* eine Gerade, so würden unendlich viele Tangenten an C durch einen festen Punkt $q \in \mathbb{P}_2$ gehen, was nach 4.3 unmöglich ist. Damit ist Teil b) von Theorem 5.1 bewiesen.

5.4. Dualisiert man den projektiven Raum zweimal, so erhält man den ursprünglichen Raum zurück, in Symbolen $(\mathbb{P}_n^*)^* = \mathbb{P}_n$. Behauptung c) von Theorem 5.1 besagt, daß auch für ebene algebraische Kurven eine solche Dualität gilt. Wir wollen nicht nur die Gleichung $C^{**} = C$ beweisen, sondern auch zeigen, wie sich kritische Punkte einer Kurve beim Dualisieren verändern. Dazu verwenden wir eine spezielle lokale Darstellung der holomorphen Parametrisierung aus 5.3.

Lemma. *Sei $U \subset \mathbb{C}$ eine offene Umgebung von 0 und $\varphi : U \to \mathbb{P}_2(\mathbb{C})$ eine holomorphe Abbildung, so daß $\varphi(U)$ nicht in einer Geraden enthalten ist. Dann gibt es eindeutig bestimmte $\alpha_1, \alpha_2 \in \mathbb{N}$ derart, daß φ sich nach einer linearen Transformation von $\mathbb{P}_2(\mathbb{C})$ beschreiben läßt durch $\varphi(t) = (\varphi_0(t) : \varphi_1(t) : \varphi_2(t))$ mit*

$$\varphi_0 = 1, \quad \varphi_1 = t^{1+\alpha_1} + \ldots, \quad \varphi_2 = t^{2+\alpha_1+\alpha_2} + \ldots.$$

Dabei steht $\ldots$ für Terme höherer Ordnung in t.

Die Zahlen α_1, α_2 heißen *lokale numerische Invarianten* der Parametrisierung φ an der Stelle 0.

Beweis. Ist $\phi : U \to \mathbb{C}^3 \setminus \{0\}$ eine Liftung von φ, so betrachte man die Folge der Ableitungen nach t

$$\phi(0), \dot{\phi}(0), \ldots, \phi^{(k)}(0), \ldots \in \mathbb{C}^3.$$

Da $\varphi(U)$ nicht auf einer Geraden liegt, gibt es $\alpha_1, \alpha_2 \in \mathbb{N}$ so daß gilt:

$$\left(\phi(0), \phi^{(1+\alpha_1)}(0), \phi^{(2+\alpha_1+\alpha_2)}(0) \right) \text{ ist Basis von } \mathbb{C}^3.$$

Wir wählen α_1, α_2 minimal mit dieser Eigenschaft und passen die Koordinaten in folgender Weise an: Es sei $\phi(0) = (1, 0, 0)$ und $\phi_0 = 1$. Dann ist nach Definition von α_1

$$(\phi_1(t), \phi_2(t)) = t^{1+\alpha_1} \left(\phi_1'(t), \phi_2'(t) \right) \quad \text{mit} \quad \left(\phi_1'(0), \phi_2'(0) \right) \neq (0, 0).$$

Man kann weiter so transformieren, daß $(\phi_1'(0), \phi_2'(0)) = (1, 0)$. Nach Definition von α_2 ist

$$\phi_2'(t) = t^{1+\alpha_2} \phi_2''(t) \quad \text{mit} \quad \phi_2''(0) \neq 0, \quad \text{also} \quad \phi_2(t) = t^{2+\alpha_1+\alpha_2} \phi_2''(t).$$

Transformiert man schließlich so, daß $\phi_2''(0) = 1$, so folgt die Behauptung. Die Eindeutigkeit folgt leicht aus der Minimalität von α_1 und α_2. $\qquad\Box$

Für das in einer Umgebung von $p = \varphi(0)$ erklärte holomorphe Kurvenstück $C = \varphi(U)$ kann man mit Hilfe einer analytischen Gleichung analog zu Kapitel 3 Ordnung und Schnittmultiplizität mit einer Geraden erklären. Eine elementare Rechnung mit Potenzreihen ergibt (präzise Begründungen findet man in Kapitel 8)

$$1 + \alpha_1 = \operatorname{ord}_p(C) \quad \text{und} \quad 2 + \alpha_1 + \alpha_2 = \operatorname{mult}_p(C \cap T_p C).$$

Daraus folgt insbesondere

$$p \text{ Singularität von } C \iff \alpha_1 \neq 0$$
$$p \text{ Wendepunkt von } C \iff \alpha_2 \neq 0 \text{ (und } \alpha_1 = 0).$$

5.5. Nun können wir mit den speziellen Koordinaten aus 5.4 die Minoren aus 5.3 ausrechnen und damit den Übergang von einer Kurve C dualen Kurve C^* explizit beschreiben. Seien also

$$\varphi\colon S \to C \subset \mathbb{P}_2(\mathbb{C}) \quad \text{und} \quad \varphi^*\colon S \to C^* \subset \mathbb{P}_2^*(\mathbb{C})$$

holomorphe Parametrisierungen. Für ein $o \in S$ und $o \in U \subset S$ sei $\varphi|U = (\phi_0\colon \phi_1\colon \phi_2)$ mit

$$
\begin{aligned}
\phi_0 &= 1 & & & \dot\phi_0 &= 0 \\
\phi_1 &= t^{1+\alpha_1} + \ldots & \text{also} & & \dot\phi_1 &= (1+\alpha_1)t^{\alpha_1} + \ldots \\
\phi_2 &= t^{2+\alpha_1+\alpha_2} + \ldots\,; & & & \dot\phi_2 &= (2+\alpha_1+\alpha_2)t^{1+\alpha_1+\alpha_2} + \ldots\,.
\end{aligned}
$$

Die Berechnung der Minoren ergibt:

$$
\begin{aligned}
a_0 &= (1+\alpha_2)t^{2+2\alpha_1+\alpha_2} + \ldots \\
a_1 &= -(2+\alpha_1+\alpha_2)t^{1+\alpha_1+\alpha_2} + \ldots \\
a_2 &= (1+\alpha_1)t^{\alpha_1} + \ldots \quad .
\end{aligned}
$$

Um aus der Abbildung $(a_0, a_1, a_2)\colon U \to \mathbb{C}^3$ die Parametrisierung $\varphi^*|U$ zu erhalten, muß man entsprechend Lemma 1 aus 5.4 die höchste gemeinsame Potenz von t (das ist t^{α_1}) herausziehen. Es wird

$$
\begin{aligned}
\phi_0^* &= (1+\alpha_2)t^{2+\alpha_2+\alpha_1} + \ldots \\
\phi_1^* &= -(2+\alpha_1+\alpha_2)t^{1+\alpha_2} + \ldots \\
\phi_2^* &= (1+\alpha_1) + \ldots \quad .
\end{aligned}
$$

Bezeichnen α_1^* und α_2^* die lokalen numerischen Invarianten von φ^*, so sieht man, daß

$$\alpha_1^* = \alpha_2 \quad \text{und} \quad \alpha_2^* = \alpha_1 \,.$$

Um φ^{**} und damit C^{**} zu erhalten, muß man ϕ^* differenzieren und nochmals Minoren ausrechnen. Das Ergebnis ist

$$c \cdot t^{\alpha_2}(1 + \ldots : t^{1+\alpha_1} + \ldots : t^{2+\alpha_1+\alpha_2} + \ldots) = c \cdot t^{\alpha_2}\varphi^{**}(t)$$

mit $c = (1+\alpha_1)(1+\alpha_2)(2+\alpha_1+\alpha_2)$. Insbesondere ist

$$\varphi^{**}(o) = (1\colon 0\colon 0) = \varphi(o), \quad \text{also } C^{**} = C\,,$$

da $o \in S$ beliebig gewählt war.

Soviel zum Beweis des Theorems 5.1 über die duale Kurve.

Übungsaufgabe. Man überlege, wie sich eine lineare Koordinatentransformation von $\mathbb{P}_2(\mathbb{C})$ auf die duale Abbildung φ^* auswirkt.

5.6. Als weitere Vorbereitung für die Plückerformeln benötigen wir Charakterisierungen der einfachsten Singularitäten von Kurven. Nach 3.3 ist ein Punkt $p \in C$ genau dann singulär, wenn $\mathrm{ord}_p(C) \geq 2$. Der einfachste Fall hierfür ist $\mathrm{ord}_p(C) = 2$. Ist $F(X_0, X_1, X_2)$ Minimalpolynom von C, $p = (1:0:0)$ und $f(X_1, X_2) = F(1, X_1, X_2)$, so hat man eine Entwicklung

$$f = f_{(2)} + f_{(3)} + \ldots + f_{(n)}$$

mit homogenen Polynomen $f_{(k)} \in \mathbb{C}[X_1, X_2]$, wobei wir $n = \deg C$ annehmen können. Für

$$f_{(2)} = c_0 X_1^2 + c_1 X_1 X_2 + c_2 X_2^2$$

sind zwei Fälle zu unterscheiden:

a) Ist $c_1^2 \neq 4 c_0 c_2$, so hat $f_{(2)}$ zwei verschiedene Nullstellen in $\mathbb{P}_1(\mathbb{C})$, d.h. C hat in p zwei verschiedene Tangenten. In der Terminologie von 3.4 ist p gewöhnlicher Doppelpunkt. In diesem Fall kann man die Koordinaten so transformieren, daß $f_{(2)} = X_1 X_2$. Für jede der beiden Tangenten T in p gilt $\mathrm{mult}_p(C \cap T) \geq 3$. Wir nennen p *einfachen Doppelpunkt* (vgl. [Be]), wenn

$$\mathrm{ord}_p(C) = 2 \quad \text{und} \quad \mathrm{mult}_p(C \cap T) = 3 \ .$$

Die zweite Bedingung bedeutet, daß X_1 und X_2 keine Teiler von $f_{(3)}$ sind. Ist

$$f_{(3)} = d_0 X_1^3 + d_1 X_1^2 X_2 + d_2 X_1 X_2^2 + d_3 X_2^3 \ ,$$

so bedeutet das $d_0 \neq 0$ und $d_3 \neq 0$, wir nehmen $d_0 = d_3 = -1$ an. Dann ist die *affine Gleichung eines einfachen Doppelpunktes* gegeben durch

$$f = X_1 X_2 - X_1^3 - X_2^3 + h \quad \text{mit} \quad \mathrm{ord}_p(h) \geq 3 \quad \text{und} \quad X_1 X_2 \text{ teilt } h_{(3)} \ .$$

In der Sprache der lokalen Zweige bedeutet die Bedingung $\mathrm{mult}_p(C \cap T) = 3$, daß kein Zweig in p einen Wendepunkt hat.

In der Terminologie von 6.14 hat eine Kurve in einem einfachen Doppelpunkt zwei lokale Zweige, die für sich genommen glatt sind. Die beiden Tangenten haben die Gleichungen $X_1 = 0$ und $X_2 = 0$. Der Zweig mit der Tangente $X_2 = 0$ hat nach dem Satz über implizite Funktionen (6.10 und A.3) eine Parametrisierung

$$t \mapsto (t, \varphi(t))$$

mit holomorphem φ und $\varphi(0) = 0$. Es muß $f(t, \varphi(t)) = 0$ sein. Wegen der speziellen Gestalt von f folgt

$$\varphi(t) = t^2 + \sum_{\nu \geq 3} \beta_\nu t^\nu \ .$$

Analog erhält man für den anderen Zweig eine Parametrisierung

$$t \mapsto \left(t^2 + \sum_{\nu \geq 3} \gamma_\nu t^\nu, t \right) \ .$$

b) Für $c_1^2 = 4c_0c_2$ hat $f_{(2)}$ eine doppelte Nullstelle, also C in p nur eine Tangente, p ist eine *Spitze* von C. Man kann so transformieren, daß $f_{(2)} = X_2^2$, dann ist $T = V(X_2)$ die *Spitzentangente*. Man nennt die Spitze *einfach*, wenn

$$\mathrm{mult}_p(C \cap T) = 3 \ .$$

Mit $f_{(3)}$ wie oben bedeutet das $d_0 \neq 0$. Man kann $d_0 = -1$ annehmen, und es ergibt sich

$$f = X_2^2 - X_1^3 + X_2 g + h$$

mit g homogenen vom Grad 2 und $\mathrm{ord}_p(h) \geq 4$ als *affine Gleichung einer einfachen Spitze*.

Wie in Kapitel 7 bewiesen wird, gibt es um p eine lokale Parametrisierung der Form

$$t \mapsto (t^n, \varphi(t))$$

mit $n = \mathrm{ord}_p C = 2$. Aus $f(t^n, \varphi(t)) = 0$ folgt durch einfachen Koeffizientenvergleich

$$\varphi(t) = t^3 + \sum_{\nu \geq 4} \alpha_\nu t^\nu .$$

Das ergibt die lokale Parametrisierung

$$t \mapsto (t^2, t^3 + \ldots)$$

der einfachen Spitze, und für die lokalen numerischen Invarianten (vgl. 5.4 und 5.5) folgt

$$\alpha_1 = 1, \ \alpha_2 = 0 \quad \text{und} \quad \alpha_1^* = 0, \ \alpha_2^* = 1 \ .$$

Bei der Dualität entsprechen sich also einfache Spitzen und einfache Wendepunkte.

5.7. Als *Klasse* einer algebraischen Kurve $C \subset \mathbb{P}_2(\mathbb{C})$ bezeichnet man die höchstmögliche Zahl von Tangenten, die man von einem Punkt $q \in \mathbb{P}_2(\mathbb{C})$ an glatte Punkte von C legen kann.

Bemerkung 1. *Sei $C \subset \mathbb{P}_2(\mathbb{C})$ irreduzibel mit* $\deg C \geq 2$ *und* $C^* \subset \mathbb{P}_2^*(\mathbb{C})$ *die duale Kurve. Dann ist die Klasse n^* von C gleich* $\deg C^*$. *Die Höchstzahl n^* von Tangenten wird für fast alle $q \in \mathbb{P}_2(\mathbb{C})$ erreicht.*

Beweis. Einem Punkt $q \in \mathbb{P}_2$ entspricht per Dualität eine Gerade $q^* \subset \mathbb{P}_2^*$, nämlich das Büschel der Geraden in $\mathbb{P}_2$, die durch q gehen. Nach Definition der dualen Kurve entspricht jedem Punkt aus $q^* \cap C^*$ eine Tangente an C durch q. Nach 2.5 besteht $q^* \cap C^*$ mit Multiplizität gezählt aus n^* Punkten, und für fast alle Geraden q^* sind alle Schnittpunkte einfach (Korollar 4.3). $\qquad\qquad\square$

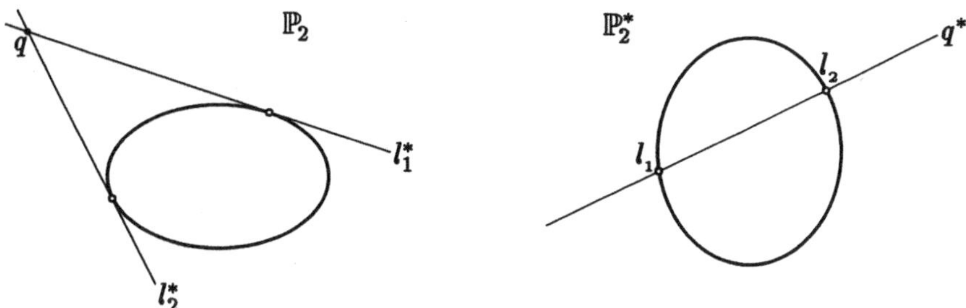

Bild 5.6.

Wir wollen eine algebraische Kurve $C \subset \mathbb{P}_2(\mathbb{C})$ zur Abkürzung *Plückerkurve* nennen, wenn sie folgende Eigenschaften hat:

a) C ist irreduzibel und $\deg C \geq 2$.

b) C und C^* haben als Singularitäten höchstens einfache Doppelpunkte und einfache Spitzen.

Folgende Anzahlen sind Invarianten:

$$d := \# \text{ Doppelpunkte von } C, \quad d^* := \# \text{ Doppelpunkte von } C^*,$$
$$s := \# \text{ Spitzen von } C, \quad s^* := \# \text{ Spitzen von } C^*.$$

Bemerkung 2. *Für eine Plückerkurve C gilt*

a) $d^* = \#$ *Doppeltangenten von C,*

b) $s^* = \#$ *Wendepunkte von C,*

a)* $d = \#$ *Doppeltangenten von C^*,*

b)* $s = \#$ *Wendepunkte von C^*.*

Beweis. a) folgt mit Dualitätsargumenten wie in Bemerkung 1 und b) wurde in 5.6 gezeigt. a)* und b)* sind dazu dual. $\qquad\qquad\square$

Zwischen all diesen Invarianten bestehen folgende Relationen:

Plückerformeln. *Für eine Plückerkurve $C \subset \mathbb{P}_2(\mathbb{C})$ vom Grad n und der Klasse n^* gilt:*

1) $n^* = n(n-1) - 2d - 3s$ *(Klassenformel).*

2) $s^* = 3n(n-2) - 6d - 8s$ *(Wendepunktsformel).*

1)* $n = n^*(n^*-1) - 2d^* - 3s^*.$

2)* $s = 3n^*(n^*-2) - 6d^* - 8s^*.$

Bemerkung 3. Man beachte, daß bei einer Plückerkurve C auch die Singularitäten von C^* eingeschränkt sind. Der Leser möge sich zur Übung folgendes überlegen:

a) Man übersetze die Bedingung, daß C^* einen einfachen Doppelpunkt oder eine einfache Spitze hat, in gleichwertige Bedingungen für die entsprechenden Wendepunkte oder Doppeltangenten von C.

b) Jede irreduzible Quadrik oder Kubik ist eine Plückerkurve.

c) Man gebe ein Beispiel für eine irreduzible Quartik, die keine Plückerkurve ist.

d) Für jedes $n \geq 2$ gibt es eine Plückerkurve vom Grad n. (Hinweis: Für $n = 2, 3$ ist das nach b) klar. Für beliebiges n konstruiere man eine geeignete Vereinigung von Quadriken und Kubiken.)

5.8. Zunächst einige einfache
Beispiele:

a) Für eine irreduzible Quadrik ist $n = 2$, die Plückerformeln ergeben

$$2 \leq n^* = 2 - 2d - 3s \quad \text{und} \quad 0 \leq s^* = 6d - 8s\,.$$

Also ist $n^* = 2$ und $d = s = d^* = s^* = 0$, was natürlich auch ohne die Plückerformeln klar ist.

b) Eine irreduzible Kubik hat nach 3.8 höchstens einen singulären Punkt. Die Plückerformeln ergeben

$$n^* = 6,\ s^* = 9,\ d^* = 0 \quad \text{für } d = s = 0\,,$$

$$n^* = 4,\ s^* = 3,\ d^* = 0 \quad \text{für } d = 1 \quad \text{und} \quad n^* = 3,\ s^* = 1,\ d^* = 0 \quad \text{für } s = 1$$

(vgl. die Beispiele in 5.1).

c) Für eine glatte Plücker-Quartik ist

$$n^* = 12,\ s^* = 24,\ d^* = 28\,,$$

und für $d > 0$ oder $s > 0$ ist $d^* < 28$. Die Quartik von Felix Klein aus 0.7 hat 28 sogar reelle Doppeltangenten, dagegen nur 8 reelle Wendepunkte. Daher gibt es im Komplexen keine weiteren Doppeltangenten, keine Singularität, aber 16 weitere Wendepunkte.

Die Plückerformeln gestatten zahlreiche Verallgemeinerungen, damit haben sich viele Geometer seither beschäftigt. Etwa bei der Klassenformel kann man fragen, mit welchem Gewicht eine beliebige Kurvensingularität zu zählen ist (bei einfachen Doppelpunkten ist das Gewicht 2, bei einfachen Spitzen 3). Diese von WEIERSTRASS und MAX NOETHER gegebene erste Verallgemeinerung findet sich in A.5.3. Einen Zusammenhang mit der Abschätzung der Anzahl der Singularitäten zeigt die Geschlechtsformel von CLEBSCH, die wir für Plückerkurven in 9.8 und allgemein in A.5.4 beweisen.

5.9. Der *Beweis der Plückerformeln* aus 5.7 ist im Prinzip sehr einfach, weil er sich auf den Satz von BÉZOUT zurückführen läßt. Schwierigkeiten bereitet nur die Berechnung der auftretenden Schnittmultiplizitäten.

Es genügt, die Formeln 1) und 2) zu beweisen, 1)* und 2)* folgen durch Dualisierung.

Zum Beweis der *Klassenformel* schneiden wir die Kurve C mit einer Polaren $P_q C$. Dabei muß der Punkt q genügend allgemein gewählt werden. Zunächst muß es entsprechend Bemerkung 1 aus 5.7 durch q genau n^* Tangenten an glatte Punkte $p_1, \ldots, p_{n^*}$ von C geben. Da C Plückerkurve ist, genügt es hierfür, den Punkt q außerhalb der endlich vielen Doppeltangenten und Wendetangenten von C zu wählen.

Nun benutzen wir die Eigenschaften von $P_q C$ aus 4.2 und 4.3 und wenden den Satz von Bézout in der Form für Divisoren (die Gleichung $D_q F$ ist nicht notwendig minimal) an. Nach der Bemerkung aus 4.3 gilt

$$\operatorname{mult}_p(C \cap P_q C) = 1 \quad \text{für } p \in \{p_1, \ldots, p_{n^*}\}\,.$$

Also ist nach Bézout

$$n(n-1) = n^* + \sum_{p \in \operatorname{Sing} C} \operatorname{mult}_p(C \cap P_q C)\,.$$

Für glatte Kurven gilt $n^* = n(n-1)$, die obige Summe über die Singularitäten ist die dadurch verursachte *Klassenreduktion*. Wir können weiter annehmen. daß q auf keiner der Tangenten durch einen singulären Punkt liegt. Es bleibt zu zeigen, daß dann

$$\operatorname{mult}_p(C \cap P_q C) = \begin{cases} 2 & \text{falls } p \text{ einfacher Doppelpunkt}\,, \\ 3 & \text{falls } p \text{ einfache Spitze}\,. \end{cases}$$

Im Fall eines Doppelpunktes $p = (1:0:0)$ haben wir nach 5.6

$$F = X_0^{n-2} X_1 X_2 + G(X_0, X_1, X_2) \quad \text{mit}$$

$$\operatorname{ord}_p(G(1, X_1, X_2)) \geq 3\,,$$

also

$$D_q F = q_2 X_0^{n-2} X_1 + q_1 X_0^{n-2} X_2 + H(X_0, X_1, X_2)$$

$$\text{mit} \quad \operatorname{ord}_p(H(1, X_1, X_2)) \geq 2\,.$$

Nach der Wahl von q ist $q_1 \neq 0$ und $q_2 \neq 0$, also ist die Polare $P_q C$ glatt in p und es folgt (vgl. Beispiel d) in 4.1)

$$\operatorname{mult}_p(C \cap P_q C) = 2\,.$$

Ist p einfache Spitze, so haben wir entsprechend 5.6

$$F = X_0^{n-2} X_2^2 - X_0^{n-3} X_1^3 + X_0^{n-2} X_2 g(X_1, X_2) + H(X_0, X_1, X_2)\,,$$

also

$$D_q F = 2q_2 X_0^{n-2} X_2 + G(X_0, X_1, X_2) \quad \text{mit} \quad \mathrm{ord}_p(G(1, X_1, X_2)) \geq 2 \,.$$

Da q nicht auf der Spitzentangente $V(X_2)$ liegt, ist $q_2 \neq 0$, also ist $P_q C$ glatt in p mit Tangente $V(X_2)$. Entsprechend Theorem 3.5 ist das der kritische Fall für die Schnittmultiplizität, also ist $\mathrm{mult}_p(C \cap P_q C) > 2$. Die Beispiele 3.5 und 4.1 c) machen es plausibel, daß die Multiplizität drei sein muß, aber der Nachweis mit Hilfe der zuständigen Resultante ist sehr mühsam. Offensichtlich wird es mit der Methode aus 8.4: Man setzt die lokale Parametrisierung

$$X_0 = 1 \,, \quad X_1(t) = t^2 \,, \quad X_2(t) = t^3 + \dots$$

der Spitze in $D_q F$ ein. Das ergibt

$$\varphi(t) = 2q_2 t^3 + \psi(t) \quad \text{mit} \quad \mathrm{ord}_0(\psi) \geq 4 \,, \quad \text{also}$$

$$\mathrm{mult}_p(C \cap P_q C) = \mathrm{ord}_0(\varphi) = 3 \,.$$

Analog ergibt sich die *Wendepunktsformel* (2) aus dem Schnittverhalten von C mit der Hessekurve $H(C)$ aus 4.4. Die Ungleichung $s^* \leq 3n(n-2)$ aus 4.5 kann man präzisieren zu

$$s^* = 3n(n-2) - \sum_{p \in \mathrm{Sing}\, C} \mathrm{mult}_p(C \cap H(C)) \,.$$

Dabei wurde benutzt, daß die s^* Schnittpunkte von $H(C)$ in glatten Punkten von C alle einfach sind (Satz 4.5), weil C^* nach Voraussetzung nur einfache Spitzen hat. Es bleibt also zu beweisen, daß (vgl. die Beispiele in 4.6)

$$\mathrm{mult}_p(C \cap H(C)) = \begin{cases} 6 \text{ falls } p \text{ einfacher Doppelpunkt,} \\ 8 \text{ falls } p \text{ einfache Spitze.} \end{cases}$$

Ist $p = (1:0:0)$ einfacher Doppelpunkt, so können wir $X_0 = 1$ setzen. Mit der Gleichung

$$f = X_1 X_2 - X_1^3 - X_2^3 + h$$

sucht man in der Darstellung von $\det H_F$ aus 4.4 die Terme niedrigster Ordnung in X_1, X_2. Damit erhält man die Entwicklung von $\det H_F$ in p:

$$\det H_F(1, X_1, X_2) = (n-1)(n-2)\, X_1 X_2 + n(n-1)(X_1^3 + X_2^3) + \widetilde{h} \,.$$

Also hat auch die Hessekurve $H(C)$ in p einen einfachen Doppelpunkt mit den gleichen Tangenten wie C. Setzt man die Parametrisierung eines Zweiges von C nach 5.6

$$X_1 = t \,, \quad X_2 = t^2 + \dots \,, \quad \text{oder} \quad X_1 = t^2 + \dots \,, \quad X_2 = t \,,$$

in $\det H_F$ ein, so erhält man für jeden der beiden Zweige

$$\varphi(t) = 2(n-1)^2 t^3 + \dot\psi(t) \quad \text{mit} \quad \mathrm{ord}_0(\psi) \geq 4 \,.$$

Also ist nach 8.4 (vgl. auch Beispiel c) in 4.6)

$$\mathrm{mult}_p(C \cap H(C)) = 2 \cdot \mathrm{ord}_0(\varphi) = 2 \cdot 3 = 6 \,.$$

Ist schließlich p einfache Spitze, so erhält man aus

$$f = X_2^2 - X_1^3 + d_1 X_1^2 X_2 + \ldots$$

(siehe 5.6) durch Aufsuchen der Terme niedrigster Ordnung (der Leser nehme ein großes Blatt Papier zur Hand)

$$\det H_F(1, X_1, X_2)$$

$$= 4(n-1)(n-2)\,(3X_1 - d_1 X_2)X_2^2 - 6(n-1)(n-3)X_1^4 + \ldots \,.$$

Setzt man die Parametrisierung von C in p

$$X_1(t) = t^2, \quad X_2(t) = t^3 + \ldots$$

ein, so erhält man

$$\varphi(t) = \alpha\, t^8 + \psi(t) \ \text{ mit } \ \alpha \neq 0 \ \text{ und } \ \mathrm{ord}_0(\psi) \geq 9 \,.$$

Damit ist auch $\mathrm{mult}_p (C \cap H(C)) = 8$ bewiesen. $\qquad\square$

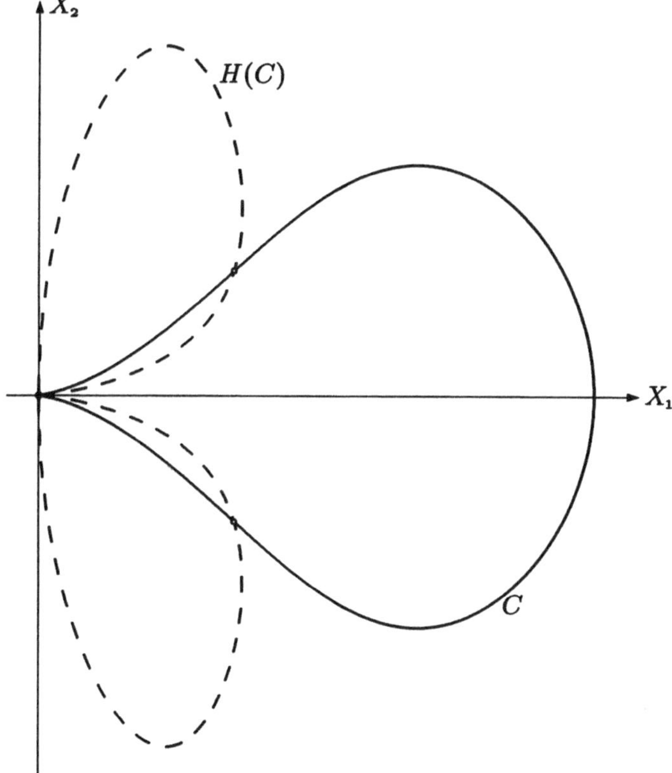

Bild 5.7. Eine Plückerkurve und ihre Hessekurve

Aus dem Newton-Polygon von det H_F (vgl. Anhang 4) entnimmt man, daß $H(C)$ in p einen glatten und einen singulären Zweig hat. Für $n = 3$ ist der singuläre Zweig eine Doppelgerade (vgl. Beispiel a) in 4.6).

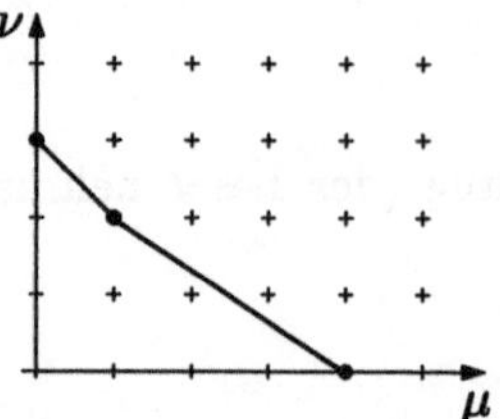

Bild 5.9. Newton-Polygon von det H_F

6. Der Ring der konvergenten Potenzreihen

6.1. Der Newtonsche Knoten (vgl. 0.4) ist beschrieben durch das irreduzible Polynom

$$f(X_1, X_2) = X_2^2 - X_1^2(X_1 + 1) \,.$$

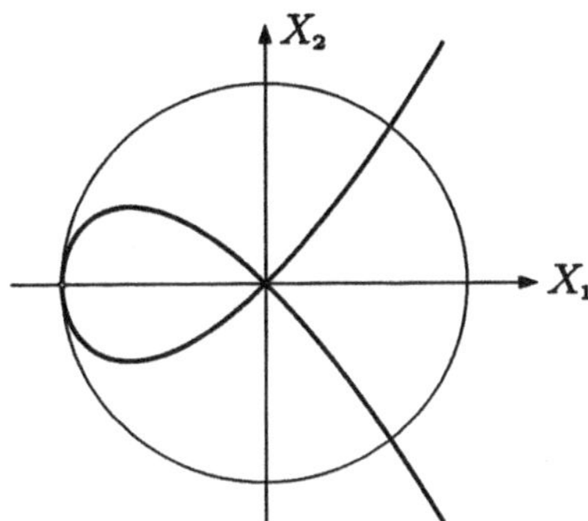

Bild 6.1. Der Newtonsche Knoten in einer Umgebung des Ursprungs

Die Kurve als Ganzes ist irreduzibel, aber wenn man sie nur in einer kleinen Umgebung des Ursprungs betrachtet, so zerfällt sie dort in zwei „lokale Zweige". Um diesen anschaulichen Übergang von der globalen zur lokalen Betrachtungsweise präzise beschreiben zu können, muß man von Polynomen zu konvergenten Potenzreihen, d.h. zu analytischen Funktionen übergehen. Beim Newton-Knoten ist das ganz einfach zu sehen. Es ist nämlich

$$f(X_1, X_2) = (X_2 + X_1\sqrt{X_1 + 1})(X_2 - X_1\sqrt{X_1 + 1}) = f_1 \cdot f_2 \,,$$

wobei die Wurzelfunktion für $|X_1| < 1$ analytisch ist. Also sind f_1 und f_2 dort analytisch, und die lokalen Zweige kann man erklären als die Nullstellenmengen der beiden irreduziblen analytischen Faktoren.

Dies ist ein erstes Beispiel dafür, daß für die lokale Untersuchung algebraischer Kurven allgemeinere als polynomiale Funktionen nützlich sind. Für welche man sich entscheidet hängt vom Standpunkt ab. In der algebraischen Geometrie ist es üblich geworden, allgemeinere Körper als $\mathbb{C}$ zugrundezulegen, weil man damit erfolgreich auch Probleme der Zahlentheorie lösen kann. In diesem Sinne ist es angemessen, statt Polynomen formale Potenzreihen zuzulassen. Das findet man sehr schön in dem mittlerweile klassischen Buch von WALKER [Wa].

Hier stehen der Körper $\mathbb{C}$ und die geometrischen Eigenschaften im Vordergrund, die Algebra ist dabei mehr Werkzeug. In diesem Fall sind die analytischen Funktionen die natürliche Verallgemeinerung der Polynome. Das erste Etappenziel auf dem Weg zu den lokalen Eigenschaften von Kurven ist der *Weierstraßsche Vorbereitungssatz*, und dorthin führen viele Wege (vgl. [G-R 1], I §4). Zwei besonders bemerkenswerte seien erwähnt.

Betrachtet man die analytischen Funktionen als holomorph (d.h. komplex differenzierbar), und beweist man dafür die grundlegenden Integralformeln, so kann man die WEIERSTRASS-Sätze mit dem Beweis von STICKELBERGER [St] sehr schnell erhalten (vgl. etwa [Ko], §1.1). Wer diesen Weg vorzieht, kann dann in 6.11 wieder hier einsteigen.

Stellt man die Potenzreihenentwicklung der analytischen Funktionen in den Vordergrund, so werden die Beweise etwas mühsam, dafür aber direkter und expliziter. Der am längsten gefeilte und polierte Beweis dieser Art stammt von GRAUERT und REMMERT (vgl. [G-R 1], [G-R 2] und [G-F]). Ich war als Student von R. Remmert im Jahr '62 sehr stolz gewesen, die ersten Entwürfe lesen zu dürfen und freue mich jetzt, das Ergebnis hier reproduzieren zu können.

6.2. Für die Untersuchung ebener Kurven benötigt man nur Potenzreihen von zwei Veränderlichen. Es macht aber kaum mehr Mühe, gleich eine beliebige Zahl von n Variablen zuzulassen. Sei also

$$\mathbb{C}[[X_1,\dots,X_n]] := \left\{ f = \sum_{(\nu_1,\dots,\nu_n)\in\mathbb{N}^n} a_{\nu_1\dots\nu_n} X_1^{\nu_1} \cdot \dots \cdot X_n^{\nu_n} : a_{\nu_1\dots\nu_n} \in \mathbb{C} \right\}$$

der *Ring der formalen Potenzreihen* mit komplexen Koeffizienten. Um diese Riesensumme einfacher schreiben zu können, verwendet man Multi-Indizes. Ist

$$\nu := (\nu_1,\dots,\nu_n) \in \mathbb{N}^n \quad \text{und} \quad X := (X_1,\dots,X_n), \text{ so sei}$$

$$|\nu| := \nu_1 + \dots + \nu_n \quad \text{und} \quad X^\nu := X_1^{\nu_1} \cdot \dots \cdot X_n^{\nu_n} \, .$$

Dann ist

$$f = \sum_\nu a_\nu X^\nu \in \mathbb{C}[[X]] \, .$$

Für $d \in \mathbb{N}$ hat man den *homogenen Bestandteil* vom Grad d

$$f_{(d)} := \sum_{|\nu|=d} a_\nu X^\nu \in \mathbb{C}[X]$$

und den *polynomialen Bestandteil* vom Grad $\leq k$

$$f^{(k)} := \sum_{d=0}^{k} f_{(d)} \in \mathbb{C}[X] \, .$$

Setzt man für $f, g \in \mathbb{C}[[X]]$

$$f + g := \sum_{d=0}^{\infty} (f_{(d)} + g_{(d)}), \quad f \cdot g := \sum_{d=0}^{\infty} \left(\sum_{k+l=d} f_{(k)} g_{(l)} \right),$$

so erhält man die Ringerweiterung

$$\mathbb{C}[X_1,\ldots,X_n] \subset \mathbb{C}[[X_1,\ldots,X_n]] \,.$$

Im Gegensatz zu Polynomen kann man bei Potenzreihen nicht vom Grad sprechen. Ein gewisser Ersatz dafür ist die *Ordnung*:

Definition. Für $f \in \mathbb{C}[[X_1,\ldots,X_n]]$ ist

$$\mathrm{ord}\,f := \begin{cases} \min\{d : f_{(d)} \neq 0\} & \text{für } f \neq 0, \\ \infty & \text{für } f = 0. \end{cases}$$

Offensichtlich gilt $\mathrm{ord}(f + g) \geq \min\{\mathrm{ord}f, \mathrm{ord}g\}$ für alle $f, g \in \mathbb{C}[[X]]$. Ferner gilt

$$\mathrm{ord}(f \cdot g) = \mathrm{ord}f + \mathrm{ord}g \,.$$

Folgerung. $\mathbb{C}[[X_1,\ldots,X_n]]$ ist ein Integritätsring.

Wie man sofort sieht, ist

$$\mathfrak{m} = \{f \in \mathbb{C}[[X]] : \quad \mathrm{ord}f \geq 1\}$$

das einzige *maximale Ideal*, und für dessen Potenzen gilt

$$\mathfrak{m}^k = \{f \in \mathbb{C}[[X]] : \quad \mathrm{ord}f \geq k\}.$$

Bemerkung 1. Gegeben sei eine Folge $(f_n)_{n\in\mathbb{N}}$ in $\mathbb{C}[[X]]$. Sie heißt *konvergent gegen* $f \in \mathbb{C}[[X]]$, wenn es zu jedem k ein N gibt mit

$$f - f_n \in \mathfrak{m}^k \quad \text{für } n \geq N$$

und *Cauchyfolge*, wenn es zu jedem k ein N gibt mit

$$f_m - f_n \in \mathfrak{m}^k \quad \text{für } m, n \geq N \,.$$

Es gilt:

a) $\bigcap_{k \in \mathbb{N}} \mathfrak{m}^k = \{0\}$.

b) Jede Cauchyfolge in $\mathbb{C}[[X]]$ konvergiert.

Der einfache *Beweis* sei dem Leser zur Übung überlassen. Man nennt diese Art der Konvergenz einer Folge von Potenzreihen auch *formale Konvergenz* oder Konvergenz in der *Krull-Topologie*. Sie ist wichtig zur Kontrolle von rekursiven Verfahren bei der Konstruktion einer formalen Potenzreihe. Man beachte, daß man dabei $\mathbb{C}$ durch einen beliebigen Körper ersetzen kann. Diese Art der Konvergenz einer Folge von Reihen hat auch gar nichts zu tun mit der Konvergenz einer Reihe im Sinne von 6.3.

Bemerkung 2. *Für ein $f \in \mathbb{C}[[X]]$ sind folgende Bedingungen äquivalent:*

a) *f ist Einheit,*

b) $\operatorname{ord} f = 0$,

c) $f \notin \mathfrak{m}$.

Beweis. Die Äquivalenz von b) und c) sowie a) $\Rightarrow$ b) sind trivial.

Sei also $f = \sum a_\nu X^\nu$ mit $a_{0\ldots 0} \neq 0$; wir können $a_{0\ldots 0} = 1$ annehmen und setzen $g := 1 - f$. Wegen $\operatorname{ord} g > 0$ konvergiert die Reihe

$$h := 1 + g + g^2 + \ldots \in \mathbb{C}[[X]]$$

in der Krull-Topologie, und wegen

$$f \cdot h = (1 - g)(1 + g + g^2 + \ldots) = 1$$

ist f Einheit. $\qquad\square$

6.3. Um die Konvergenz einer formalen Reihe zu untersuchen, setzt man für die Variablen $X_1, \ldots, X_n$ spezielle Werte $(x_1, \ldots, x_n) \in \mathbb{C}^n$ ein und addiert die Summanden in irgendeiner Reihenfolge.

Beispiel. Die geometrische Reihe $\sum X_1^{\nu_1} \cdot \ldots \cdot X_n^{\nu_n}$ ist für $|x_j| < 1$ absolut konvergent und es gilt

$$\sum_\nu x_1^{\nu_1} \cdot \ldots \cdot x_n^{\nu_n} = \frac{1}{(1 - x_1) \cdot \ldots \cdot (1 - x_n)} \,.$$

Der *Beweis* ist dem Leser zur Übung überlassen (Induktion über n).

Damit erhält man das grundlegende

Konvergenzlemma von Abel. *Gegeben* $f = \sum a_\nu X^\nu$, $x = (x_1, \ldots, x_n) \in \mathbb{C}^n$ *mit* $x_j \neq 0$ *für alle j und $M \in \mathbb{R}$ mit*

$$|a_\nu x^\nu| \leq M \ \text{für alle } \nu = (\nu_1, \ldots, \nu_n) \,.$$

Ist $0 < \varrho_j < |x_j|$, *so ist f im Polyzylinder*

$$D = \{ z \in \mathbb{C}^n : |z_j| \leq \varrho_j \}$$

gleichmäßig und absolut konvergent. Insbesondere hängt der Grenzwert der Summe nicht von der Reihenfolge der Summation ab.

Beweis. Sei $\vartheta_j := \varrho_j / |x_j|$. Dann ist $0 < \vartheta_j < 1$, und für $|z_j| \leq \varrho_j = \vartheta_j |x_j|$ gilt

$$\sum |a_\nu z^\nu| \leq \sum |a_\nu x^\nu| |\vartheta^\nu| \leq \frac{M}{(1 - \vartheta_1) \cdot \ldots \cdot (1 - \vartheta_n)}. \qquad\square$$

Korollar. *Für* $f = \sum a_\nu X^\nu \in \mathbb{C}[[X]]$ *sind folgende Bedingungen äquivalent:*

i) Es gibt ein $x \in \mathbb{C}^n$ mit $x_j \neq 0$ für alle j, so daß $\sum a_\nu x^\nu$ konvergiert.

ii) Es gibt ein $\varrho = (\varrho_1, \ldots, \varrho_n) \in \mathbb{R}^n$ mit $\varrho_j > 0$, so daß $\sum a_\nu \varrho^\nu$ konvergiert.

iii) Es gibt ein $\sigma = (\sigma_1, \ldots, \sigma_n) \in \mathbb{R}^n$ mit $\sigma_j > 0$, so daß $\sum |a_\nu| \sigma^\nu$ konvergiert .

Beweis. i) $\Rightarrow$ *ii)* $\Rightarrow$ *iii)* folgt aus dem Lemma von Abel, weil bei einer konvergenten Reihe die Summanden beschränkt sind. *iii)* $\Rightarrow$ *i)* ist trivial. $\square$

6.4. Man kann zeigen, daß eine Potenzreihe innerhalb ihres Konvergenzbereiches eine holomorphe (d.h. komplex differenzierbare) Funktion darstellt und umgekehrt jede holomorphe Funktion lokal in eine Potenzreihe entwickelt werden kann. Das geht ähnlich wie bei einer komplexen Veränderlichen (siehe etwa [G-F]). Daraus folgt dann sehr einfach, daß die konvergenten Potenzreihen einen Ring bilden. Wir wollen das direkt mit Potenzreihenmethoden beweisen. Das geht sehr elegant nach GRAUERT-REMMERT [G-R1].

Definition. Eine formale Potenzreihe heißt *konvergent*, wenn sie eine der Bedingungen des obigen Korollars erfüllt.

Die Menge der konvergenten Potenzreihen wird mit

$$\mathbb{C}\langle X_1, \ldots, X_n \rangle \subset \mathbb{C}[[X_1, \ldots, X_n]]$$

bezeichnet. Man beachte, daß die Reihen aus $\mathbb{C}\langle X \rangle$ keinen gemeinsamen Konvergenzbereich haben.

Sei $\varrho = (\varrho_1, \ldots, \varrho_n) \in \mathbb{R}^n$ mit $\varrho_j > 0$. Man betrachtet die Abbildung

$$\mathbb{C}[[X_1, \ldots, X_n]] \to \mathbb{R}_+ \cup \{\infty\}, \quad f = \sum a_\nu X^\nu \mapsto \|f\|_\varrho := \sum |a_\nu| \varrho^\nu .$$

Bemerkung 1. *Für $f, g \in \mathbb{C}[[X]]$ und $\lambda \in \mathbb{C}$ gilt:*

a) $\|f\|_\varrho = 0 \iff f = 0.$

b) $\|\lambda f\|_\varrho = |\lambda| \cdot \|f\|_\varrho.$

c) $\|f + g\|_\varrho \leq \|f\|_\varrho + \|g\|_\varrho.$

d) *Ist $f = \sum_{d=0}^{\infty} f_{(d)}$ die Zerlegung in homogene Bestandteile, so ist*

$$\|f\|_\varrho = \sum_{d=0}^{\infty} \|f_{(d)}\|_\varrho .$$

e) *Sind f, g Polynome, so ist $\|f \cdot g\|_\varrho \leq \|f\|_\varrho \cdot \|g\|_\varrho.$*

Bemerkung 2. *Für $f \in \mathbb{C}\langle X \rangle$ ist*

$$\lim_{\varrho \to 0} \|f\|_\varrho = |f(0)| .$$

Die Beweise der beiden Bemerkungen sind einfache Übungsaufgaben. Nun sei

$$B_\varrho := \{ f \in \mathbb{C}[[X]] : \|f\|_\varrho < \infty \} \, .$$

Nach Definition der Konvergenz ist $B_\varrho \subset \mathbb{C}\langle X \rangle$. Für $f = \sum a_\nu X^\nu \in B_\varrho$ gilt offensichtlich

$$|a_\nu| \le \frac{\|f\|_\varrho}{\varrho^\nu} \quad \textit{(Cauchysche Koeffizientenabschätzung)}.$$

Satz. B_ϱ *ist eine Banachalgebra. Weiter gilt:*

a) *Ist* $\varrho \le \varrho'$, *so ist* $B_{\varrho'} \subset B_\varrho$.

b) $\bigcup_\varrho B_\varrho = \mathbb{C}\langle X \rangle$.

Korollar 1. $\mathbb{C}\langle X \rangle \subset \mathbb{C}[[X]]$ *ist ein Unterring.*

Beweis. Für $f, g \in \mathbb{C}\langle X \rangle$ gibt es ein ϱ mit $f, g \in B_\varrho$. Da $f + g$ und $f \cdot g$ in B_ϱ liegen, folgt die Behauptung. $\qquad\qquad\square$

Korollar 2. *Sei* $f \in \mathbb{C}\langle X \rangle$. *Ist* f *Einheit in* $\mathbb{C}[[X]]$, *so ist* f *auch Einheit in* $\mathbb{C}\langle X \rangle$. *Insbesondere gilt*

$$f \text{ Einheit in } \mathbb{C}\langle X \rangle \Leftrightarrow f(0) \neq 0 \, .$$

Beweis. Wie in Bemerkung 2 in 6.2 sei $f(0) = 1$ und $g := 1 - f$. Wegen $g(0) = 0$ und Bemerkung 2 gibt es ein $\varrho > 0$ mit $\theta := \|g\|_\varrho < 1$. Aus

$$\|h\|_\varrho \le \sum_\nu \theta^\nu = \frac{1}{1 - \theta}$$

folgt $f^{-1} = h \in B_\varrho \subset \mathbb{C}\langle X \rangle$. $\qquad\qquad\square$

Beweis des Satzes. B_ϱ ist ein normierter Vektorraum nach a), b) und c) aus Bemerkung 1. Um zu zeigen, daß es sich um eine normierte Algebra handelt, zerlegen wir $f, g \in B_\varrho$ in homogene Bestandteile:

$$f = \sum_{k=0}^{\infty} f_{(k)}, \quad g = \sum_{l=0}^{\infty} g_{(l)} \, .$$

Dann ist

$$f \cdot g = \sum_d h_{(d)} \quad \text{mit } h_{(d)} = \sum_{k+l=d} f_{(k)} g_{(l)} \, .$$

Also ist

$$\|f \cdot g\| = \sum_d \|h_{(d)}\| \le \sum_d \sum_{k+l=d} \|f_{(k)}\| \cdot \|g_{(l)}\|$$

$$= \left(\sum_k \|f_{(k)}\| \right) \cdot \left(\sum_l \|g_{(l)}\| \right) = \|f\| \cdot \|g\|$$

wegen d) und e). Daraus folgt insbesondere die Ringeigenschaft von B_ϱ. Bleibt zu zeigen, daß B_ϱ vollständig ist. Sei also

$$f_j := \sum a_\nu^{(j)} X^\nu \quad \text{mit } j \in \mathbb{N} \text{ eine Cauchyfolge in } B_\varrho \,.$$

Aus der Cauchyschen Koeffizientenabschätzung folgt, daß für jeden Multiindex ν die Folge $\left(a_\nu^{(j)}\right)_{j \in \mathbb{N}}$ der Koeffizienten eine Cauchyfolge in $\mathbb{C}$ ist. Sei

$$f := \sum a_\nu X^\nu \quad \text{mit} \quad a_\nu = \lim_j a_\nu^{(j)} \in \mathbb{C} \,.$$

Zu zeigen ist $f \in B_\varrho$ und $f = \lim_j f_j$. Zu $\varepsilon > 0$ gibt es j_0, so daß

$$\sum_\nu |a_\nu^{(j+i)} - a_\nu^{(j)}|\varrho^\nu = \|f_{j+i} - f_j\| < \frac{\varepsilon}{2} \quad \text{für} \quad j \geq j_0 \quad \text{und} \quad i \geq 0 \,.$$

Zu $s \in \mathbb{N}$ gibt es ein i_0, so daß

$$\sum_{|\nu|=0}^{s} |a_\nu - a_\nu^{(j+i)}|\varrho^\nu < \frac{\varepsilon}{2} \quad \text{für} \quad j \geq j_0 \quad \text{und} \quad i \geq i_0 \,.$$

Also ist

$$\sum_{|\nu|=0}^{s} |a_\nu - a_\nu^{(j)}|\varrho^\nu \leq \sum_{|\nu|=0}^{s} |a_\nu - a_\nu^{(j+i)}|\varrho^\nu + \sum_{|\nu|=0}^{s} |a_\nu^{(j+i)} - a_\nu^{(j)}|\varrho^\nu < \frac{\varepsilon}{2} + \frac{\varepsilon}{2} = \varepsilon \,.$$

Das gilt für alle s, also ist

$$\|f - f_j\| = \sum_\nu |a_\nu - a_\nu^{(j)}|\varrho^\nu \leq \varepsilon \quad \text{für} \quad j \geq j_0 \,,$$

und wegen

$$\|f\| \leq \|f - f_{j_0}\| + \|f_{j_0}\| \leq \varepsilon + \|f_{j_0}\| < \infty$$

folgt $f \in B_\varrho$. $\qquad\qquad\qquad\qquad\qquad\qquad\qquad\qquad\qquad\qquad\qquad\qquad\quad \square$

Man beachte, daß die Konvergenz im Sinne der Norm der Banachalgebra B_ϱ unvergleichbar ist mit der formalen Konvergenz im Sinne der Krull-Topologie aus 6.2.

6.5. In Polynomen kann man für die Variablen andere Polynome substituieren: Sind $g_1, \ldots, g_n \in \mathbb{C}[Y_1, \ldots, Y_m]$, so ist durch

$$\Phi_g : \mathbb{C}[X_1, \ldots, X_n] \quad \rightarrow \quad \mathbb{C}[Y_1, \ldots, Y_m], \quad X_j \mapsto g_j \,,$$
$$f \quad \mapsto \quad \Phi_g(f) = f(g_1(Y), \ldots, g_n(Y)) =: f(g)$$

ein Homomorphismus von $\mathbb{C}$-Algebren gegeben. Für Potenzreihen gilt das nicht immer. Etwa

$$\mathbb{C}[[X]] \to \mathbb{C}[[Y]], \quad X \mapsto 1,$$

ergibt keine Abbildung, da für $f = \sum X^n$ die „Reihe" $1 + 1 + \ldots$ nicht formal konvergiert. Es gilt jedoch der

Satz. *Für $g_1, \ldots, g_n \in \mathbb{C}[[Y_1, \ldots, Y_m]]$ mit $\operatorname{ord} g_j \geq 1$ gibt es einen Homomorphismus von $\mathbb{C}$-Algebren (er heißt Substitutionshomomorphismus)*

$$\overline{\Phi}_g : \mathbb{C}[[X_1, \ldots, X_n]] \to \mathbb{C}[[Y_1, \ldots, Y_m]], \quad f \mapsto f(g),$$

mit folgenden Eigenschaften:

1) Sind $g_1, \ldots, g_n$ Polynome, so ist $\overline{\Phi}_g$ eine Fortsetzung von Φ_g.

2) Sind $g_1, \ldots, g_n$ konvergent, so ist

$$\overline{\Phi}_g\left(\mathbb{C}\langle X_1, \ldots, X_n\rangle\right) \subset \mathbb{C}\langle Y_1, \ldots, Y_m\rangle.$$

Beweis. Zur Definition von $f(g) = \overline{\Phi}_g(f)$ betrachten wir in der Notation von 6.1 den polynomialen Bestandteil $f^{(k)}$ von $f \in \mathbb{C}[[X]]$. Dann ist

$$f^{(k)}(g) := f^{(k)}(g_1, \ldots, g_n) \in \mathbb{C}[[Y]].$$

Ist $0 \leq k < l$, so ist $\operatorname{ord}\left(f^{(l)} - f^{(k)}\right) \geq k + 1$, also

$$\operatorname{ord}\left(f^{(l)}(g) - f^{(k)}(g)\right) \geq k + 1$$

wegen $\operatorname{ord} g_j \geq 1$. Somit ist die Folge $(f^{(k)}(g))$ eine Cauchyfolge in der Krull-Topologie von $\mathbb{C}[[Y]]$ und wir können

$$f(g) := \lim_{k \to \infty} f^{(k)}(g)$$

erklären. Von den behaupteten Eigenschaften dieser Abbildung $\overline{\Phi}_g$ erfordert nur 2) etwas Sorgfalt.

Es genügt dabei, folgendes zu beweisen: Zu $\varrho = (\varrho_1, \ldots, \varrho_n) \in \mathbb{R}^n$ mit $\varrho_j > 0$ gibt es ein $\sigma = (\sigma_1, \ldots, \sigma_m) \in \mathbb{R}^m$ mit $\sigma_i > 0$ und

$$\overline{\Phi}_g(B_\varrho) \subset B_\sigma \subset \mathbb{C}[[Y]].$$

Wegen $g_j(0) = 0$ gibt es zu jedem j ein $\sigma(j) \in \mathbb{R}^m$ mit $\|g_j\|_{\sigma(j)} \leq \varrho_j$, also auch ein σ mit $\sigma_i > 0$ und

$$\|g_j\|_\sigma \leq \varrho_j \quad \text{für } j = 1, \ldots, n.$$

Dies hat die gewünschte Eigenschaft, denn mit $f = \sum a_\nu X^\nu$ gilt

$$\left\| f^{(k)}(g) \right\|_\sigma = \left\| \sum_{d=0}^{k} f_{(d)}(g) \right\|_\sigma$$

$$\leq \sum_{d=0}^{k} \left\| f_{(d)}(g) \right\|_{\sigma}$$

$$\leq \sum_{d=0}^{k} \sum_{|\nu|=k} |a_\nu| \cdot \|g_1\|_{\sigma}^{\nu_1} \cdot \ldots \cdot \|g_n\|_{\sigma}^{\nu_n}$$

$$\leq \sum_{d=0}^{k} \sum_{|\nu|=k} |a_\nu| \cdot \varrho_1^{\nu_1} \cdot \ldots \cdot \varrho_n^{\nu_n}$$

$$= \left\| f^{(k)} \right\|_{\varrho} .$$

Also ist $\|f(g)\|_{\sigma} = \lim_{k\to\infty} \|f^{(k)}(g)\|_{\sigma} \leq \lim_{k\to\infty} \|f^{(k)}\|_{\varrho} = \|f\|_{\varrho}$. $\qquad\square$

Im Spezialfall $m = n$ hat man eine Chance, daß $\overline{\Phi}_g$ ein Isomorphismus wird. Darauf kommen wir beim Satz über implizite Funktionen in 6.9 zurück.

6.6. Im Vorbereitungssatz wird eine Variable besonders ausgezeichnet. Dazu zunächst einige Vorbemerkungen. Eine Reihe $f \in \mathbb{C}[[X_1, \ldots, X_n]]$ kann man nach X_n entwickeln:

$$f = \sum_{j=0}^{\infty} f_j X_n^j \quad \text{mit} \quad f_j \in \mathbb{C}[[X_1, \ldots, X_{n-1}]] .$$

Ist $\varrho = (\varrho_1, \ldots, \varrho_n) \in \mathbb{R}^n$ und $\varrho' = (\varrho_1, \ldots, \varrho_{n-1})$, so ist

$$\|f\|_{\varrho} = \sum_{j=0}^{\infty} \|f_j\|_{\varrho'} \varrho_n^j ,$$

also sind alle f_j konvergent, wenn f konvergiert. Zunächst überlegen wir, was passiert, wenn man $X_1 = \ldots = X_{n-1} = 0$ setzt.

Definition. Sei $f \in \mathbb{C}[[X_1, \ldots, X_n]]$ und

$$\bar{f}(X_n) := f(0, \ldots, 0, X_n) \in \mathbb{C}[[X_n]] .$$

f heißt X_n-*allgemein*, wenn $\bar{f} \neq 0$ und X_n-allgemein von der *Ordnung* k, wenn

$$\operatorname{ord}\bar{f} = k, \quad \text{d.h.} \quad \bar{f} = b_k X_n^k + \ldots \quad \text{mit} \quad b_k \neq 0 .$$

Offensichtlich ist $\operatorname{ord}f \leq \operatorname{ord}\bar{f} = \min\{j : f_j(0) \neq 0\}$, wenn $f = \sum f_j X_n^j$.

Lemma. *Ist* $0 \neq f \in \mathbb{C}[[X_1, \ldots, X_n]]$ *mit* $k := \operatorname{ord}f$, *so gibt es eine Scherung*

$$X_i = Y_i + c_i Y_n \quad \textit{für} \quad i = 1, \ldots, n-1 \quad \textit{und} \quad X_n = Y_n ,$$

so daß

$$g(Y) = f(X(Y)) \in \mathbb{C}[[Y_1, \ldots, Y_n]]$$

Y_n-allgemein von der Ordnung k ist. g ist genau dann konvergent, wenn f konvergent ist.

Beweis. Sei

$$f_{(d)} = \sum_{|\nu|=d} a_{\nu_1\cdots\nu_n} X_1^{\nu_1} \cdot\ldots\cdot X_n^{\nu_n} \,.$$

Da die Scherung linear ist, gilt $g_{(d)} = f_{(d)}\,(X(Y))$, insbesondere für $d = k$

$$\begin{aligned}
g_{(k)} &= \sum_{|\nu|=k} a_{\nu_1\cdots\nu_n}(Y_1 + c_1 Y_n)^{\nu_1} \cdot\ldots\cdot (Y_{n-1} + c_{n-1} Y_n)^{\nu_{n-1}} Y_n^{\nu_n} \\
&= \Big(\sum a_{\nu_1\cdots\nu_n} c_1^{\nu_1} \cdot\ldots\cdot c_{n-1}^{\nu_{n-1}}\Big) Y_n^k + h(Y)
\end{aligned}$$

mit $h(0,\ldots,0,Y_n) = 0$. Der Koeffizient von Y_n^k ist ein Polynom in $c_1,\ldots,c_{n-1}$ und wegen $f_{(k)} \neq 0$ nicht identisch Null. Also kann man $c_1,\ldots,c_{n-1}$ so wählen, daß der Koeffizient nicht verschwindet. Die Konvergenzaussage folgt aus 6.5. $\square$

Besonders interessant ist der Fall, daß bei der Entwicklung nach X_n nur endlich viele Summanden auftreten, also

$$f \in \mathbb{C}\langle X_1,\ldots X_{n-1}\rangle[X_n]\,, \quad f = f_0 + f_1 X_n + \ldots + f_k X_n^k \,.$$

In diesem Fall haben die Koeffizienten f_j einen gemeinsamen Konvergenzradius ϱ', sie sind also holomorph in

$$D' = \big\{ x' = (x_1,\ldots,x_{n-1}) \in \mathbb{C}^{n-1} : |x_i| < \varrho_i \big\} \,.$$

Daher ist f holomorph in $D' \times \mathbb{C}$, und zwar in spezieller Weise: für festes $x' \in D'$ ist f ein Polynom vom Grad $\leq k$. Es hat also für festes x' höchstens k Nullstellen.

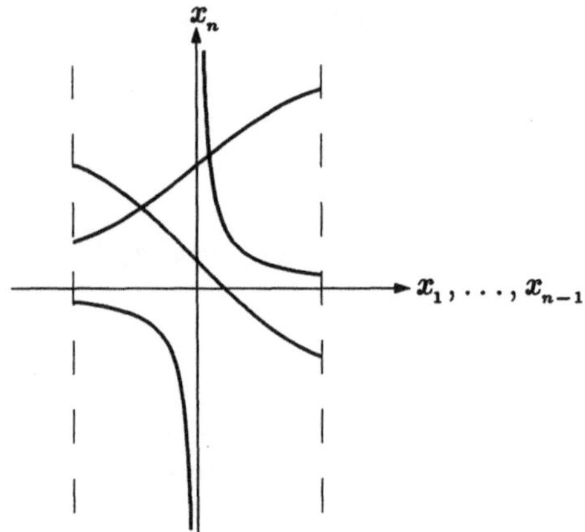

Bild 6.2. Nullstellen eines Polynoms $f \in \mathbb{C}\langle X_1,\ldots,X_{n-1}\rangle[X_n]$

Definition. Sei $f \in \mathbb{C}\langle X_1,\ldots,X_{n-1}\rangle[X_n]$, $f = \sum_{j=0}^{k} f_j X_n^j$, $f_k \neq 0$. f heißt *Weierstraßpolynom*, wenn

$$f_0(0) = \ldots = f_{k-1}(0) = 0\,, \quad f_k = 1\,.$$

Die Nullstellen eines Weierstraßpolynoms sind also für $x' = 0$ mit Vielfachheit k an der Stelle $X_n = 0$ konzentriert, und f hat für jedes feste x' den Grad k, also k Nullstellen.

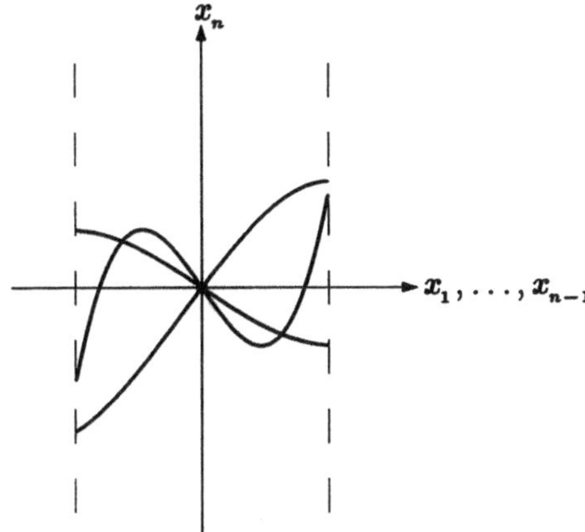

Bild 6.3. Nullstellen eines Weierstraßpolynoms

6.7. Nach diesen Vorbemerkungen zur Formulierung des Hauptergebnisses.

Weierstraßscher Vorbereitungssatz. *Die Reihe $g \in \mathbb{C}\langle X_1, \ldots, X_n\rangle$ sei X_n-allgemein von der Ordnung k. Dann gibt es genau eine Darstellung*

$$g = \alpha \cdot p$$
$$= \alpha(X_1, \ldots, X_n) \cdot \left(X_n^k + a_1(X_1, \ldots, X_{n-1})X_n^{k-1} + \ldots + a_k(X_1, \ldots X_{n-1}) \right)\,,$$

wobei $\alpha \in \mathbb{C}\langle X_1, \ldots, X_n\rangle$ eine Einheit und $p \in \mathbb{C}\langle X_1, \ldots, X_{n-1}\rangle[X_n]$ ein Weierstraßpolynom vom Grad k ist (d.h. $a_i(0) = 0$ für $i = 1, \ldots, k$).

Zusatz. *Ist $g \in \mathbb{C}\langle X_1, \ldots, X_{n-1}\rangle[X_n]$, so ist $\alpha \in \mathbb{C}\langle X_1, \ldots, X_{n-1}\rangle[X_n]$.*

Die Nullstellen von g sind also in einer Umgebung des Ursprungs die gleichen wie die des Weierstraßpolynoms p. Wie groß diese Umgebung ist, kann man nicht vorhersagen, denn es ist nicht klar, wie weit die Potenzreihen konvergieren und wie nahe bei 0 die Funktion α Nullstellen hat (nur $\alpha(0) \neq 0$ ist sicher).

Die Beziehung von g und k sieht man aus 6.6: es gilt in jedem Fall $\mathrm{ord}\, g \leq k$, und in geeigneten Koordinaten hat man Gleichheit. Ist g wie im Zusatz selbst Polynom, so ist

$$k \leq \deg_{X_n} g\,,$$

und im allgemeinen ist der Grad von g größer. Man mache sich klar, wie das mit der Verteilung der Nullstellen zusammenhängt. Selbst für $g \in \mathbb{C}[X_1, \ldots, X_n]$ macht der Vorbereitungssatz eine wichtige Aussage über das Verhalten im Ursprung. Das werden wir später im Fall $n = 2$ für die lokale Untersuchung algebraischer Kurven verwenden.

Zum Beweis des Vorbereitungssatzes benutzen wir seine Zwillingsschwester, die

Weierstraßsche Divisionsformel. *Seien $f, g \in \mathbb{C}\langle X_1, \ldots, X_n \rangle$, g sei X_n-allgemein von der Ordnung k. Dann gibt es ein $q \in \mathbb{C}\langle X_1, \ldots, X_n \rangle$ und ein $r \in \mathbb{C}\langle X_1, \ldots, X_{n-1}\rangle[X_n]$ mit $\deg_{X_n} r \leq k - 1$ und*

$$f = q \cdot g + r \, .$$

q und r sind dadurch eindeutig bestimmt.

Gilt speziell $f, g \in \mathbb{C}\langle X_1, \ldots, X_{n-1}\rangle[X_n]$ und

$$g = g_0 + g_1 X_n + \ldots + g_k X_n^k \quad \text{mit} \quad g_k(0) \neq 0 \, ,$$

so ist g_k Einheit im Ring $\mathbb{C}\langle X_1, \ldots X_{n-1}\rangle$, und die klassische Divisionsformel in Polynomringen ergibt sogar ein $q \in \mathbb{C}\langle X_1, \ldots X_{n-1}\rangle[X_n]$. Die Weierstraßsche Formel ist also ein Analogon zu dieser Formel aus der elementaren Algebra.

Der Vorbereitungssatz und die Divisionsformel gelten ganz analog mit $\mathbb{R}$ statt $\mathbb{C}$. Das sieht man etwa dadurch, daß im folgenden Beweis lediglich die vollständige Bewertung von $\mathbb{C}$ ausgenutzt wird.

Entsprechend gilt der Vorbereitungssatz für formale Potenzreihen über einem beliebigen Körper K. Das ist recht elementar durch sorgfältigen Koeffizientenvergleich beweisbar. Es geht jedoch auch mit der Methode aus 6.8 unter Benutzung der folgenden

Übungsaufgabe. Sei K ein beliebiger Körper mit der *trivialen Bewertung*

$$|a| = \begin{cases} 0 & \text{für } a = 0, \\ 1 & \text{sonst.} \end{cases}$$

Wie in 6.4 sei für $f \in K[[X]]$ und $\varrho = (\varrho_1, \ldots, \varrho_n) \in \mathbb{R}^n$ mit $\varrho_i > 0$

$$\|f\|_\varrho := \sum |a_\nu| \varrho^\nu \leq \infty \quad \text{und} \quad B_\varrho := \{f \in K[[X]] : \|f\|_\varrho < \infty\} \, .$$

Man beweise:

a) $\|\cdot\|_\varrho$ ist eine Norm auf B_ϱ (vgl. die Bemerkung in 6.4).

b) $\|f \cdot g\|_\varrho \leq \|f\|_\varrho \cdot \|g\|_\varrho$ für $f, g \in B_\varrho$.

c) Jede Cauchyfolge in B_ϱ konvergiert.

d) Für $\varrho \leq \varrho'$ ist $B_{\varrho'} \subset B_\varrho$, und $\bigcup_\varrho B_\varrho = K[[X]]$.

e) Ist $g = \sum X^\nu$ die geometrische Reihe, so ist $\|f\|_\varrho \leq \|g\|_\varrho$ für alle f und ϱ.

f) Ist $0 < \varrho_j < 1$ für alle j, so ist $B_\varrho = K[[X]]$.

g) $h \in K[[X]]$ ist Einheit genau dann, wenn $\operatorname{ord} h = 0$.

h) Ist $\operatorname{ord} h \geq 1$, so ist $\lim_{\varrho \to 0} \|h\|_\varrho = 0$.

6.8. In diesem Abschnitt soll all das bewiesen werden, was in 6.7 behauptet und erläutert wurde. Wir benutzen dabei die folgenden Abkürzungen:

$$X' := (X_1, \ldots, X_{n-1}), \quad X := (X_1, \ldots, X_n), \quad A' := \mathbb{C}\langle X' \rangle \subset A := \mathbb{C}\langle X \rangle.$$

Die Sätze von WEIERSTRASS spielen sich mit dieser Bezeichnungsweise in den Ringen

$$A' \subset A'[X_n] \subset A$$

ab. Als Vorspeise der *Beweis des Zusatzes.* Sei $g \in A'[X_n]$ und $g = \alpha \cdot p$ mit $\alpha \in A$ die Zerlegung nach dem Vorbereitungssatz. Da p normiert ist, kann man in $A'[X_n]$ mit Rest dividieren:

$$g = qp + r, \quad q, r \in A'[X_n], \deg r < k.$$

Wegen der Eindeutigkeit ist dies die Zerlegung nach der Weierstraßformel, eine andere ist

$$g = \alpha p + 0.$$

Also ist $r = 0$ und $\alpha = q \in A'[X_n]$. $\qquad\qquad\qquad\qquad\qquad\qquad\qquad\qquad\square$

Beweis des Vorbereitungssatzes aus der Divisionsformel. Wir teilen $f = X_n^k$ durch das vorgegebene g:

$$X_n^k = q \cdot g + \sum_{i=1}^{k} a_i X_n^{k-i} \quad \text{mit } a_i \in A'.$$

Anders geschrieben bedeutet das

$$q \cdot g = X_n^k - \sum_{i=1}^{k} a_i X_n^{k-i}.$$

Wir setzen $X_1 = \ldots = X_{n-1} = 0$ ein:

$$q(0, X_n) \cdot \left(c X_n^k + \ldots \right) = X_n^k - \sum_{i=1}^{k} a_i(0) X_n^{k-i} \quad \text{mit } c \neq 0.$$

Vergleich der Koeffizienten von X_n^l ergibt

$$q(0,0) = \tfrac{1}{c} \neq 0 \quad \text{und } a_1(0) = \ldots = a_k(0) = 0.$$

Also ist q eine Einheit, und mit $\alpha = q^{-1}$ ist die Existenzaussage im Vorbereitungssatz bewiesen.

Angenommen, es gibt zwei Darstellungen

$$g = \alpha \cdot p = \tilde{\alpha} \cdot \tilde{p} \quad \text{mit} \quad p = X_n^k - r, \quad \tilde{p} = X_n^k - \tilde{r}.$$

Daraus folgt

$$X_n^k = \alpha^{-1} \cdot g + r = \tilde{\alpha}^{-1} \cdot g + \tilde{r},$$

also wegen der Eindeutigkeit in der Divisionsformel $\alpha = \tilde{\alpha}$ und $r = \tilde{r}$, somit $p = \tilde{p}$. $\square$

Beweis der Weierstraßschen Divisionsformel. Der „klassische" Beweis konstruiert q und r zunächst als formale Reihen, anschließend wird die Konvergenz bewiesen. Das ist recht mühsam (vgl. etwa [T]). Wir reproduzieren hier den trickreichen Beweis von GRAUERT und REMMERT, der die formale Konstruktion und den Konvergenzbeweis miteinander verbindet ([G-R 1] und [G-R 2]).

Mehrere Potenzreihen müssen entsprechend der vorgegebenen Ordnung k zerlegt werden. Dazu ist folgende Bezeichnungsweise hilfreich. Für $f \in A$ sei

$$f = \sum_{j=0}^{\infty} f_j X_n^j \quad \text{mit } f_j \in A', \quad \hat{f} := \sum_{j=1}^{k-1} f_j X_n^j, \quad \tilde{f} := \sum_{j=k}^{\infty} f_j X_n^{j-k}.$$

Dann ist $f = \hat{f} + \tilde{f} X_n^k$ und es folgt wie in 6.4, daß für $\varrho = (\varrho_1, \ldots, \varrho_n)$

$$\|f\|_\varrho = \|\hat{f}\|_\varrho + \varrho_n^k \|\tilde{f}\|_\varrho, \quad \text{insbesondere} \quad \|\tilde{f}\|_\varrho \le \varrho_n^{-k} \|f\|_\varrho. \tag{1}$$

Ist $g = \hat{g} + \tilde{g} X_n^k$, so ist $\tilde{g} \in A$ nach Voraussetzung eine Einheit. Sei ϱ so gewählt, daß $f, g, \tilde{g}^{-1} \in B_\varrho$. Wir betrachten die Hilfsfunktion

$$h := X_n^k - g\tilde{g}^{-1} = -\hat{g}\tilde{g}^{-1} \in B_\varrho$$

und behaupten, daß man zu vorgegebenem ϑ mit $0 < \vartheta < 1$ den Radius ϱ so verkleinern kann, daß

$$\|h\|_\varrho \le \vartheta \cdot \varrho_n^k. \tag{2}$$

Es ist nach Definition von h

$$h = \hat{h} + \tilde{h} X_n^k = h_0 + h_1 X_n + \ldots + h_{k-1} X_n^{k-1} + \tilde{h} X_n^k \quad \text{mit}$$

$$h_0(0) = \ldots = h_{k-1}(0) = \tilde{h}(0) = 0.$$

Wegen $\tilde{h}(0) = 0$ kann man ϱ so verkleinern, daß

$$\|\tilde{h}\|_\varrho \le \tfrac{\vartheta}{2}, \quad \text{also} \quad \|\tilde{h} X_n^k\| \le \tfrac{\vartheta}{2} \varrho_n^k. \tag{3}$$

Weiterhin ist

$$\|\hat{h}\|_\varrho \le \|h_0\|_{\varrho'} + \|h_1\|_{\varrho'} \varrho_n + \ldots + \|h_{k-1}\|_{\varrho'} \varrho_n^{k-1},$$

wobei $\varrho' = (\varrho_1, \ldots, \varrho_{n-1})$. Da $h_0(0) = \ldots = h_{k-1}(0) = 0$, kann man ϱ' bei festgehaltenem ϱ_n weiter verkleinern, bis

$$\|h_j\|_{\varrho'} \le \tfrac{\vartheta}{2k} \varrho_n^{k-j} \quad \text{für } j = 0, \ldots, k-1, \quad \text{also} \quad \|\hat{h}\|_\varrho \le \tfrac{\vartheta}{2} \varrho_n^k. \tag{4}$$

Aus (3) und (4) folgt (2).

Die Funktion h wird nun in folgender Weise benutzt: zu $\varphi \in A$ definieren wir $h(\varphi) := h \cdot \widetilde{\varphi} \in A$. Es gilt nach (2) und (1)

$$\|h(\varphi)\|_\varrho \leq \|h\|_\varrho \cdot \|\widetilde{\varphi}\|_\varrho \leq \vartheta \cdot \|\varphi\|_\varrho . \tag{5}$$

Damit kann man eine Iteration in Gang setzen:

$$\varphi_0 := f , \quad \varphi_{i+1} := h(\varphi_i) = h \cdot \widetilde{\varphi}_i . \tag{6}$$

Die Reihe $\varphi := \sum_{i=0}^\infty \varphi_i$ ist konvergent, weil

$$\|\varphi\|_\varrho \leq \sum_{i=0}^\infty \|\varphi_i\|_\varrho \leq \|\varphi_0\|_\varrho \sum_{i=0}^\infty \vartheta^i = \|f\|_\varrho \frac{\vartheta}{1-\vartheta} < \infty .$$

Wir definieren

$$q := \widetilde{\varphi}\widetilde{g}^{-1} \in B_\varrho , \quad r := \widehat{\varphi} \in B_{\varrho'}[X_n] .$$

Wegen

$$\widehat{\varphi} = \sum \widehat{\varphi}_i , \quad \widetilde{\varphi} = \sum \widetilde{\varphi}_i \quad \text{und} \quad \varphi_i - \varphi_{i+1} = g\widetilde{g}^{-1}\widetilde{\varphi}_i + \widehat{\varphi}_i \quad \text{folgt}$$

$$f = \sum_{i=0}^\infty (\varphi_i - \varphi_{i+1}) = g\widetilde{g}^{-1} \sum \widetilde{\varphi}_i + \sum \widehat{\varphi}_i = qg + r .$$

Damit ist die *Existenz* bewiesen. Man beachte, daß die Reihe $\varphi = \sum \varphi_i$ i.a. nicht formal konvergiert (6.2), man kann also φ damit nicht rekursiv berechnen. Weiter sei bemerkt, daß man über die Konvergenzradien von q und r im Vergleich zu f und g keine Vorhersage machen kann, da (2) gelten muß.

Zum Beweis der *Eindeutigkeit* genügt es zu zeigen, daß aus

$$0 = qg + r \quad \text{folgt:} \quad q = r = 0 .$$

Es gibt ein ϱ, so daß $q, g, r, \widetilde{g}^{-1} \in B_\varrho$. Für die schon oben verwendete Reihe

$$h := X_n^k - g\widetilde{g}^{-1} \quad \text{gilt} \quad q\widetilde{g}h = q\widetilde{g}X_n^k + r . \tag{7}$$

Der Radius ϱ sei wieder so gewählt, daß (2) gilt. Verwendet man weiter, daß $\deg_{X_n} r < k$, so folgt mit (7)

$$M := \|q\widetilde{g}\|_\varrho \varrho_n^k = \|q\widetilde{g}X_n^k\|_\varrho \leq \|q\widetilde{g}X_n^k + r\|_\varrho = \|q\widetilde{g}h\|_\varrho \leq \|q\widetilde{g}\|_\varrho \vartheta \varrho_n^k = \vartheta M .$$

Wegen $0 < \vartheta < 1$ folgt $M = 0$, daraus $\|q\widetilde{g}\|_\varrho = 0$ wegen $\varrho_n \neq 0$, also $q\widetilde{g} = 0$ und $q = r = 0$ wegen $\widetilde{g} \neq 0$. $\qquad\square$

Übungsaufgabe. Man beweise die Eindeutigkeit im Weierstraßschen Vorbereitungssatz mit Hilfe des folgenden Satzes.

Satz von der Stetigkeit der Wurzeln. *Sei*

$$D' := \left\{ x = (x_1, \ldots, x_{n-1}) \in \mathbb{C}^{n-1} : |x_i| < \varrho_i \right\}, \quad E := \{ y \in \mathbb{C} : |y| < \varrho \},$$

und sei f auf dem Polyzylinder $D' \times E$ holomorph. Angenommen es gibt ein $0 < r < \varrho$, so daß die holomorphen Funktionen

$$f_x : E \to \mathbb{C}, \quad y \mapsto f(x,y),$$

keine Nullstelle mit $r \leq |y| < \varrho$ haben. Dann gibt es ein $k \in \mathbb{N}$, so daß jede Funktion f_x für $x \in D'$ mit Vielfachheit gezählt genau k Nullstellen in E hat.

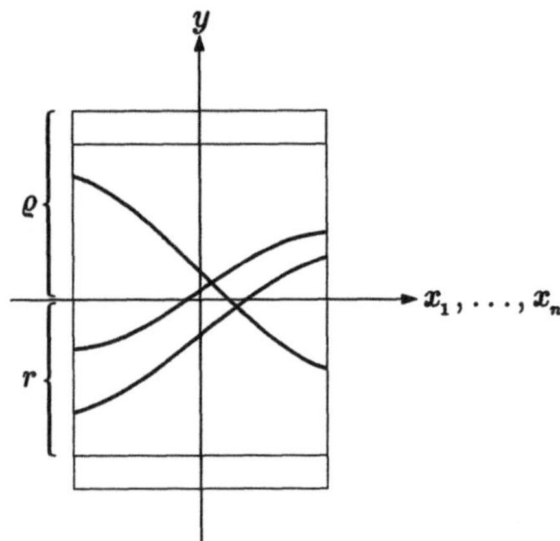

Bild 6.4. Stetigkeit der Wurzeln

Beweis. Ist $f'_x := df_x/dy$ und $r < R < \varrho$, so setzen wir

$$k(x) := \frac{1}{2\pi i} \int\limits_{|y|=R} \frac{f'_x(y)}{f_x(y)} \, dy \in \mathbb{N}.$$

Für festes x zählt $k(x)$ die Nullstellen von f_x in $|y| < R$, und da $k(x)$ stetig von x abhängt, ist es konstant. $\qquad\square$

6.9. Ein wichtiger Spezialfall des Vorbereitungssatzes ist der, daß die gegebene Reihe f in der ausgezeichneten Variablen die Ordnung $k = 1$ hat. Dabei wollen wir die Bezeichnungen etwas verändern: sei

$$f = \sum_{j=0}^{\infty} f_j Y^j \in \mathbb{C}\langle X_1, \ldots, X_n, Y \rangle \quad \text{mit } f_j \in \mathbb{C}\langle X_1, \ldots, X_n \rangle,$$

$$f(0) = 0 \text{ und } f_1(0) \neq 0.$$

f ist dann Y-allgemein von der Ordnung 1, und nach dem Vorbereitungssatz gibt es eine Einheit $\alpha \in \mathbb{C}\langle X_1, \ldots, X_n, Y \rangle$ und ein $\varphi \in \mathbb{C}\langle X_1, \ldots, X_n \rangle$ mit $\varphi(0) = 0$, so daß

$$f = \alpha(Y - \varphi).$$

Daraus folgt

$$f(X, \varphi(X)) = \alpha(X, \varphi(X))(\varphi(X) - \varphi(X)) = 0.$$

Ist $\psi \in \mathbb{C}\langle X_1, \ldots, X_n \rangle$ irgend eine Reihe mit $\psi(0) = 0$ und $f(X, \psi(X)) = 0$, so folgt

$$0 = f(X, \psi(X)) = \alpha(X, \psi(X))(\psi(X) - \varphi(X)).$$

Wegen $\psi(0) = 0$ und $\alpha(0, 0) \neq 0$ folgt $\alpha(0, \psi(0)) \neq 0$, und wegen der Stetigkeit von α und ψ gilt

$$\alpha(x, \psi(x)) \neq 0, \quad \text{somit} \quad \psi(x) = \varphi(x)$$

in einer Umgebung von $0 \in \mathbb{C}^n$. Also folgt mit Hilfe des Identitätssatzes für Potenzreihen der

Satz über implizite Funktionen. *Sei $f \in \mathbb{C}\langle X_1, \ldots, X_n, Y \rangle$ mit*

$$f(0) = 0 \quad und \quad \frac{\partial f}{\partial Y}(0) \neq 0.$$

Dann gibt es genau eine Reihe $\varphi \in \mathbb{C}\langle X_1, \ldots, X_n \rangle$ mit

$$\varphi(0) = 0 \quad und \quad f(X_1, \ldots, X_n, \varphi(X_1, \ldots, X_n)) = 0.$$

Dieser Satz gilt auch in der reellen Analysis für differenzierbare Funktionen. Es ist jedoch gar nicht selbstverständlich, daß die Lösung φ analytisch ist, wenn das für die implizite Bedingung f der Fall war. Im Anhang 3 geben wir ein Rekursionsverfahren zur Konstruktion von φ und einen direkten Beweis der Konvergenz im Fall $n = 1$. Eine oft nützliche Verschärfung beweisen wir für $n = 1$ in 7.11, Korollar 2.

Der obige Beweis zeigt auch, daß der Weierstraßsche Vorbereitungssatz als Verallgemeinerung des Satzes über implizite Funktionen angesehen werden kann. Im Fall $k > 1$ kann man jedoch die implizite Gleichung $f(X, Y) = 0$ nicht mehr durch eine gewöhnliche Funktion $Y = \varphi(X)$ lösen. Man benötigt vielmehr eine „k-fach mehrdeutige" Funktion. Das ist der Gegenstand von Kapitel 7.

Etwa durch Induktion über m mit dem obigen Satz als Induktionsanfang kann man beweisen (vgl. etwa [A]):

Satz über Systeme impliziter Funktionen. *Gegeben seien*

$$f_1, \ldots, f_m \in \mathbb{C}\langle X_1, \ldots, X_n, Y_1, \ldots, Y_m \rangle \quad mit$$

$$f_i(0) = 0 \quad und \quad \det\left(\frac{\partial f_i}{\partial Y_j}(0)\right) \neq 0.$$

Dann gibt es genau ein System $\varphi_1, \ldots, \varphi_m \in \mathbb{C}\langle X_1, \ldots, X_n \rangle$ mit $\varphi_i(0) = 0$ und

$$f_i(X, \varphi_1(X), \ldots, \varphi_m(X)) = 0.$$

Korollar. *Gegeben seien* $g_1, \ldots, g_n \in \mathbb{C}\langle Y_1, \ldots, Y_n \rangle$ *mit* $g_i(0) = 0$ *und*

$$\det \left(\frac{\partial g_i}{\partial Y_j}(0) \right) \neq 0 \,.$$

Dann ist der Substitutionshomomorphismus

$$\mathbb{C}\langle X_1, \ldots, X_n \rangle \to \mathbb{C}\langle Y_1, \ldots, Y_n \rangle \,, \quad f(X_1, \ldots, X_n) \mapsto f(g_1, \ldots, g_n) \,,$$

aus 6.5 ein Isomorphismus.

Das entspricht dem Jacobi-Kriterium für lokale Diffeomorphismen aus der reellen Analysis. Der *Beweis* des Korollars aus obigem Satz sei dem Leser zur Übung empfohlen.

6.10. Für eine spätere Anwendung benötigen wir noch eine Aussage über die Nullstellen eines Polynoms mit holomorphen Koeffizienten, das nicht notwendig ein Weierstraßpolynom ist. Dazu benutzen wir folgende Bezeichnungen:
$A := \mathbb{C}\langle X_1, \ldots, X_n \rangle$, und für

$$f = a_0 Y^k + a_1 Y^{k-1} + \ldots + a_k \in A[Y] \quad \text{ist} \quad \bar{f}(Y) := f(0, Y) \in \mathbb{C}[Y] \,.$$

Henselsches Lemma. *Sei* $f \in A[Y]$ *normiert (d.h.* $a_0 = 1$*) und*

$$\bar{f} = (Y - c_1)^{k_1} \cdot \ldots \cdot (Y - c_r)^{k_r}$$

mit paarweise verschiedenen $c_\varrho \in \mathbb{C}$. *Dann gibt es normierte Polynome* $f_1, \ldots, f_r \in A[Y]$ *mit*

$$f = f_1 \cdot \ldots \cdot f_r \quad \deg f_\varrho = k_\varrho \quad \text{und} \quad \bar{f}_\varrho = (Y - c_\varrho)^{k_\varrho} \quad \text{für } \varrho = 1, \ldots, r \,.$$

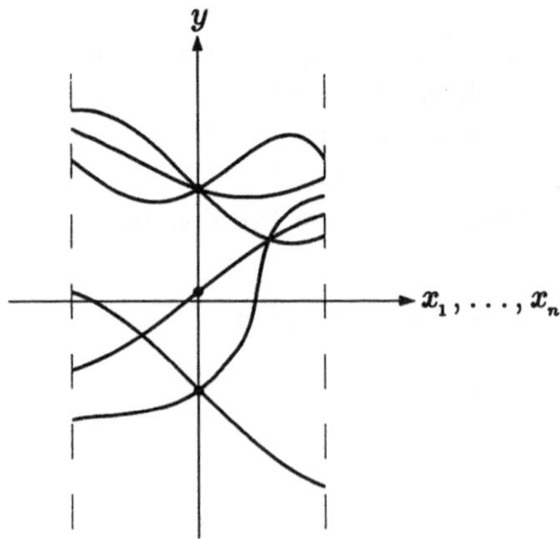

Bild 6.5. Zum Henselschen Lemma

Beweis. Die Existenz der $f_1, \ldots, f_r$ folgt durch wiederholte Anwendung des Vorbereitungssatzes. Wir führen dazu Induktion über r. Für $r = 1$ setze man $f_1 = f$.

Ist $r > 1$, so transformieren wir c_r nach Null. Sei also

$$g(X, Y) := f(X, Y + c_r) \in A[Y] \,.$$

Dieses Polynom ist Y-allgemein von der Ordnung k_r. Nach dem Vorbereitungssatz mit Zusatz (6.7) ist

$$g = \alpha \cdot p \,,$$

wobei $\alpha, p \in A[Y]$, $\deg p = k_r$. Wir setzen

$$f^*(Y) := \alpha(Y - c_r)\,, \quad f_r(Y) := p(Y - c_r)\,.$$

Dann ist f_r normiert, $f = f^* \cdot f_r$ und

$$\overline{f^*} = (Y - c_1)^{k_1} \cdot \ldots \cdot (Y - c_{r-1})^{k_{r-1}} \,.$$

Durch Anwendung der Induktionsvoraussetzung auf f^* folgt die Existenz von $f_1, \ldots, f_{r-1}$. $\qquad\qquad\square$

Zusatz. Man kann darüber hinaus zeigen, daß die f_ϱ paarweise teilerfremd und eindeutig bestimmt sind (vgl. [G-R1]).

6.11. Mit Hilfe des Vorbereitungssatzes können wir nun die vom Polynomring bekannte Teilbarkeitstheorie auf Potenzreihen übertragen. Als geometrische Anwendung erhält man dann die lokale Zerlegung einer Kurve in „Zweige".

Theorem. *Der Ring $\mathbb{C}\langle X_1, \ldots, X_n \rangle$ der konvergenten Potenzreihen ist faktoriell.*

Wir benutzen wieder die folgenden Bezeichnungen:

$$X' = (X_1, \ldots, X_{n-1})\,, \quad A' = \mathbb{C}\langle X' \rangle\,, \quad A = \mathbb{C}\langle X_1, \ldots, X_n \rangle \,.$$

Um eine Induktion über n zum Laufen zu bringen, benutzt man den Zwischenring

$$A' \subset A'[X_n] \subset A \,.$$

Bei Teilbarkeitsargumenten muß man aber sehr vorsichtig sein, weil die Einheiten in diesen Ringen verschieden sind. So ist etwa $1 - X_n$ Einheit in A (geometrische Reihe), nicht aber in $A'[X_n]$. Zunächst bemerken wir, daß sich die Weierstraßpolynome $p \in A'[X_n]$, d.h. Polynome

$$p = X_n^k + a_1 X_n^{k-1} + \ldots + a_k \quad \text{mit } k \in \mathbb{N}, \ a_i \in \mathfrak{m}' \subset A' \,,$$

bei der Ringerweiterung besonders gut verhalten.

Bemerkung 1. *Für ein Weierstraßpolynom $p \in A'[X_n]$ sind folgende Bedingungen äquivalent:*

   a) *$k = 0$, d.h. $p = 1$,*

   b) *p ist Einheit in $A'[X_n]$,*

c) *p ist Einheit in A.*

Der *Beweis* ist ganz einfach.

Bemerkung 2. *Sei $f = g \cdot h$ in $A'[X_n]$. Dann gilt:*

a) *Sind g, h Weierstraßpolynome, so ist f Weierstraßpolynom.*

b) *Ist f Weierstraßpolynom, so gibt es Einheiten λ, $\mu \in A'$ derart, daß λg und μh Weierstraßpolynome sind.*

Beweis. a) ist klar. Um b) zu zeigen, schreiben wir

$$g = b_0 X_n^l + \ldots + b_l\,, \quad \text{mit } b_i \in A'\,,$$

$$h = c_0 X_n^m + \ldots + c_m\,, \quad \text{mit } c_j \in A'\,.$$

Da $b_0 \cdot c_0 = 1$ können wir $\lambda := c_0$ und $\mu := b_0$ wählen. Setzt man $X' = 0$ in $f = (\lambda g)(\mu h)$, so folgt

$$b_1, \ldots, b_l, c_1, \ldots, c_m \in \mathfrak{m}'\,. \qquad \square$$

Lemma. *Für ein Weierstraßpolynom $p \in A'[X_n]$ sind äquivalent:*

a) *p ist irreduzibel in $A'[X_n]$*

b) *p ist irreduzibel in A.*

Beweis. a) $\Rightarrow$ b): Sei p reduzibel in A, d.h. $p = f_1 \cdot f_2$ mit Nicht-Einheiten $f_i \in A$, die wir als X_n-allgemein annehmen können. Nach dem Vorbereitungssatz ist

$$f_i = \alpha_i q_i\,, \quad \text{also} \quad p = (\alpha_1 \alpha_2) q_1 q_2\,.$$

Da $q_1 q_2$ Weierstraßpolynom ist, folgt aus der Eindeutigkeit $\alpha_1 \alpha_2 = 1$, also $p = q_1 q_2$. Angenommen ein $q_i \in A'[X_n]$ ist Einheit. Dann ist $q_i = 1$ und $f_i = \alpha_i$ im Widerspruch zur Annahme.

b) $\Rightarrow$ a): Sei p reduzibel in $A'[X_n]$, d.h. $p = p_1 p_2$, wobei wir nach Bemerkung 2 annehmen können, daß p_1, p_2 Weierstraßpolynome vom Grad k_i sind. Nach Bemerkung 1 ist $k_i \geq 1$, also ist p reduzibel in A. $\qquad \square$

Den *Beweis des Theorems* führen wir durch Induktion nach n. Für $n = 0$ ist nichts zu beweisen, weil $\mathbb{C}$ faktoriell ist. Sei also nach Induktionsannahme A' faktoriell. Dann ist nach dem Satz von GAUSS auch $A'[X_n]$ faktoriell.

Wir zeigen nun, daß jedes $f \in A$ eine bis auf Reihenfolge und Einheiten eindeutige Zerlegung in irreduzible Faktoren gestattet. Dazu können wir f als X_n-allgemein annehmen. Nach dem Vorbereitungssatz ist

$$f = \alpha \cdot p \quad \text{mit } \alpha \in A \text{ Einheit und } p \in A'[X_n] \text{ Weierstraßpolynom.}$$

Da $A'[X_n]$ faktoriell ist gibt es eine Zerlegung

$$p = p_1 \cdot \ldots \cdot p_r$$

in irreduzible Faktoren, die bis auf Reihenfolge eindeutig ist, wenn man $p_1, \ldots, p_r$ zu Weierstraßpolynomen normiert (Bemerkung 2 b)). Nach dem Lemma ist

$$f = \alpha p_1 \cdot \ldots \cdot p_r$$

eine irreduzible Zerlegung von f. Ist

$$f = f_1 \cdot \ldots \cdot f_s$$

eine andere irreduzible Zerlegung in A, so kann man in geeigneten Koordinaten

$$f_1 = \alpha_1 \cdot q_1, \ldots, \quad f_s = \alpha_s \cdot q_s$$

mit Einheiten $\alpha_1, \ldots, \alpha_s \in A$ und Weierstraßpolynomen $q_1, \ldots, q_s$ darstellen. Aus der Eindeutigkeit im Vorbereitungssatz folgt

$$p_1 \cdot \ldots \cdot p_r = q_1 \cdot \ldots \cdot q_s$$

und da $A'[X_n]$ faktoriell ist, gilt $r = s$ und $p_i = q_i$ bis auf Reihenfolge. Also ist $f_i = \alpha_i \cdot p_i$, wie zu zeigen war. $\qquad\square$

Übungsaufgabe 1. Man zeige durch Induktion über $\mathrm{ord} f$ (vgl. 6.2), daß jedes $f \in A$ eine irreduzible Zerlegung besitzt. Weiter zeige man durch Induktion über n und mit Hilfe des Vorbereitungssatzes, daß in A jedes irreduzible Element prim ist. Das ergibt einen etwas anderen Beweis, daß A faktoriell ist.

Übungsaufgabe 2. Für jeden beliebigen Körper K ist $K[[X_1, \ldots, X_n]]$ faktoriell. Man benutze den Vorbereitungssatz für formale Potenzreihen.

Eine andere wichtige Folgerung aus dem Weierstraßschen Vorbereitungssatz ist der

Satz. $\mathbb{C}\langle X_1, \ldots, X_n \rangle$ *ist noethersch.*

Mit Hilfe des Vorbereitungssatzes kann man den üblichen Beweis für den Polynomring übertragen. In der Kurventheorie wird dieser Satz jedoch nicht benötigt.

6.12. Nun stehen alle Hilfsmittel bereit, um das, was wir in Kapitel 1 über die Nullstellenmengen von Polynomen bewiesen haben, auf konvergente Potenzreihen zu übertragen. Polynome sind Funktionen auf ganz $\mathbb{C}^n$, Potenzreihen nur auf Nullumgebungen, und die Größe hängt von der Reihe ab. Das erfordert spezielle Sprechweisen.

Definition. Sei $D = \{x = (x_1, \ldots, x_n) \in \mathbb{C}^n : 0 \leq |x_i| < \varrho_i\}$ ein Polyzylinder und $M \subset D$ eine Teilmenge. M heißt *prinzipal-analytisch*, wenn es ein $f \in \mathbb{C}\langle X_1, \ldots, X_n \rangle$ gibt, das auf ganz D konvergiert und

$$M = \{x \in D : f(x) = 0\} =: V_D(f) \,.$$

Falls f für $n = 2$ ein Polynom ist, sind wir zurück in Kapitel 1 bei der Definition einer algebraischen Kurve. Ist das Polynom f eine Einheit in $\mathbb{C}[X_1, X_2]$, so ist $V(f) = \emptyset$. Das ist der erste Schritt zur Übersetzung der mengentheoretischen Beziehungen zwischen den Varietäten in die Teilbarkeitstheorie der Polynome. Bei Potenzreihen ist das anders: Einheit bedeutet $f(0) \neq 0$, also $0 \notin V_D(f)$. Über das Verhalten von $V_D(f)$ außerhalb des Nullpunktes ist damit nichts ausgesagt. Immerhin, in einer kleineren Umgebung $V' \subset V$ von 0, d.h. „lokal bei 0", stimmt $V_D(f)$ mit der leeren Menge überein. Das motiviert die folgende

Definition. Seien $M_1 \subset D_1$ und $M_2 \subset D_2$ prinzipal-analytisch. M_1 und M_2 heißen *äquivalent*, wenn es einen Polyzylinder $D \subset D_1 \cap D_2$ gibt, so daß

$$M_1 \cap D = M_2 \cap D \ .$$

Eine Äquivalenzklasse prinzipal-analytischer Mengen heißt *prinzipal-analytischer Mengenkeim*. Im Fall $n = 2$ spricht man von einem *Kurvenkeim*.

Um die Notation einfach zu halten, bezeichnen wir den durch $V_D(f) \subset D$ definierten *Keim* mit $V(f)$. Er ist keine Teilmenge eines Polyzylinders mehr, kann aber durch solche repräsentiert werden. In diesem Sinne erklärt man

$$V(f_1) \subset V(f_2)$$

$:\Leftrightarrow$ es gibt Repräsentanten $V_{D_i}(f_i)$ und $D \subset D_1 \cap D_2$, so daß

$$V_{D_1}(f_1) \cap D \subset V_{D_2}(f_2) \cap D \ ,$$

und analog $V(f_1) \cup V(f_2)$, $V(f_1) \cap V(f_2)$. Insbesondere ist

$$V(f) = \emptyset \Leftrightarrow 0 \notin V_D(f) \quad \text{für einen (und damit jeden) Repräsentanten.}$$

Also ist $V(f) = \emptyset \Leftrightarrow f$ Einheit in $\mathbb{C}\langle X_1, \ldots, X_n \rangle$, was den Übersetzungsmechanismus in Gang bringt.

Übungsaufgabe. Ist f Teiler von g, so ist $V(f) \subset V(g)$. Ist $f = f_1 \cdot \ldots \cdot f_r$, so ist

$$V(f) = V(f_1) \cup \ldots \cup V(f_r) \ .$$

6.13. Ganz analog zu 1.3 gilt

Lemma von Study. *Seien $f, g \in A = \mathbb{C}\langle X_1, \ldots, X_n \rangle$. Ist f irreduzibel und gilt für die Keime $V(f) \subset V(g)$, so ist f ein Teiler von g in A.*

Beweis. Wir führen Induktion über n. Der Fall $n = 0$ ist trivial. Sei also $X' = (X_1, \ldots, X_{n-1})$ und $A' = \mathbb{C}\langle X' \rangle$. Nach dem Vorbereitungssatz können wir f und g als Weierstraßpolynome in $A'[X_n]$ voraussetzen, also

$$f = X_n^k + a_1 X_n^{k-1} + \ldots + a_k \ ,$$

$$g = X_n^l + b_1 X_n^{l-1} + \ldots + b_l \ ,$$

mit $k, l \geq 1$ und $a_i, b_j \in A'$, $a_i(0) = b_j(0) = 0$. Da A' faktoriell ist, können wir den Resultantensatz A.1.1 anwenden. Da f auch in $A'[X_n]$ irreduzibel ist (Lemma 6.11) genügt es, $R_{f,g} = 0$ in A' zu zeigen. Seien f, g konvergent im Polyzylinder

$$D = \{(x_1, \ldots, x_n) \in \mathbb{C}^n : 0 \leq |x_i| < \varrho_i\} \ .$$

Sei

$$D' = \left\{x' = (x_1, \ldots, x_{n-1}) \in \mathbb{C}^{n-1} : |x_j| < \varrho_j\right\} \ .$$

Setzen wir ein $x' \in D'$ in f und g ein, so erhalten wir $f_{x'}$, $g_{x'} \in \mathbb{C}[X_n]$. Es ist $f_0 = X_n^k$, $g_0 = X_n^l$, also

$$V(f_0) = V(g_0) = \{0\} \ .$$

Wegen der Stetigkeit der Wurzeln (6.8) und der Beziehung $V(f) \subset V(g)$ für Keime können wir D so wählen, daß für $x' \in D'$ gilt: $f_{x'}$ und $g_{x'}$ haben alle Wurzeln in $\{x_n \in \mathbb{C} : |x_n| < \varrho_n\}$ und $V(f_{x'}) \subset V(g_{x'})$. Daher haben $f_{x'}$ und $g_{x'}$ einen gemeinsamen Primfaktor in $\mathbb{C}[X_n]$, also ist

$$R_{f,g}(x') = R_{f_{x'}, g_{x'}} = 0 \quad \text{in } \mathbb{C} \ .$$

Da dies für alle $x' \in D'$ gilt, ist $R_{f,g} = 0$ in A' nach dem Identitätssatz. $\square$

6.14. Nun erhält man ganz analog zu der Komponentenzerlegung einer algebraischen Kurve in 1.4 die Komponentenzerlegung eines prinzipal-analytischen Mengenkeims:

Definition. Ein prinzipal-analytischer Mengenkeim $V(f)$ heißt *reduzibel*, wenn es $V(f_1)$ und $V(f_2)$ gibt mit $V(f_i) \neq \emptyset$, $V(f_1) \neq V(f_2)$ und

$$V(f) = V(f_1) \cup V(f_2) \ .$$

Lemma. *Ein prinzipal-analytischer Mengenkeim $V(f)$ ist genau dann irreduzibel, wenn es ein irreduzibles $g \in \mathbb{C}\langle X_1, \ldots, X_n\rangle$ und $k \in \mathbb{N}^*$ gibt mit $f = g^k$.*

Satz. *Jeder prinzipal-analytische Mengenkeim $V(f)$ gestattet eine bis auf Reihenfolge eindeutige Zerlegung*

$$V(f) = V(f_1) \cup \ldots \cup V(f_r)$$

mit irreduziblen $V(f_\varrho)$.

Diese heißen die *irreduziblen Komponenten*.

Die *Beweise* verlaufen völlig analog zu 1.4 und seien dem Leser zur Übung empfohlen.

Analog 1.6 nennt man eine Reihe $f \in \mathbb{C}\langle X_1, \ldots, X_n\rangle$ *minimal*, wenn alle Primfaktoren f_ϱ von f nur einfach vorkommen, d.h.

$$f = f_1 \cdot \ldots \cdot f_r \ .$$

Ist f minimal, so nennt man

$$\mathrm{ord}(V(f)) := \mathrm{ord} f$$

die *Ordnung des Keims.*

Ist $f \in \mathbb{C}[X_1, X_2]$ minimal und p ein Punkt der algebraischen Kurve $C = V(f)$, so kann man nun die *lokalen Zweige von C in p* erklären: Man transformiert so, daß $p = 0$ wird, zerlegt f in $\mathbb{C}\langle X_1, X_2 \rangle$ in Primfaktoren $f_1, \ldots, f_r$ und betrachtet die Mengenkeime

$$V(f_1), \ldots, V(f_r) \ .$$

Übungsaufgabe. Man bestimme die lokalen Zweige der Kleeblätter aus 3.3 im Ursprung.

7. Parametrisierung der Kurvenzweige durch Puiseux-Reihen

7.1. Das wichtigste geometrische Ergebnis des letzten Kapitels war gewesen, daß man um jeden Punkt einer Kurve eine Zerlegung in lokale Zweige finden kann. In Kapitel 8 werden wir zeigen, wie die lokalen Zweige mit den Tangenten zusammenhängen und wie sich die Berechnung der Schnittmultiplizität mit lokalen analytischen Methoden im Vergleich zu der schwerfälligen Resultante wesentlich vereinfachen läßt. Dazu müssen zunächst in diesem Kapitel die algebraischen und analytischen Hilfsmittel ein ganzes Stück weiterentwickelt werden. Wir beschränken uns dabei auf zwei Variable.

Ist $f \in \mathbb{C}\langle X, Y \rangle$ minimal mit $f(0,0) = 0$, so heißt der Kurvenzweig $V(f)$ *glatt*, wenn

$$\operatorname{grad} f := \left(\frac{\partial f}{\partial X}(0), \frac{\partial f}{\partial Y}(0) \right) \neq (0,0) \,.$$

Ist $\partial f / \partial Y \neq 0$, so erhält man aus dem Satz über implizite Funktionen (6.9) eine *lokale Parametrisierung*

$$x \mapsto \Phi(x) = (x, \varphi(x))$$

von $V(f)$, d.h. eine Reihe φ mit $f(x, \varphi(x)) \equiv 0$. Ist etwa $f = X^3 - Y^2$, so kann es keine derartige Parametrisierung Φ geben, wie man durch einfachen Koeffizientenvergleich feststellt. Immerhin gibt es eine Parametrisierung

$$t \mapsto \Phi(t) = \left(t^2, \varphi(t) \right) \quad \text{mit} \quad \varphi(t) = t^3 \,.$$

Wegen $x = t^2$ kann man formal $t = x^{\frac{1}{2}}$ setzen. Das ergibt eine Parametrisierung der Neilschen Parabel

$$x \mapsto \left(x, x^{\frac{3}{2}} \right)$$

mit gebrochenen Exponenten. Wir wollen zeigen, daß es für jeden Kurvenzweig lokal eine Parametrisierung der Form

$$t \mapsto (t^n, \varphi(t)) \quad \text{oder} \quad x \mapsto \left(x, \varphi\left(x^{\frac{1}{n}} \right) \right)$$

mit einer Potenzreihe φ gibt. Man nennt sie *Puiseux-Reihe.*

Wer nur an der Existenz interessiert ist, kann bei 7.8 beginnen. Der dort gegebene „geometrische" Beweis enthält jedoch keine Methode, die Lösung φ als Reihe aus den Koeffizienten von f zu berechnen. Wenigstens für die niedrigsten Terme von φ war das schon in 5.4 nötig gewesen. Daher beschreiben wir zuvor in 7.2 bis 7.7 die klassische konstruktive Methode von NEWTON und PUISEUX, die eine andere Art von Geometrie benutzt, nämlich die Betrachtung der Koeffizienten einer Reihe von zwei Veränderlichen als Gitterpunkte in der Ebene.

Die Anwendungen der Puiseux-Parametrisierungen folgen dann in den Kapiteln 8 und 9.

7.2. Gegeben sei zunächst eine formale Potenzreihe $f(X, Y) \in \mathbb{C}[[X, Y]]$. Ist $f(0,0) = 0$, so heißt ein Paar (φ_1, φ_2) von Reihen aus $\mathbb{C}[[T]]$ eine *formale Parametrisierung* von f, wenn $(\varphi_1, \varphi_2) \neq (0,0)$, $\varphi_1(0) = \varphi_2(0) = 0$ und

$$f(\varphi_1(T), \varphi_2(T)) = 0 \quad \text{in } \mathbb{C}[[T]] .$$

Die Einsetzung von φ_1 und φ_2 in f ist dabei im Sinne von 6.5 zu verstehen. Daß es stets solch eine Parametrisierung mit besonders einfachem φ_1 gibt, besagt das

Theorem über die Puiseux-Reihe. *Die Reihe $f \in \mathbb{C}[[X, Y]]$ sei Y-allgemein von der Ordnung $k \geq 1$ (vgl. 6.6). Dann gibt es eine natürliche Zahl $n \geq 1$ und $\varphi \in \mathbb{C}[[T]]$ mit $\varphi(0) = 0$ und*

$$f(T^n, \varphi(T)) = 0 \quad \text{in } \mathbb{C}[[T]] .$$

Zusatz. *Ist f konvergent, so auch φ.*

Der Beweis dieses Theorems und seines Zusatzes wird eine ganze Weile in Anspruch nehmen (7.3 bis 7.11). Für den formalen Teil kann man $\mathbb{C}$ durch einen algebraisch abgeschlossenen Körper ersetzen. Beim Konvergenzbeweis jedoch werden Methoden der komplexen Analysis und Topologie verwendet.

7.3. Wir beginnen mit der Konstruktion der formalen Puiseux-Reihe. Sei also

$$f = \sum a_{\mu\nu} X^\mu Y^\nu .$$

Beim Satz über implizite Funktionen war die Voraussetzung $a_{00} = 0$ und $a_{01} \neq 0$. Das ermöglicht eine relativ einfache Iteration zur Konstruktion von φ (vgl. A.3). Im allgemeineren Fall ist es sehr hilfreich, die Verteilung der nicht verschwindenden Koeffizienten einer Reihe aufzuzeichnen. Diese Methode hat schon NEWTON verwendet [B-K, p. 374]. Dazu definiert man für $f \in \mathbb{C}[[X, Y]]$ den *Träger von f* als

$$\mathrm{Tr}(f) = \left\{ (\mu, \nu) \in \mathbb{N}^2 : a_{\mu\nu} \neq 0 \right\} .$$

Der Träger eines Weierstraßpolynoms $f \in \mathbb{C}[[X]][Y]$ ist in Bild 7.1 gezeichnet.

Für ein homogenes Polynom vom Grad k liegt der Träger auf einer Geraden der Steigung -1. Für die Konstruktion der Puiseux-Reihe nutzt man die folgende Verallgemeinerung:

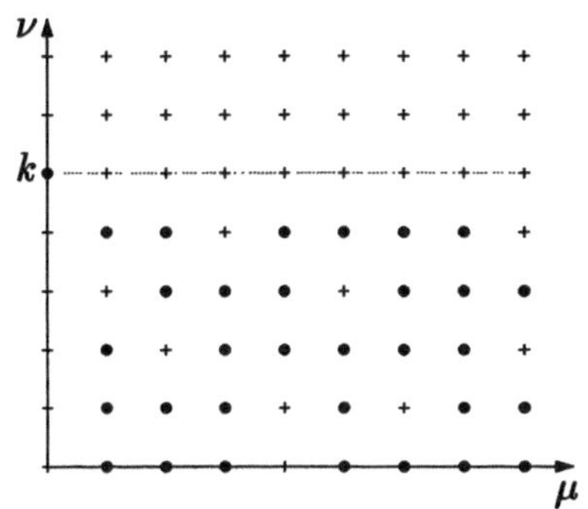

Bild 7.1. Träger eines Weierstraßpolynoms

Bild 7.2. Träger eines homogenen
Polynoms

Definition. Ein Polynom $f \in \mathbb{C}[X, Y]$ heißt *quasihomogen*, wenn es $p, q, l \in \mathbb{N}^*$ gibt, so daß

$$f = \sum_{q\mu+p\nu=l} a_{\mu\nu} X^\mu Y^\nu,$$

d.h. der Träger von f ist enthalten in der Geraden mit der Gleichung $q\mu + p\nu = l$. Man nennt p, q die *Gewichte*, für $p = q = 1$ ist das Polynom homogen.

Setzt man f als Y-allgemein von der Ordnung k voraus, so muß die Gerade durch den Punkt $(0, k)$ gehen und es folgt $l = kp$. Insbesondere ist $p \neq 0$. In diesem Fall hat die Gerade die Gleichung

$$q\mu + p\nu = kp,$$

die Steigung $-q/p$, und sie schneidet die Achse $\nu = 0$ in $s = kp/q$.

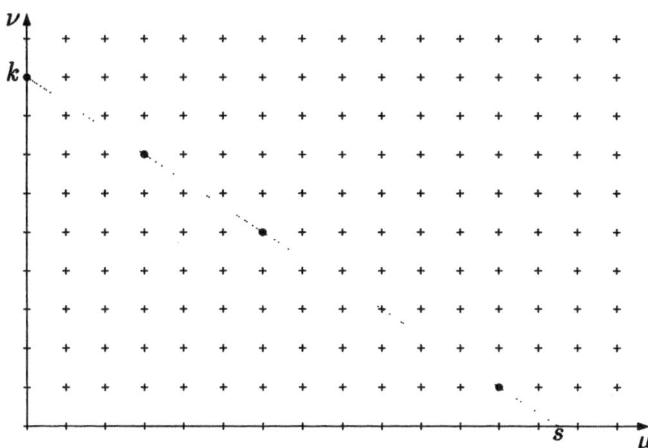

Bild 7.3. Träger eines quasihomogenen Polynoms

Lemma. *Ist* $f \in \mathbb{C}[X,Y]$ *quasihomogen mit Gewichten* p, q, *und* Y-*allgemein von der Ordnung* $k \geq 1$, *so gibt es mindestens ein* $\lambda \in \mathbb{C}$ *derart, daß*

$$f(T^q, \lambda T^p) = 0 \,.$$

Hat der Träger von f *mindestens zwei Punkte, so kann man* $\lambda \neq 0$ *wählen.*

Das heißt, daß mit $n = q$ und $\varphi(T) = \lambda T^p$ das Puiseux-Problem gelöst ist.

Beweis. Man macht den Ansatz

$$X = T^q, \quad Y = \lambda T^p = \lambda X^{\frac{p}{q}},$$

wobei mit den gebrochenen Exponenten rein formal gerechnet wird. Dann ist

$$
\begin{aligned}
f(X,Y) \;=\; f(T^q, \lambda T^p) &= \sum_{q\mu+p\nu=kp} a_{\mu\nu} T^{q\mu} \lambda^\nu T^{p\nu} \\
&= T^{kp} \sum_{q\mu+p\nu=kp} a_{\mu\nu} \lambda^\nu =: T^{kp} g(\lambda) \,.
\end{aligned}
$$

Das Polynom $g(\lambda) \in \mathbb{C}[\lambda]$ hat den Grad $k \geq 1$, also gibt es eine Nullstelle $\lambda \in \mathbb{C}$. Hat der Träger von f einen Punkt (μ, ν) mit $\nu < k$, so hat g eine Nullstelle $\lambda \neq 0$.
$\square$

Beispiel. Für $f(X,Y) = Y^4 - 2XY^2 + X^2$ ist $k = 4$, $p = 1$, $q = 2$ und $g(\lambda) = \lambda^4 - 2\lambda + 1$. Die Nullstellen sind $\lambda = \pm 1$, also hat man

$$X = T^2, \quad Y = \pm T = \pm X^{\frac{1}{2}} \,.$$

7.4. Zu einer Reihe $f \in \mathbb{C}[[X,Y]]$ hat man ein homogenes Initialpolynom $f_{(n)}$ vom Grad $n = \mathrm{ord} f$ (vgl. 6.2). Für eine Y-allgemeine Reihe von der Ordnung k gilt nur $n \leq k$, d.h. das Initialpolynom $f_{(n)}$ braucht nicht Y-allgemein zu sein. Daher muß man bei der Lösung des Puiseux-Problems das homogene Initialpolynom $f_{(n)}$ durch ein Y-allgemeines *quasihomogenes Initialpolynom* $\widetilde{f}$ ersetzen. Das findet man nach NEWTON so:

Man betrachtet den Träger einer Y-allgemeinen Reihe und legt ein Lineal längs der Achse $\mu = 0$. Dann dreht man es um den Punkt $(0, k)$, so daß es die Achse $\nu = 0$ bei positiven μ schneidet. Man dreht so lange, bis es an einen Punkt des Trägers stößt. Die Punkte des Trägers von f, die auf der so erhaltenen Gerade liegen, erklären $\widetilde{f}$. Etwas formalisiert ergibt das die

Definition. $f = \sum a_{\mu\nu} X^\mu Y^\nu \in \mathbb{C}[[X,Y]]$ sei Y-allgemein von der Ordnung $k \geq 1$. Ist Y^k kein Teiler von f, so gibt es teilerfremde $p, q \in \mathbb{N}$, $q \neq 0$ mit folgenden Eigenschaften:

a) Für alle $(\mu, \nu) \in \mathrm{Tr}(f)$ ist $q\mu + p\nu \geq pk$.

b) Es gibt mindestens ein $(\mu, \nu) \in \mathrm{Tr}(f)$ mit $\mu \geq 1$, $\nu < k$ und $q\mu + p\nu = pk$.

Man nennt

$$\widetilde{f} := \sum_{q\mu+p\nu=pk} a_{\mu\nu} X^{\mu} Y^{\nu} \in \mathbb{C}[X,Y]$$

das *quasihomogene Initialpolynom von f*. Da $(0,k)$ auf der Geraden liegt, ist $\widetilde{f}$ wieder Y-allgemein von der Ordnung k.

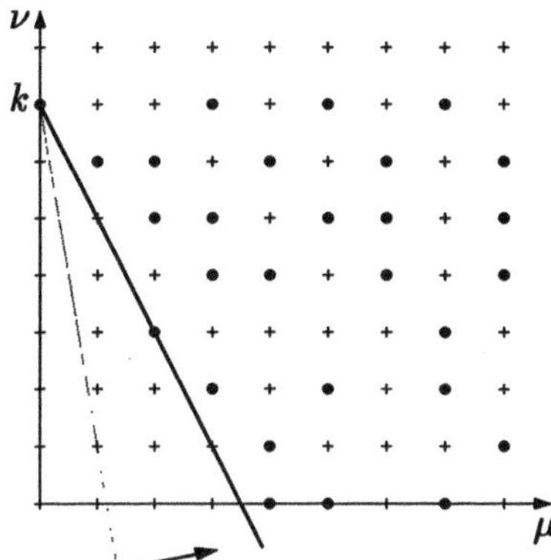

Bild 7.4. Ermittlung des quasihomogenen Initialpolynoms

Insgesamt hat man eine Darstellung

$$f = \widetilde{f} + h \quad \text{mit} \quad h = \sum_{q\mu+p\nu\geq pk+1} a_{\mu\nu} X^{\mu} Y^{\nu} \in \mathbb{C}[[X,Y]]\,.$$

Die Reihe h enthält die Terme „höherer Ordnung". Die zur Definition von $\widetilde{f}$ benutzte Gerade ist das steilste Segment des sogenannten *Newton-Polygons*, das man zur Untersuchung der Faktorzerlegung von f verwenden kann (vgl. Anhang 4).

7.5. Mit dem quasihomogenen Initialpolynom aus 7.4 und der Lösung des Puiseux-Problems für ein quasihomogenes Polynom entsprechend 7.3 erhält man die Grundlage für eine Iteration. Sei also Y^{k} kein Teiler von f und

$$f = \widetilde{f} + h\,.$$

Nach 7.3 ist für $\widetilde{Y} = \lambda X^{\frac{p}{q}}$ und $s = pk/q$

$$\widetilde{f}(X,\widetilde{Y}) = X^{s} \sum_{q\mu+p\nu=pk} a_{\mu\nu} \lambda^{\nu} = X^{s} g(\lambda) = 0\,.$$

Also ist $\widetilde{Y}$ für $g(\lambda) = 0$ eine Lösung von $\widetilde{f}$, und man kann sie als Näherungslösung von f annehmen. Dafür macht man den Ansatz

$$X = X_{1}^{q}\,, \quad Y = \widetilde{Y} + X_{1}^{p} Y_{1} = X_{1}^{p}(\lambda + Y_{1})\,.$$

Um eine Bedingung für X_1 und Y_1 zu erhalten, setzt man den Ansatz in f ein:

$$\begin{aligned}
f(X,Y) &= \tilde{f}(X,Y) + h(X,Y) = X_1^{pk}\left(g(\lambda + Y_1) + X_1 h^*(X_1,Y_1)\right) \\
&= X_1^{pk} f_1(X_1,Y_1) \, .
\end{aligned}$$

Insbesondere ist

$$f_1(0,Y_1) = g(\lambda + Y_1) \, .$$

Entscheidend für die formale Konvergenz der in 7.6 folgenden Iteration ist der

Hilfssatz. *Seien f und f_1 wie oben.*

 a) f_1 *ist Y_1-allgemein von der Ordnung k_1 mit $1 \leq k_1 \leq k$.*

 b) *Ist $k_1 = k$, so ist $q = 1$.*

Beweis. a) Sei $\gamma(Y_1) := g(\lambda_0 + Y_1) \in \mathbb{C}[Y_1]$, wobei $g(\lambda_0) = 0$ mit $\lambda_0 \in \mathbb{C}^*$. Dann ist

$$k_1 = \operatorname{ord}\gamma = \text{ Vielfachheit der Nullstelle } \lambda_0 \text{ von } g \leq \deg g = k \, .$$

b) Ist $k_1 = k$, so gibt es nach a) ein $c \in \mathbb{C}^*$, so daß

$$g(\lambda) = c(\lambda - \lambda_0)^k = \sum_{q\mu + p\nu = kp} a_{\mu\nu}\lambda^\nu = a_{0k}\lambda^k + a_{\mu,k-1}\lambda^{k-1} + \dots \, .$$

Aus der binomischen Formel folgt, daß es ein $\mu > 0$ gibt mit

$$a_{\mu,k-1} = -ck\lambda_0 \neq 0 \quad \text{und} \quad q\mu + p(k-1) = pk \, ,$$

d.h. der Träger von $\tilde{f}$ hat einen Punkt auf der Geraden $\nu = k - 1$.

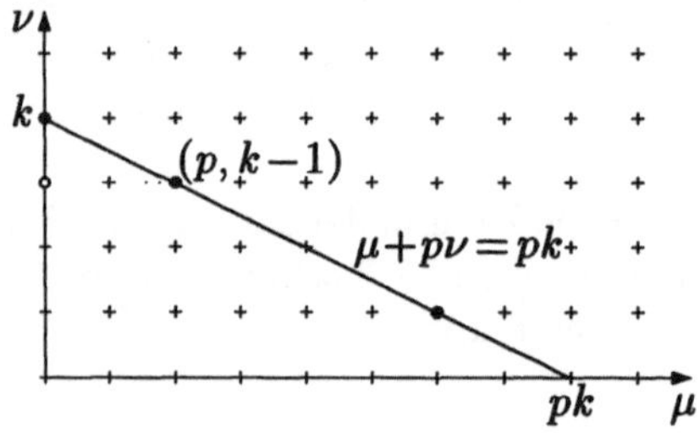

Bild 7.5. Träger von $\tilde{f}$

Aus $q\mu = p$ folgt, daß q ein Teiler von p ist. Da p und q als teilerfremd vorausgesetzt waren, folgt $q = 1$. $\square$

7.6. Nun stehen die technischen Hilfsmittel bereit, um ein Iterationsverfahren für die Lösung des Puiseux-Problems in Gang zu setzen. Dabei kann man zunächst nur gewährleisten, daß das Verfahren formal (vgl. 6.2) konvergiert.

 Gegeben ist $f(X,Y)$, Y-allgemein von der Ordnung k. Gesucht ist $Y = \varphi(X^{\frac{1}{n}})$. Wir beginnen mit

$$f_0 = f, \; X_0 = X, \; Y_0 = Y, \; k_0 = k \; .$$

Von i nach $i+1$ tut man folgendes: Ist $Y_i^{k_i}$ ein Teiler von f_i, so ist $Y_i = 0$ eine Lösung von $f_i(X_i, Y_i) = 0$. Andernfalls hat f_i nach 7.4 eine Zerlegung

$$f_i = \widetilde{f}_i + h_i \; ,$$

wobei $\widetilde{f}_i$ quasihomogen mit Trägergleichung

$$q_i \mu + p_i \nu = k_i p_i$$

ist. Da der Träger von $\widetilde{f}_i$ mindestens zwei Punkte hat, gibt es nach 7.3 ein $\lambda_i \in \mathbb{C}^*$ und eine Lösung

$$\widetilde{Y}_i = \lambda_i X_i^{\frac{p_i}{q_i}} \quad \text{von} \quad \widetilde{f}_i(X_i, \widetilde{Y}_i) = 0 \; .$$

Der Ansatz

$$X_i = X_{i+1}^{q_i}, \quad Y_i = \widetilde{Y}_i + X_{i+1}^{p_i} Y_{i+1} = X_{i+1}^{p_i}(\lambda_i + Y_{i+1})$$

ergibt

$$f_i(X_i, Y_i) = X_{i+1}^{p_i k_i} f_{i+1}(X_{i+1}, Y_{i+1}) \; ,$$

und f_{i+1} ist Y_{i+1}-allgemein von der Ordnung k_{i+1}. Nach Teil a) des Hilfssatzes aus 7.5 ist

$$k = k_0 \geq k_1 \geq \ldots \geq k_i \geq k_{i+1} \geq \ldots \geq 1 \; .$$

Nach Teil b) gibt es ein $N \in \mathbb{N}$, so daß $q_j = 1$ für $j > N$. Also ist

$$X = X_0 = X_1^{q_0} = X_2^{q_0 q_1} = \ldots = X_N^{q_0 \cdots q_N} = X_j^n$$

für $n = q_0 \cdot \ldots \cdot q_N$ und $j > N$. Will man die gebrochenen Potenzen vermeiden, so setzt man

$$X = T^n \quad \text{und} \quad X_i = T^{q_i \cdots q_N} \quad \text{für } 0 \leq i \leq N \; .$$

Damit ist gezeigt, daß die Nenner im Exponenten von X (oder die Potenzen von T) nicht unbeschränkt wachsen können.

Nun zu Y: es ist nach Konstruktion

$$\begin{aligned}
Y = Y_0 &= \widetilde{Y}_0 + X_1^{p_0} Y_1 = \widetilde{Y}_0 + X_1^{p_0} \cdot (\widetilde{Y}_1 + X_2^{p_1} Y_2) = \ldots \\
&= \widetilde{Y}_0 + \sum_{i=1}^{\infty} X_1^{p_0} \cdot \ldots \cdot X_i^{p_{i-1}} \cdot \widetilde{Y}_i \\
&= \lambda_0 X_0^{\frac{p_0}{q_0}} + \sum_{i=1}^{\infty} \lambda_i X_1^{p_0} \cdot \ldots \cdot X_i^{p_{i-1} + \frac{p_i}{q_i}} \\
&= \sum_{i=0}^{\infty} \lambda_i T^{m_i} \quad \text{mit } m_0 = p_0 q_1 \cdot \ldots \cdot q_N \; , \quad m_{i+1} = m_i + p_i \prod_{j > i} q_j \; .
\end{aligned}$$

Also ist gezeigt, daß bei der Iteration die Potenzen von $T = X^{\frac{1}{n}}$ wegen $p_i \geq 1$ bei jedem Schritt ansteigen, d.h. die Konstruktion von Y konvergiert formal. Obwohl nicht alle Potenzen von T auftreten müssen, kann man die obige Reihe in der Form

$$Y = \varphi(T) = \sum_{j=1}^{\infty} c_j T^j = \sum_{j=1}^{\infty} c_j X^{\frac{i}{n}} = \varphi(X^{\frac{1}{n}})$$

mit $c_j \in \mathbb{C}$ schreiben.

Es bleibt zu zeigen, daß diese *Puiseux-Reihe* das gegebene Problem löst, d.h. daß

$$f(T^n, \varphi(T)) = 0 \quad \text{in } \mathbb{C}[[T]] \, .$$

Dazu zeigen wir, daß $f(T^n, \varphi(T))$ für jedes r in $\mathfrak{m}^r \subset \mathbb{C}[[T]]$ liegt (vgl. Bemerkung 6.2.1). Nach Konstruktion ist f_i teilbar durch $X_{i+1}^{p_i k_i}$, also ist $f = f_0$ teilbar durch

$$X_1^{p_0 k_0} \cdot X_2^{p_1 k_1} \cdot \ldots \cdot X_{i+1}^{p_i k_i} = T^r \quad \text{mit}$$

$$r = k_0 p_0 q_1 \cdot \ldots \cdot q_N + k_1 p_1 q_2 \cdot \ldots \cdot q_N + \ldots + k_{N-1} p_{N-1} q_N + \sum_{j=N}^{i} k_j p_j \, .$$

Wegen $k_j, p_j \geq 1$ ist $r \geq i$, also beliebig groß. Damit ist der formale Teil des Theorems über die Puiseux-Reihe bewiesen.

Bei der Konstruktion von φ wird in jedem Schritt die Wahl einer Wurzel $\lambda_i \in \mathbb{C}^*$ von g_i getroffen. Erst später wird sich zeigen, daß dabei insgesamt nur endlich viele verschiedene Reihen φ entstehen können.

Beispiel. Für

$$f = Y^4 - 2Y^2 X - 4Y^2 X^2 - 3Y^2 X^3 + X^2 + 4X^3 + 7X^4 + 6X^5 + 2X^6$$

ist

$$\begin{aligned}
\tilde{f} &= Y^4 - 2Y^2 X + X^2 \, , \quad \lambda_0 = -1 \, , \quad X = X_1^2 \, , \quad Y = X_1(Y_1 - 1) \, , \\
f_1 &= Y_1^4 - 4Y_1^3 + 4Y_1^2 - 4X_1^2 Y_1^2 + 8X_1^2 Y_1 - 3X_1^4 Y_1^2 \\
&\quad + 6X_1^4 Y_1 + 4X_1^4 + 6X_1^6 + 2X_1^8 \, , \\
\tilde{f}_1 &= 4Y_1^2 + 8X_1^2 Y_1 + 4X_1^4 \, , \quad \lambda_1 = -1 \, .
\end{aligned}$$

Aus $f_1(X_1, Y_1) = 0$ folgt, daß $f(T^2, -T - T^3) = 0$. Das Verfahren bricht nach der zweiten Iteration ab, was natürlich nur für ganz spezielle f der Fall ist.

7.7. Mit Hilfe der Puiseux-Reihe ist eine Parametrisierung der speziellen Gestalt

$$T \mapsto (T^n, \varphi(T))$$

gegeben. Wir wollen zeigen, daß sich jede beliebige Parametrisierung durch eine Transformation des Parameters T auf diese Gestalt bringen läßt.

Aus dem Theorem über die Puiseux-Reihe erhalten wir das

Korollar. *Sei (ψ_1, ψ_2) eine formale Parametrisierung von g im Sinne von 7.2 mit $\operatorname{ord}\psi_1 = k < \infty$. Dann gibt es eine Reihe $\beta \in \mathbb{C}[[T]]$ mit $\operatorname{ord}\beta = 1$ und*

$$\psi_1\left(\beta(T)\right) = T^k .$$

Eine neue formale Parametrisierung von g erhält man also durch

$$\left(T^k, \psi_2\left(\beta(T)\right)\right) .$$

Für $\varphi(T) := \psi_2\left(\beta(T)\right)$ ist $\operatorname{ord}\varphi = \operatorname{ord}\psi_2$.

Bemerkung. *Mit Hilfe des (noch nicht bewiesenen) Zusatzes über die Konvergenz der Puiseux-Reihe beweist man eine entsprechende Version des Korollars für konvergente Parametrisierungen. Dies entspricht der üblichen Parametertransformation $S = \beta(T)$.*

Beweis des Korollars. Sei

$$\psi_1(T) = \sum_{j=k}^{\infty} a_j T^j \quad \text{mit } a_k \neq 0 .$$

Dann ist die Reihe

$$f(X, Y) := X - \psi_1(Y)$$

Y-allgemein von der Ordnung k. Nach dem Theorem gibt es ein n und ein $\beta \in \mathbb{C}[[T]]$ mit

$$0 = f\left(T^n, \beta(T)\right) = T^n - \psi_1\left(\beta(T)\right) .$$

Um $n = k$ zu sehen, muß man den Übergang von $f = f_0$ zu f_1 aus 7.5 untersuchen. Mit den dort verwendeten Bezeichnungen gilt für das hier definierte spezielle f:

$$\widetilde{f} = X - a_k Y^k, \quad p = 1, \; q = k, \quad \text{also} \quad \widetilde{Y} = \lambda X^{\frac{1}{k}} .$$

Daher ist

$$\gamma(Y_1) = g(\lambda + Y_1) = 1 - a_k(\lambda + Y_1)^k = -k a_k \lambda^{k-1} Y_1 + \dots .$$

Daraus folgt $k_1 = 1$, also $q_i = 1$ für $i \geq 1$ und $n = k$. Wegen $p = 1$ und $\lambda \neq 0$ folgt schließlich $\operatorname{ord}\beta = 1$. $\qquad\square$

7.8. Nun zum Problem der Konvergenz der Puiseux-Reihe (in 7.2 als *Zusatz* formuliert). Im Spezialfall des Satzes über implizite Funktionen kann man noch relativ einfach die Konvergenz von φ aus der Konvergenz von f folgern (vgl. Anhang 3). Für die Puiseux-Reihe ist das komplizierter (siehe etwa [Che], 8.6).

Wir wählen hier einen ganz anderen Weg (siehe [B-K]). Man beweist mit Methoden der komplexen Analysis und Topologie die reine Existenz von genügend viel konvergenten Lösungen und zeigt anschließend mit einem algebraischen Trick, daß die formal konstruierte Reihe gleich einer der konvergenten Lösungen, also selbst konvergent sein muß.

Bevor wir die geometrische Form des Satzes von Puiseux formulieren, erinnern wir an einen Spezialfall der Resultante, nämlich die *Diskriminante D_f* eines Polynoms $f \in A[Y]$ für einen Ring A.

Bemerkung. *Sei $U \subset \mathbb{C}$ ein Gebiet und $A := \mathcal{O}(U)$ der Ring der auf U holomorphen Funktionen. Für $f \in A[Y]$ mit $a_0 = 1$ und $x \in U$ sei*

$$f_x := Y^k + a_1(x)Y^{k-1} + \ldots + a_k(x) \in \mathbb{C}[Y] .$$

Dann gilt: f_x hat in $\mathbb{C}$ eine mehrfache Nullstelle genau dann, wenn $D_f(x) = 0$.

Beweis. Es ist $D_f(x) = D_{f_x}$, also folgt die Behauptung aus Korollar 2 in Anhang 1.2. $\qquad\qquad\square$

Theorem von Puiseux (geometrisch). *Gegeben sei ein irreduzibles Weierstraß-polynom*

$$f(X,Y) = Y^k + a_1(X)Y^{k-1} + \ldots + a_k(X) \in \mathbb{C}\langle X\rangle[Y]$$

mit $k \geq 1$. Sei $\varrho > 0$ derart gewählt, daß

a) $a_1, \ldots, a_k$ *konvergent in* $U := \{x \in \mathbb{C} : |x| < \varrho\}$,

b) $D_f(x) \neq 0$ *in* $U^* := U \smallsetminus \{0\}$.

Weiter sei

$$
\begin{aligned}
V &:= \left\{t \in \mathbb{C} : |t| < \varrho^{\frac{1}{k}}\right\} \quad und \\
C &:= \{(x,y) \in U \times \mathbb{C} : f(x,y) = 0\} .
\end{aligned}
$$

Dann gibt es eine auf V konvergente Reihe $\varphi \in \mathbb{C}\langle T\rangle$ derart, daß

i) $f\left(t^k, \varphi(t)\right) = 0$ *für alle $t \in V$ und*

ii) $\Phi : V \to C,\ t \mapsto \left(t^k, \varphi(t)\right)$, *ist bijektiv.*

Die folgende Skizze mit $k = 3$ und $\varrho = 1$ soll die Situation illustrieren. Dabei ist die Y-Richtung nur reell gezeichnet,

$$p_k \colon V \to U \quad \text{ist gegeben durch } t \mapsto t^k ,$$

$$\pi \colon U \times \mathbb{C} \to U, \quad (x,y) \mapsto x, \text{ ist die Projektion.}$$

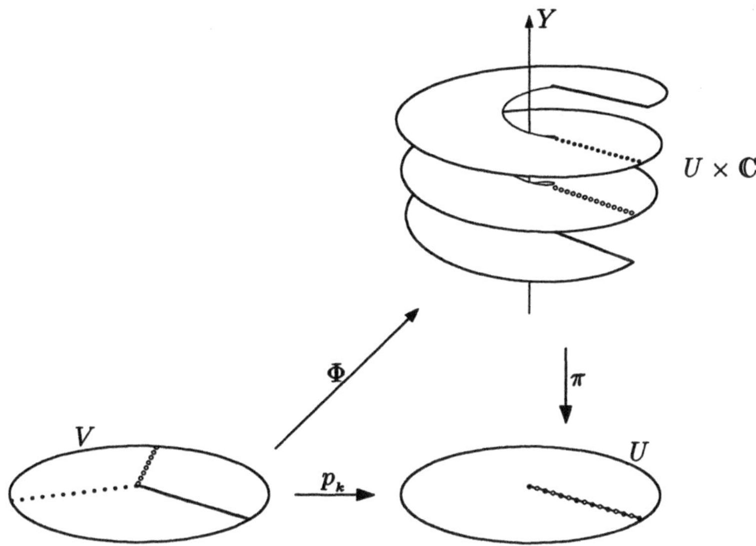

Bild 7.6. Puiseux-Theorem (geometrisch)

7.9. Diese geometrische Form des Satzes von Puiseux geht auf PICARD zurück. Der hier aus [Fo1] reproduzierte Beweis benutzt Hilfsmittel aus der Theorie der holomorphen Funktionen. Die topologischen Hilfsmittel aus der Überlagerungstheorie sind im Anhang 2 zusammengestellt. Die Bezeichnungen und Voraussetzungen in den Hilfssätzen sind jeweils wie in obigem Theorem.

Zunächst sei bemerkt, daß für genügend kleines ϱ die Bedingung b) erfüllt ist: f ist irreduzibel, also ist $D_f \neq 0$ in $\mathbb{C}\langle X\rangle$ nach Korollar 1 in Anhang 1.2; somit ist 0 eine isolierte Nullstelle der Funktion D_f.

Hilfssatz 1. *Sei* $C^* = C \smallsetminus \{(0,0)\} \subset U^* \times \mathbb{C}$. *Dann ist die Projektion*

$$\pi^* = \pi|C^* : C^* \to U^*$$

eine Überlagerung.

Beweis. Zu zeigen ist, daß es zu jedem $x \in U^*$ eine Kreisscheibe W um x in U^* gibt, so daß für jede Zusammenhangskomponente $\widetilde{W}$ von $\pi^{*-1}(W) \subset C^*$

$$\pi|\widetilde{W} : \widetilde{W} \to W$$

ein Homöomorphismus ist. Wegen $D_f(x) \neq 0$ ist

$$f_x = f(x,Y) = (Y - c_1) \cdot \ldots \cdot (Y - c_k)$$

mit paarweise verschiedenen $c_1, \ldots, c_k \in \mathbb{C}$. Nun verschieben wir die Koordinaten so, daß $x = 0$ wird. Nach dem Henselschen Lemma (6.10) gibt es $f_1, \ldots, f_k \in \mathbb{C}\langle X\rangle[Y]$ mit $\deg f_i = 1$ und $f = f_1 \cdot \ldots \cdot f_k$. Da die f_i linear sind, gibt es $\psi_1, \ldots, \psi_k \in \mathbb{C}\langle X\rangle$ mit

$$f_i = Y - \psi_i, \quad \text{also} \quad f(X,Y) = (Y - \psi_1(X)) \cdot \ldots \cdot (Y - \psi_k(X))$$

in $\mathbb{C}\langle X\rangle[Y]$. Wir können eine Kreisscheibe W um x wählen, die so klein ist, daß die Reihen $\psi_1,\ldots,\psi_k$ auf W konvergieren und die Bilder $\widetilde{W}_i$ der Abbildungen

$$W \to \widetilde{W}_i \subset U^* \times \mathbb{C}, \quad x \mapsto (x,\psi_i(x)) ,$$

disjunkt sind. Dann sind die Projektionen

$$\pi|\widetilde{W}_i : \widetilde{W}_i \to W$$

für $i = 1,\ldots,k$ Homöomorphismen. $\square$

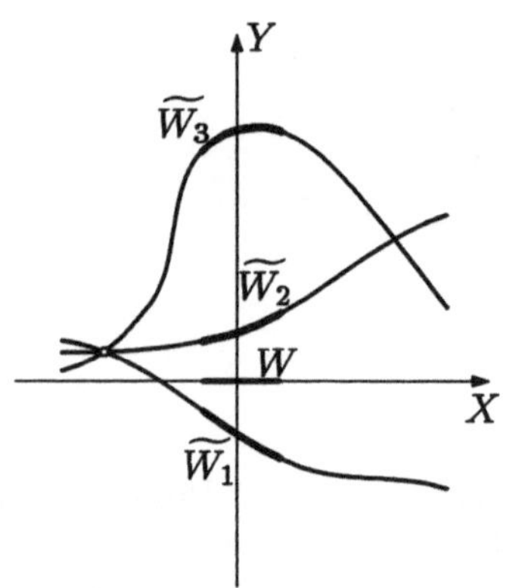

Bild 7.7.

Hilfssatz 2. *C^* ist zusammenhängend.*

Beweis. Angenommen, es gibt eine Zusammenhangskomponente D von C^* mit

$$\emptyset \neq D \neq C^*. \quad \text{Dann ist}$$

$$\eta := \pi|D : D \to U^*$$

wieder eine Überlagerung der Blätterzahl l mit $1 \leq l < k$ (vgl. Bemerkung 2 in Anhang 2.1). Ist die Kreisscheibe W um x wie im Beweis von Hilfssatz 1 gewählt, so kann man die Zusammenhangskomponenten $\widetilde{W}_i$ von $\pi^{-1}(W)$ so numerieren, daß

$$\eta^{-1}(W) = \widetilde{W}_1 \cup \ldots \cup \widetilde{W}_l .$$

Wir definieren

$$g(x,Y) := \begin{cases} Y^l & \text{für } x = 0, \\ \prod_{(x,c)\in D}(Y - c) & \text{für } x \in U^*. \end{cases}$$

Verwendet man die auf W holomorphen Funktionen ψ_i aus Hilfssatz 1, so folgt für $x \in W$

$$g(x,Y) = \prod_{i=1}^{l} (Y - \psi_i(x)) = Y^l + a_1(x)Y^{l-1} + \ldots + a_l(x) ,$$

wobei die a_i die elementarsymmetrischen Funktionen von $\psi_1, \ldots, \psi_l$ sind. Daraus folgt, daß die Koeffizienten a_i von g auf U^* holomorph sind. Wegen der Stetigkeit der Wurzeln (6.8) ist die Fortsetzung $a_i(0) = 0$ stetig. Also ist nach dem Riemannschen Hebbarkeitssatz

$$g(x, Y) \in \mathcal{O}(U)[Y], \quad 1 \leq \deg g \leq l < k,$$

und nach Konstruktion ist g in $\mathbb{C}\langle X\rangle[Y]$ ein Teiler von f. Das ist ein Widerspruch zur Irreduzibilität von f. $\qquad\square$

Hilfssatz 3. *Ist* $V^* := V \smallsetminus \{0\}$, *so gibt es einen Homöomorphismus* $\Phi^* : V^* \to C^*$, *so daß das Diagramm*

$$
\begin{array}{ccc}
V^* & \xrightarrow{\ \Phi^*\ } & C^* \\
& {}_{p_k^*}\searrow \quad \swarrow{}^{\pi^*} & \\
& U^* &
\end{array}
$$

mit $p_k^* = p_k|V$ *kommutiert.*

Beweis. Die Abbildungen p_k^* und π^* sind beide k-blättrige Überlagerungen von U^* mit zusammenhängendem Totalraum. Nach der Klassifikation solcher Überlagerungen aus der Topologie (vgl. die Bemerkung 1 in A.2.1) unterscheiden sie sich nur durch einen Homöomorphismus Φ^* der angegebenen Art. Der Ursprung ist ein *Verzweigungspunkt* k-ter Ordnung (vgl. 9.6). $\qquad\square$

Hilfssatz 4. *Die nach Hilfssatz 3 existierende stetige Abbildung*

$$\Phi^* : V^* \to C^* \subset \mathbb{C}$$

ist holomorph, und durch $\Phi(0) := (0, 0)$ *ist eine holomorphe Fortsetzung*

$$\Phi : V \to C, \quad t \mapsto (t^k, \varphi(t)),$$

gegeben.

Beweis. Die Abbildung Φ^* aus Hilfssatz 3 hat die Form

$$\Phi^*(t) = (t^k, \varphi^*(t)) \quad \text{mit} \quad \varphi^* : V^* \to \mathbb{C} \text{ stetig}.$$

Also genügt es, die Holomorphie von φ^* in jedem Punkt $s \in V^*$ zu zeigen. Ist $x = s^k$, so muß $\varphi^*(s)$ eine der k Wurzeln $c_1, \ldots, c_k \in \mathbb{C}$ von f_x sein, also $\varphi^*(s) = c_i$. Wir wählen eine Kreisscheibe W um x wie im Beweis von Hilfssatz 1 und die Zusammenhangskomponente $\widetilde{W}_i$, die (x, c_i) enthält. Ist $\widetilde{V} := {\Phi^*}^{-1}(\widetilde{W}_i)$, so gilt

$$\Phi^*(t) = (t^k, \varphi^*(t)) = (t^k, \psi_i(t^k)) \quad \text{für } t \in \widetilde{V}.$$

Also ist $\varphi^*(t) = \psi_i(t^k)$, und da ψ_i nach dem Beweis von Hilfssatz 1 holomorph war, ist φ^* auf $\widetilde{V}$ holomorph. Setzen wir $\varphi(0) := 0$ fort, so erhalten wir wegen der Stetigkeit der Wurzeln von f eine stetige Fortsetzung

$$\varphi : V \to \mathbb{C} \quad \text{von} \quad \varphi^* : V^* \to \mathbb{C}.$$

Nach dem Satz über hebbare Singularitäten ist φ holomorph, also ist Φ holomorph. $\square$

Soviel zum Beweis des Theorems aus 7.8.

7.10. Beim Beweis der Konvergenz der Puiseux-Reihe ist es entscheidend, alle möglichen Lösungen des Puiseux-Problems zu kennen. Mit den Bezeichnungen und Voraussetzungen des Theorems aus 7.8 beweisen wir noch den folgenden

Zusatz. *Sei* $\Phi(t) = \left(t^k, \varphi(t)\right)$ *eine konvergente Lösung und* $\zeta = \exp\left(\frac{2\pi i}{k}\right) \in \mathbb{C}$ *die primitive k-te Einheitswurzel. Für $\nu = 1, \ldots, k$ sei*

$$\varphi_\nu(t) := \varphi\left(\zeta^\nu t\right) \quad und \quad \Phi_\nu(t) := \left(t^k, \varphi_\nu(t)\right) .$$

Dann sind $\Phi_1, \ldots, \Phi_k$ paarweise verschiedene Parametrisierungen von C, d.h. die Reihen $\varphi_1, \ldots, \varphi_k$ sind paarweise verschieden.

Beweis. Man beachte, daß die Einheitswurzeln nicht auf den Werten, sondern den Argumenten von φ operieren. Daher kann man diese Aussage auch rein algebraisch für formale Reihen beweisen (siehe [Wa]). Im konvergenten Fall geht das jedoch viel einfacher: Die Abbildungen

$$V \to V, \quad t \mapsto \zeta^\nu t ,$$

sind bijektiv und für $\nu = 1, \ldots, k$ paarweise verschieden. Also sind die bijektiven Abbildungen

$$\Phi_\nu : V \to C$$

paarweise verschieden. $\qquad\square$

Geometrisch gesehen unterscheiden sich die Abbildungen Φ_ν dadurch, daß die Blätter der Überlagerung $C^* \to U^*$ permutiert werden. Die Einheitswurzeln operieren also als sogenannte *Decktransformationen*.

Die Parametrisierungen $\varphi_1, \ldots, \varphi_k$ können nun verwendet werden, die für jedes $x \in U^*$ vorhandene Zerlegung

$$f_x(Y) = (Y - c_1) \cdot \ldots \cdot (Y - c_k) \quad \text{mit } c_i \in \mathbb{C}$$

auf ganz U auszudehnen.

Korollar. *Sei $f \in \mathbb{C}\langle X\rangle[Y]$ ein irreduzibles Weierstraßpolynom vom Grad $k \geq 1$,*

$$T \mapsto \left(T^k, \varphi(T)\right)$$

eine Parametrisierung nach Theorem 7.8, $\zeta := \exp\left(\frac{2\pi i}{k}\right)$ und $\varphi_\nu(T) := \varphi(\zeta^\nu T)$. Dann gilt

$$f(T^k, Y) = (Y - \varphi_1(T)) \cdot \ldots \cdot (Y - \varphi_k(T)) \quad in \ \mathbb{C}\langle T\rangle[Y] .$$

Beweis. Wir betrachten das Polynom $f(T^k, Y) \in \mathbb{C}\langle T\rangle[Y]$. Es hat im Integritätsring $\mathbb{C}\langle T\rangle$ paarweise verschiedene Nullstellen $\varphi_1, \ldots, \varphi_k$. Da f normiert ist, kann man mit den Nullstellen nacheinander Linearfaktoren abspalten, was die behauptete Zerlegung ergibt. Man beachte, daß es für diese Division nicht nötig ist, zum Quotientenkörper von $\mathbb{C}\langle T\rangle$ überzugehen. $\qquad\square$

7.11. Nun können wir den in 7.2 formulierten Zusatz über die *Konvergenz der Puiseux-Reihe* beweisen. Sei also $f \in \mathbb{C}\langle X, Y \rangle$ die gegebene Y-allgemeine Reihe und $\varphi \in \mathbb{C}[[S]]$ eine nach der formalen Konstruktion erhaltene Lösung, d.h. $f(S^n, \varphi(S)) = 0$. Nach dem Vorbereitungssatz ist

$$f = \alpha \cdot p_1 \cdot \ldots \cdot p_r$$

mit einer Einheit α und irreduziblen Weierstraßpolynomen $p_1, \ldots, p_r$. Aus

$$\alpha(S^n, \varphi(S)) \neq 0 \quad \text{folgt} \quad p_j(S^n, \varphi(S)) = 0$$

für ein j. Also können wir o.E. annehmen, daß $f \in \mathbb{C}\langle X \rangle[Y]$ ein irreduzibles Weierstraßpolynom vom Grad k und φ eine formale Lösung von f war.

Um φ mit der Zerlegung von f aus Korollar 7.10 vergleichen zu können, müssen wir die beiden Parametrisierungen

$$X = T^k = S^n$$

aufeinander abstimmen. In der formalen Konstruktion kann man den Nenner n ohne weiteres vergrößern, wir können also

$$n = k \cdot l \quad \text{und daher } X = T^k = S^{k \cdot l}, \quad \text{also } T = S^l$$

annehmen. Daher ist

$$f(S^n, Y) = \prod_{\nu=1}^{k} (Y - \varphi_\nu(S^l)) \in \mathbb{C}[[S]][Y] \,.$$

Da φ ebenfalls Nullstelle von $f(S^n, Y) \in \mathbb{C}[[S]][Y]$ im Integritätsring $\mathbb{C}[[S]]$ ist, muß $\varphi(S) = \varphi_\nu(S^l)$ für ein ν, also selbst konvergent sein. $\qquad\square$

Die geometrische Form des Puiseux-Theorems hat einige wichtige Folgerungen.

Im Theorem über die Puiseux-Reihe (7.2) konnte man über die Zahl n im Vergleich zu k keine Aussage machen. Aus dem obigen Beweis folgt:

Korollar 1. *Ist die Reihe $f \in \mathbb{C}\langle X, Y \rangle$ irreduzibel und Y-allgemein von der Ordnung k, so gibt es eine Reihe $\varphi \in \mathbb{C}\langle T \rangle$ mit*

$$f(T^k, \varphi(T)) = 0 \quad in \ \mathbb{C}\langle T \rangle \,.$$

Im Satz über implizite Funktionen (6.9) konnte man nur $f(X, \varphi(X)) = 0$ beweisen, nicht aber, daß φ eine Umgebung des Ursprungs in der Nullstellenmenge von f ausfüllt. Zumindest für $n = 1$ ist dies nach 7.9 klar:

Korollar 2. *Sei $f \in \mathbb{C}\langle X, Y \rangle$ mit $f(0,0) = 0$ und $(\partial f / \partial Y)(0) \neq 0$. Dann gibt es genau eine Reihe $\varphi \in \mathbb{C}\langle X \rangle$ mit*

$$f(x, y) = 0 \Leftrightarrow y = \varphi(x)$$

für genügend kleine x und y.

Korollar 3. *Ist $f \in \mathbb{C}\langle X, Y \rangle$ irreduzibel, so ist f auch in $\mathbb{C}[[X, Y]]$ irreduzibel.*

Beweis. Wir können annehmen, daß $f \in \mathbb{C}\langle X \rangle [Y]$ Weierstraßpolynom vom Grad k ist. Nach 7.10 ist

$$f(T^k, Y) = (Y - \varphi_1(T)) \cdot \ldots \cdot (Y - \varphi_k(T)) \quad \text{in } \mathbb{C}[[T]][Y] \, .$$

$\varphi_1, \ldots, \varphi_k$ sind konvergent und $\mathbb{C}[[X, Y]]$ ist faktoriell (Übungsaufgabe 2 in 6.11), also sind alle möglichen formalen Faktoren von f konvergent. $\qquad\square$

Diese Bemerkung zeigt, daß sich die Teilbarkeitstheorie beim Übergang von konvergenten zu formalen Potenzreihen im Gegensatz zum Übergang von Polynomen zu konvergenten Potenzreihen (vgl. 6.1) nicht mehr verändert. Daher kann man die Kurventheorie auch über allgemeineren Körpern betreiben, indem man für den lokalen Teil formale Potenzreihen verwendet. Wenn man nicht mehr mit den Werten der Reihen argumentieren kann, werden die Beweise (etwa vom Analogon zum Zusatz 7.10) komplizierter, man gewinnt aber auch interessante zusätzliche Einsichten. Hierzu verweisen wir auf den Klassiker [Wa] oder [Che].

7.12. Es gilt $\mathbb{C}[X, Y] = \mathbb{C}[X][Y]$. Daher kann man bei Polynomen von mehreren Variablen eine auszeichnen und bezüglich dieser die Resultante bestimmen. Sie ist dann ein Polynom in den anderen Variablen. Wie wir in 7.11 gesehen haben, kann man durch Erweiterung des Koeffizientenringes $\mathbb{C}[X]$ ein Polynom in Linearfaktoren zerlegen. Für eine spätere Anwendung auf Resultanten muß das noch etwas weiter getrieben werden.

Um bei Puiseux-Reihen mit beliebigen Nennern im Exponenten rechnen zu können ist es nützlich, den Ring $\mathbb{C}[[X]]$ der formalen Potenzreihen wie folgt zu erweitern: Für jedes $n \geq 1$ hat man einen injektiven Homomorphismus

$$\mathbb{C}[[X]] \to \mathbb{C}[[T]], \quad X \mapsto T^n \, .$$

Das betrachtet man als Ringerweiterung

$$\mathbb{C}[[X]] \subset \mathbb{C}[[T]] = \mathbb{C}[[X^{\frac{1}{n}}]] \quad \text{mit } X^{\frac{1}{n}} = T, \quad \text{d.h. } X = T^n \, .$$

Ist $m = k \cdot n$, so hat man Injektionen

$$\mathbb{C}[[X]] \to \mathbb{C}[[T]] \to \mathbb{C}[[S]] \, ,$$

$$X \mapsto T^n, \quad T \mapsto S^k,$$

$$X \longmapsto \left(S^k\right)^n = S^m,$$

die man wieder als Inklusionen

$$\mathbb{C}[[X]] \subset \mathbb{C}[[X^{\frac{1}{n}}]] \subset \mathbb{C}[[X^{\frac{1}{m}}]]$$

betrachtet. In diesem Sinne bildet man

$$\mathbb{C}[[X^*]] := \bigcup_{n=1}^{\infty} \mathbb{C}[[X^{\frac{1}{n}}]] \, .$$

Dies ist ein Integritätsring, der alle formalen Puiseux-Reihen enthält. Zu festem $\varphi \in \mathbb{C}[[X^*]]$ gibt es ein $n \in \mathbb{N}$ mit $\varphi \in \mathbb{C}[[X^{\frac{1}{n}}]]$, also ist

$$\varphi = \sum_{m=0}^{\infty} a_m X^{\frac{m}{n}} \quad \text{mit } a_m \in \mathbb{C},$$

und man kann die rationale Zahl

$$\mathrm{ord}\varphi := \min\left\{ \frac{m}{n} : a_m \neq 0 \right\} \geq 0$$

als *Ordnung von φ* erklären. Abkürzend schreibt man oft

$$\varphi = cX^{\varrho} + \dots \quad \text{mit } c \in \mathbb{C}^* \quad \text{und } \varrho = \mathrm{ord}\varphi \in \mathbb{Q}_+ \, .$$

Die Bedeutung des Ringes $\mathbb{C}[[X^*]]$ erkennt man an folgendem

Lemma. *Jedes normierte Polynom aus $\mathbb{C}\langle X\rangle[Y]$ zerfällt über dem Erweiterungsring $\mathbb{C}[[X^*]]$ in Linearfaktoren.*

Dies ist der entscheidende Schritt auf dem Weg zum

Theorem. *Der Quotientenkörper von $\mathbb{C}[[X^*]]$ ist algebraisch abgeschlossen.*

Hierbei ist wichtig, daß der Grundkörper $\mathbb{C}$ algebraisch abgeschlossen ist, und daß X nur eine einzige Unbestimmte ist. Den Beweis des Theorems aus dem Lemma überlassen wir dem Leser als anspruchsvollere Übungsaufgabe (vgl. [Wa]). Wir werden später das Lemma für $\mathbb{C}[X][Y]$ verwenden, um in Anhang 1 das Geheimnis der Resultante zu lüften. Auch einen Beweis des Lemmas in diesem Spezialfall ohne Verwendung des Henselschen Lemmas empfehlen wir dem Leser zur Übung.

Beweis des Lemmas. Sei $f \in \mathbb{C}\langle X\rangle[Y]$ normiert, $\deg f = k$, und

$$\bar{f}(Y) := f(0, Y) = (Y - c_1)^{k_1} \cdot \ldots \cdot (Y - c_r)^{k_r}$$

mit paarweise verschiedenen $c_1, \dots, c_r$. Nach dem Henselschen Lemma gibt es normierte $f_1, \dots, f_r \in \mathbb{C}\langle X\rangle[Y]$ mit $\bar{f}_i = (Y - c_i)^{k_i}$. Ist ein $c_i = 0$, so kann man auf f_i den Vorbereitungssatz anwenden, also

$$f_i = \alpha_i \cdot p_i \, ,$$

wobei p_i ein Weierstraßpolynom vom Grad k_i ist. Ist q ein irreduzibler Faktor von p_i vom Grad l, so ist q nach 6.11 wieder ein Weierstraßpolynom, und nach 7.10 ist

$$q = (Y - \psi_1) \cdot \ldots \cdot (Y - \psi_l) \quad \text{mit} \quad \psi_j \in \mathbb{C}[[X^*]] \, .$$

Daraus folgt

$$p_i = (Y - \varphi_{i,1}) \cdot \ldots \cdot (Y - \varphi_{i,k_i}) \quad \text{mit} \quad \varphi_{i,j} \in \mathbb{C}[[X^*]] \, . \tag{$*$}$$

Dabei ist $\mathrm{ord}\,\varphi_{i,j} > 0$. Ist $c_i \neq 0$, so verwendet man die Transformation $\tilde{Y} = Y + c_i$ und $\tilde{f}_i(Y) = f_i(\tilde{Y})$. Das gibt eine analoge Zerlegung $(*)$, allerdings ist dann

$$\varphi_{i,j} = c_i + \dots, \quad \text{also} \quad \mathrm{ord}\,\varphi_{i,j} = 0\,.$$

Insgesamt sei

$$p := p_1 \cdot \dots \cdot p_r = \prod_{i,j}(Y - \varphi_{i,j})\,.$$

f und p haben mit Vielfachheit gezählt die gleichen Nullstellen in $\mathbb{C}[[X^*]]$ und sind beide normiert, also ist $f = p$. $\square$

Aus diesem Beweis und dem Korollar aus 7.10 ergibt sich noch der folgende in Anhang 4 benutzte

Zusatz. *Ist $f \in \mathbb{C}\langle X\rangle[Y]$ ein Weierstraßpolynom vom Grad k, so gibt es eine Zerlegung*

$$f = (Y - \varphi_1) \cdot \dots \cdot (Y - \varphi_k)$$

mit $\varphi_i \in \mathbb{C}[[X^*]]$ und $\mathrm{ord}\,\varphi_i > 0$ für $i = 1, \dots, k$. Falls f irreduzibel ist, haben alle φ_i die gleiche Ordnung.

8. Tangenten und Schnittmultiplizitäten von Kurvenkeimen

8.1. In 3.4 hatten wir Tangenten in einem Punkt einer ebenen algebraischen Kurve als Nullstellen des Initialpolynoms erklärt. Ist der Punkt glatt, so ist das Initialpolynom linear und es gibt genau eine Tangente. In einem singulären Punkt hat man mit Vielfachheit gezählt so viele Tangenten, wie die Ordnung der Kurve angibt. Mit den nun zur Verfügung stehenden Techniken kann man die geometrischen Eigenschaften dieser Tangenten verstehen und insbesondere den schon öfter benutzten Satz 3.6 beweisen. Dieser gilt entsprechend für Kurvenkeime.

Definition. Sei $f \in \mathbb{C}\langle X, Y \rangle$ mit $l = \operatorname{ord} f \geq 1$ und $f_{(l)}$ das Initialpolynom von f. Dann heißen die Geraden aus $V\left(f_{(l)}\right) \subset \mathbb{C}^2$ *Tangenten an den Kurvenkeim* $C = V(f)$.

Ist

$$f = f_1^{s_1} \cdot \ldots \cdot f_m^{s_m}$$

eine Zerlegung in irreduzible Komponenten, so gilt für die Initialpolynome

$$f_{(l)} = f_{1,(l_1)}^{s_1} \cdot \ldots \cdot f_{m,(l_m)}^{s_m} \cdot$$

Die Tangenten an C sind also Vereinigung der Tangenten an die Komponenten $C_j = V(f_j)$. Wir können bei gegebenem f die Koordinaten so wählen, daß X kein Teiler von f ist. Dann teilt X auch kein f_j, also können wir

$$f_j \in \mathbb{C}\langle X \rangle[Y]$$

als Weierstraßpolynom vom Grad $k_j \geq 1$ annehmen. Entscheidend ist nun der

Satz. *Ist* $f \in \mathbb{C}\langle X \rangle[Y]$ *irreduzibles Weierstraßpolynom vom Grad* k *und* $l := \operatorname{ord} f$, *so gibt es* $a, b \in \mathbb{C}$ *mit* $(a, b) \neq (0, 0)$ *derart, daß*

$$f_{(l)} = (aX + bY)^l \, .$$

Geometrisch bedeutet das, daß ein irreduzibler Keim $V(f)$ eine einzige Tangente mit der Vielfachheit l hat. Natürlich können mehrere Zweige die gleiche Tangente haben (Bild 3.4) und $f_{(l)}$ kann Potenz einer Linearform sein, ohne daß f irreduzibel ist (etwa $f = f_{(l)}$) !

Beweis. Wir verwenden die Puiseux-Parametrisierung

$$T \mapsto \left(T^k, \varphi(T)\right) \quad \text{mit } \varphi(T) = cT^r + \ldots, \ c \neq 0, \ r \geq 1 \, .$$

Nach Korollar 7.10 gilt

$$f(X,Y) \;=\; \left(Y - \varphi_1(X^{\frac{1}{k}})\right) \cdot \ldots \cdot \left(Y - \varphi_k(X^{\frac{1}{k}})\right), \text{ wobei}$$

$$\varphi_\nu(X^{\frac{1}{k}}) \;=\; \varphi(\zeta^\nu X^{\frac{1}{k}}) = c\zeta^{\nu r} X^{\frac{r}{k}} + \ldots$$

mit $\zeta = \exp\left(\frac{2\pi}{k}\right)$. Setzen wir

$$\tilde{f}(X,Y) := \prod_{\nu=1}^{k} \left(Y - c\zeta^{\nu r} X^{\frac{r}{k}}\right),$$

so ist offensichtlich $f_{(l)} = \tilde{f}_{(l)}$, also

$$f_{(l)} = \begin{cases} aX^r \text{ mit } a \in \mathbb{C}^* , & \text{also } l = r , \quad \text{falls } r < k , \\[2mm] (Y - cX)^r , & \text{also } l = k , \quad \text{falls } r = k , \\[2mm] Y^k , & \text{also } l = k , \quad \text{falls } r > k . \end{cases} \qquad \square$$

Im dritten Fall ist die Tangente waagerecht. In diesem Fall nennt man das Paar der kritischen Exponenten (k, r) mit $1 \leq k < r$ der Puiseux-Parametrisierung das *Puiseux-Paar* von f. In 8.3 werden wir sehen, wie es durch Schnittmultiplizitäten beschrieben werden kann. Zu den lokalen Invarianten aus 5.4 bestehen die Beziehungen

$$k = 1 + \alpha_1 , \quad r = 2 + \alpha_1 + \alpha_2 .$$

Übungsaufgabe. Für $f = X^r - Y^k$ mit $k \geq 1$ und $r \geq 2$ sind folgende Bedingungen äquivalent:

   a) f ist irreduzibel in $\mathbb{C}[X, Y]$,

   b) f ist irreduzibel in $\mathbb{C}[[X, Y]]$,

   c) k und r sind teilerfremd.

Ist das der Fall, so ist die Abbildung

$$\mathbb{C} \to V(f) \subset \mathbb{C}^2 , \quad t \mapsto (t^k, t^r) ,$$

bijektiv.

Hinweis. f und seine möglichen Faktoren sind quasihomogen im Sinne von 7.3 mit Gewichten k, r, und daher kommen als Faktoren von f höchstens Polynome der Gestalt $cX^\mu Y^\nu$ in Frage (vgl. [Ku]).

8.2. Nun beweisen wir als Verallgemeinerung des in 3.6 formulierten Satzes das **Korollar.** *Sei $f \in \mathbb{C}\langle X, Y \rangle$ konvergent im Dizylinder*

$$D = \left\{(x, y) \in \mathbb{C}^2 : |x| < \varrho, \; |y| < \sigma\right\}, \quad f(0,0) = 0, \quad und$$

$$C = \{(x, y) \in D : f(x, y) = 0\}$$

sei ein Repräsentant des Kurvenkeimes. Für eine Gerade L durch 0 in $\mathbb{C}^2$ sind folgende Bedingungen gleichwertig:

i) L ist Tangente an C in 0,

ii) L ist Grenzwert von Sekanten $0 \vee p_i$ mit $0 \neq p_i \in C$ und $\lim p_i = p$,

iii) L ist Grenzwert von Tangenten in glatten Punkten $0 \neq p_i \in C$ mit $\lim p_i = p$.

Beweis. Nach Satz 8.1 hat jeder Zweig genau eine Tangente. Es genügt also, die Aussage für ein irreduzibles Weierstraßpolynom f zu beweisen. Wir nehmen an, die Tangente sei durch $Y = 0$ beschrieben. Dann hat die Puiseux-Parametrisierung die Form

$$t \mapsto \Phi(t) = (t^k, ct^r + \ldots) \quad \text{mit } 1 \leq k < r, \; c \neq 0$$

(vgl. 8.1). Für p nahe bei 0 ist die Richtung der Sekante $0 \vee p$ gegeben durch

$$(t^k, ct^r + \ldots) = t^k(1, ct^{r-k} + \ldots)$$

mit kleinem $t \neq 0$. Für $t \to 0$ konvergiert diese Richtung gegen $(1,0)$, die Richtung der Tangente. Die Tangente im Punkt $\Phi(t)$ hat die Richtung

$$(kt^{k-1}, crt^{r-1} + \ldots) = t^{k-1}(k, crt^{r-k} + \ldots) \, .$$

Auch diese Tangenten konvergieren für $t \to 0$ gegen die Tangente $Y = 0$ im Ursprung. $\square$

8.3. Als weitere Anwendung der Puiseux-Sätze wollen wir nun eine Methode beschreiben, die sehr gut geeignet ist Schnittmultiplizitäten auszurechnen (das war schon im Beweis der Plückerformeln in 5.9 benutzt worden), und auch theoretische Eigenschaften zu begründen (etwa Theorem 3.5). Ziel der Überlegungen ist es, für zwei Kurvenkeime C und C' eine Zahl

$$\mathrm{mult}(C, C')$$

als *Schnittmultiplizität* zu erklären, so daß diese Funktion von zwei Argumenten möglichst viele gute Eigenschaften hat.

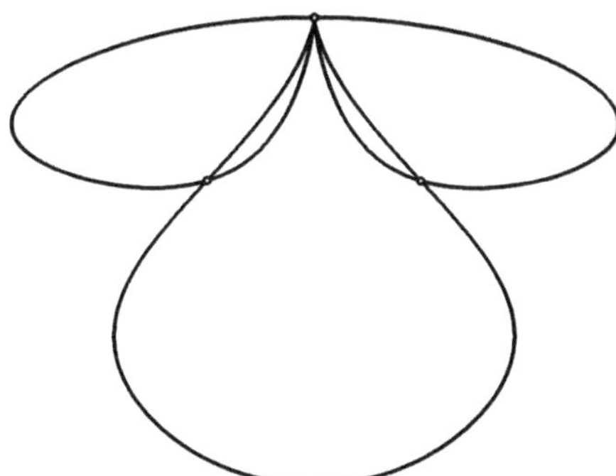

Bild 8.1.

Der Kniff dabei ist, die beiden Argumente C und C' in verschiedener Weise zu beschreiben: C durch eine Gleichung f und C' durch eine Parametrisierung. Dabei ist es zunächst wichtig, daß f minimal im Sinne von 6.14 gewählt ist.

In der *ersten Etappe* nehmen wir an, $C' = L$ sei eine Gerade. Sei also

$$C = V(f) \quad \text{mit } f \in \mathbb{C}\langle X, Y \rangle \quad \text{minimal, und}$$

$$T \mapsto (\lambda T, \mu T) \quad \text{mit } (\lambda, \mu) \neq (0, 0)$$

eine lineare Parametrisierung von L. Wir definieren

$$h(T) := f(\lambda T, \mu T) \quad \text{und} \quad \text{mult}(C, L) := \text{ord}\, h \,.$$

Das ist ganz analog der elementaren Methode aus 1.7 und 2.5. Zum besseren Verständnis der Schnittmultiplizität erläutern wir die Eigenschaften dieser Definition ausführlich.

1) $\text{mult}(C, L)$ *ist unabhängig von*

  a) *der Gleichung von* C,

  b) *der linearen Parametrisierung von* L,

  c) *von linearen Koordinatentransformationen in* $\mathbb{C}^2$.

Beweis. a) f ist minimal, also bis auf eine Einheit eindeutig bestimmt. Die Ordnung von h ist von der Einheit unabhängig.
b) Jede andere lineare Parametrisierung von L ist gegeben durch

$$T \mapsto (\varrho\lambda T, \varrho\mu T) \quad \text{mit } \varrho \in \mathbb{C}^* \,.$$

Solch ein ϱ verändert nicht die Ordnung von h.
c) Wir betrachten f und die Parametrisierung $\phi(t) = (\lambda t, \mu t)$ als Abbildungen

$$V \xrightarrow{\ \phi\ } D \xrightarrow{\ f\ } \mathbb{C} \,,$$

wobei $V \subset \mathbb{C}$ offen und $D \subset \mathbb{C}^2$ ein Dizylinder ist, auf dem f konvergiert. Dann ist $h = f \circ \phi$ holomorph und unabhängig von Koordinaten auf D. Also ist auch die Ordnung von h als Potenzreihe unabhängig von Koordinaten. $\square$

2) $\text{mult}(C, L)$ *ist „linear" in der ersten Komponente, d.h. ist*

$$C = C_1 \cup \ldots \cup C_r$$

die Zerlegung in irreduzible Komponenten, so ist

$$\text{mult}(C, L) = \text{mult}(C_1, L) + \ldots + \text{mult}(C_r, L) \,.$$

Beweis. Ist $C_i = V(f_i)$ und $h_i(T) := f_i(\lambda T, \mu T)$, so wird

$$h = h_1 \cdot \ldots \cdot h_r \,, \quad \text{also} \quad \text{ord}\, h = \text{ord}\, h_1 + \ldots + \text{ord}\, h_r \,.$$ $\square$

3) *Beschreibt man* L *für* $\lambda = 1$ *durch die Gleichung* $g(X, Y) = Y - \mu X$, *und ist* $f \in \mathbb{C}\langle X \rangle [Y]$, *so ist*

$$\text{mult}(C, L) = \text{ord} \, \text{Res}_{f,g} \,,$$

d.h. man kann die Schnittmultiplizität wie in 2.6 mit einer Resultante berechnen.

Beweis. Ist $f = a_0 Y^k + \ldots + a_k$, so wird

$$\text{Res}_{f,g} = \det \begin{pmatrix} a_0 & a_1 & a_2 & \cdots & a_{k-1} & a_k \\ 1 & -\mu X & & & & \\ & 1 & -\mu X & & & \\ & & \ddots & \ddots & & \\ & & & \ddots & \ddots & \\ & & & & 1 & -\mu X \end{pmatrix}$$

$$= (-1)^k \left(a_0(\mu X)^k + \ldots + a_k \right) = (-1)^k f(X, \mu X) = (-1)^k h(T) \,.$$

Dabei entwickelt man die Determinante am besten nach der ersten Zeile. □

4) *Ist f ein irreduzibles Weierstraßpolynom, und ist die Tangente T von $C = V(f)$ beschrieben durch $Y = 0$, so hat das Puiseux-Paar (k, r) aus 8.1 folgende Interpretation:*

$$\text{mult}(C, L) = \begin{cases} k, & \text{falls } L \neq T \,, \\ r, & \text{falls } L = T \,. \end{cases}$$

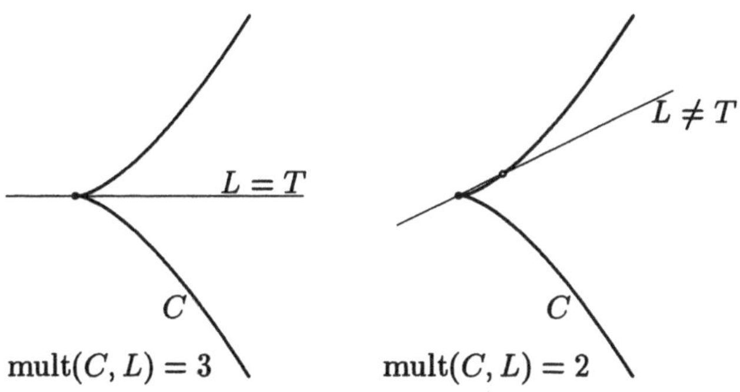

Bild 8.2.

Beweis. Sei $f = Y^k + a_1(X)Y^{k-1} + \ldots + a_k(X)$ und $f_{(k)} = Y^k$ (vgl. 8.1). Danach ist $\text{ord}\, a_k = r$, und wegen

$$h(T) = f(\lambda T, \mu T) = \mu^k T^k + \ldots + a_k(\lambda T) \quad \text{folgt}$$

$$\text{ord}\, h = \begin{cases} k & \text{für } \mu \neq 0 \,, \\ r & \text{für } \mu = 0 \,. \end{cases}$$

□

5) *Ist C irreduzibel, so kann man das Verfahren umdrehen und eine Puiseux-Parametrisierung von C in eine Gleichung von L einsetzen.*

Das geht so: Ist $\phi(t) = \left(t^k, \varphi(t)\right)$ mit $\varphi(t) = ct^r + \ldots$, $c \neq 0$, und $g(X, Y) = \mu X - \lambda Y$ Gleichung von L, so sei

$$\widetilde{h} := g\left(t^k, \varphi(t)\right) = \mu t^k - \lambda ct^r + \ldots \,.$$

Es folgt

$$\operatorname{ord}\widetilde{h} = \left\{ \begin{array}{ll} k & \text{für } \mu \neq 0\,, \\ r & \text{für } \mu = 0\,, \end{array} \right.$$

also ist $\operatorname{mult}(C, L) = \operatorname{ord}\widetilde{h}$.

6) *Wenn man bei festem C die Gerade L variiert, so wird im allgemeinen ein mehrfacher Schnittpunkt zu mehreren einfachen Schnittpunkten.*

Genauer bedeutet das folgendes: In der Situation von 4) sei $C = V(f)$ mit Tangente $Y = 0$ und Puiseux-Paar (k, r). Die Gerade L sei parametrisiert durch

$$T \mapsto (\lambda T + \varrho, \mu T) \quad \text{mit } (\lambda, \mu) \neq (0, 0)\,.$$

Wir betrachten nun

$$h(\lambda, \mu, \varrho, T) := f(\lambda T + \varrho, \mu T)$$

als Funktion von vier Variablen. Um den Vorbereitungssatz anwenden zu können, müssen die Variablen (λ, μ, ϱ) etwas eingeschränkt werden.

a) Wir setzen $\mu = 1$ und halten λ fest. Das bedeutet, daß eine von der Tangente verschiedene Gerade L_0 durch 0 parallel verschoben wird zu einer Geraden L_ϱ. Für

$$h(\varrho, T) := f(\lambda T + \varrho, T) \quad \text{gilt} \quad \operatorname{ord}_T h = k\,,$$

da f als Weierstraßpolynom vorausgesetzt war. Also gilt nach dem Vorbereitungssatz

$$h(\varrho, T) = \alpha(\varrho, T)\left(T^k + \beta_1(\varrho)T^{k-1} + \ldots + \beta_k(\varrho)\right)$$

mit einer Einheit α und $\beta_i \in \mathfrak{m}$. Geometrisch bedeutet das, daß der k-fache Schnittpunkt von C mit der Geraden L_0 für genügend allgemeines f und kleine $\varrho \neq 0$ in k einfache Schnittpunkte von C mit L_ϱ zerfällt.

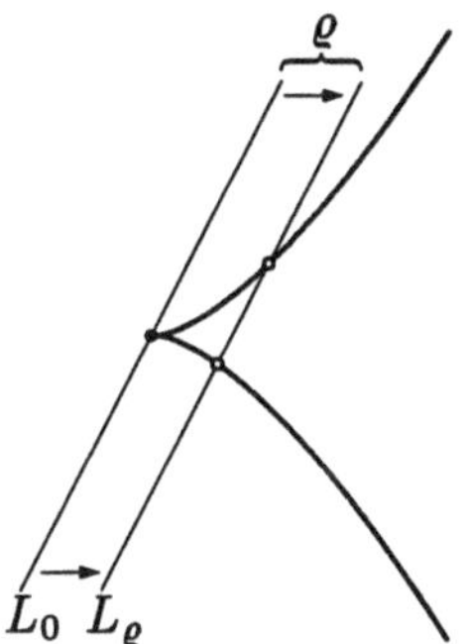

Bild 8.3. Verschiebung der Geraden

b) Nun wird die Tangente bewegt. Dazu setzen wir $\lambda = 1$. Für

$$h(\mu, \varrho, T) := f(T + \varrho, \mu T) \quad \text{gilt} \quad \mathrm{ord}_T h(0, 0, T) = r \, ,$$

also ist

$$h(\mu, \varrho, T) = \alpha(\mu, \varrho, T) \left(T^r + \beta_1(\mu, \varrho)T^{r-1} + \ldots + \beta_r(\mu, \varrho)\right) \, .$$

Das bedeutet, daß bei kleinen Bewegungen der Tangente der r-fache Schnittpunkt im allgemeinen in r einfache Schnittpunkte zerfällt.

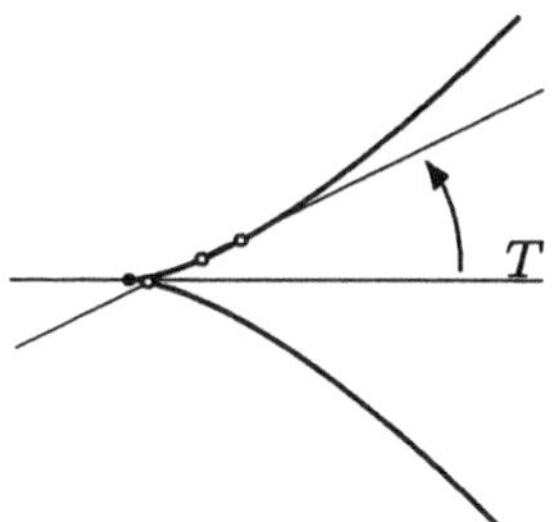

Bild 8.4. Bewegung der Tangente

8.4. Nachdem die Schnittmultiplizität

$$\mathrm{mult}(C, C')$$

für einen beliebigen Kurvenkeim C und eine Gerade C' definiert ist, wollen wir in der *zweiten Etappe* C' als irreduziblen Keim voraussetzen. Solch einen Keim kann man mit einer Puiseux-Reihe parametrisieren, und damit läßt sich die Schnittmultiplizität analog zu 8.3 erklären. Das erfordert eine technische Vorbereitung.

Definition. Gegeben seien ein irreduzibles $g \in \mathbb{C}\langle X, Y \rangle$, sowie $\varphi_1, \varphi_2 \in \mathbb{C}\langle T \rangle$. Das Paar $\Phi = (\varphi_1, \varphi_2)$ heißt *lokale Parametrisierung* des Keims $V(g)$, wenn es Nullumgebungen $V \subset \mathbb{C}$ und $U \subset \mathbb{C}^2$ gibt, so daß gilt:

1) φ_1, φ_2 sind in V und g ist in U konvergent,

2) $\Phi(V) \subset C = V(g) \subset U,$

3) $\Phi : V \to C$ ist bijektiv.

Satz. *Jeder irreduzible Kurvenkeim $V(g)$ gestattet eine lokale Parametrisierung, und je zwei lokale Parametrisierungen $\Phi = (\varphi_1, \varphi_2)$ und $\Psi = (\psi_1, \psi_2)$ desselben Keimes $V(g)$ sind äquivalent, d.h. es gibt eine Reihe $\beta \in \mathbb{C}\langle T\rangle$ mit $\operatorname{ord}\beta = 1$ und $\psi_i(\beta(T)) = \varphi_i(T)$ für $i = 1, 2$.*

Beweis. Nach dem Weierstraßschen Vorbereitungssatz können wir annehmen, daß g ein Weierstraßpolynom ist. Daher folgt die Existenz einer lokalen Parametrisierung sofort aus dem Puiseux-Theorem 7.8. Dabei können wir wegen Lemma 6.6

$$\varphi_1(T) = T^k \quad \text{mit } k = \operatorname{ord} g$$

annehmen. Sind $\varphi_i \in \mathbb{C}\langle T\rangle$ und $\psi_i \in \mathbb{C}\langle T\rangle$, so können wir nach Korollar 7.7

$$\varphi_1(T) = T^k \quad \text{und} \quad \psi_1(S) = S^l$$

annehmen, wegen Bedingung 3) folgt $k = l$. Nach Korollar 7.10 gibt es eine k-te Einheitswurzel ζ, so daß

$$\psi_2(\zeta T) = \varphi_2(T) \, .$$

Also genügt es, die Parametertransformation

$$S = \zeta T = \beta(T)$$

mit den Transformationen aus 6.6 und 7.7 zu koppeln. $\qquad\square$

Definition. Seien C und C' Kurvenkeime, $C = V(f)$ mit minimalem $f \in \mathbb{C}\langle X, Y\rangle$, und sei C' irreduzibel mit einer lokalen Parametrisierung $\Phi = (\varphi_1, \varphi_2)$. Dann ist die Schnittmultiplizität erklärt durch

$$\operatorname{mult}(C, C') := \operatorname{ord}_T f\left(\varphi_1(T), \varphi_2(T)\right) \, .$$

Bemerkung. *Diese Definition ist unabhängig von*

a) *linearen Koordinatentransformationen in $\mathbb{C}^2$,*

b) *der Gleichung f von C,*

c) *der lokalen Parametrisierung Φ von C'.*

Beweis. a) ist klar, da lineare Transformationen alle Ordnungen erhalten.
b) ist klar, da f bis auf eine Einheit in $\mathbb{C}\langle X, Y\rangle$ eindeutig ist.
c) folgt aus obigem Satz, da eine Parametertransformation β mit $\operatorname{ord}\beta = 1$ die Ordnungen erhält. $\qquad\square$

8.5. Nun können wir in der *dritten Etappe* die Schnittmultiplizität $\text{mult}(C, C')$ von zwei Kurvenkeimen durch lineare Ausdehnung auf beliebige Argumente C und C' verallgemeinern. Es ist oft nützlich und bereitet keine zusätzliche Mühe, dies gleich für Divisoren C und C' zu tun. Seien also $f, g \in \mathbb{C}\langle X, Y \rangle$ mit Primfaktorzerlegungen

$$f = f_1^{r_1} \cdot \ldots \cdot f_m^{r_m}, \quad g = g_1^{s_1} \cdot \ldots \cdot g_n^{s_n} .$$

Dann ist (im Sinne von Divisoren, vgl. 6.15)

$$C = V(f) = r_1 V(f_1) + \ldots + r_m V(f_m) ,$$

$$C' = V(g) = s_1 V(g_1) + \ldots + s_n V(g_n) .$$

Ist $C_i := V(f_i)$ und $C_j' := V(g_j)$, so definieren wir

$$\text{mult}(C, C') := \sum_{i,j=1}^{m,n} r_i s_j \, \text{mult}(C_i, C_j') .$$

Dabei ist $\text{mult}(C_i, C_j')$ wie in 8.4 erklärt. Da bei dieser Definition C_i durch eine Gleichung und C_j' durch eine Parametrisierung beschrieben werden, ist es keineswegs klar, daß die Schnittmultiplizität symmetrisch in den beiden Argumenten ist. Dies und noch viel mehr folgt aus dem fundamentalen (vgl. [Wa])

Lemma. *Sind $f, g \in \mathbb{C}\langle X \rangle[Y]$ Weierstraßpolynome mit Resultante $\text{Res}_{f,g} \in \mathbb{C}\langle X \rangle$, so ist*

$$\text{mult}\,(V(f), V(g)) = \text{ord}\,\text{Res}_{f,g} .$$

Beweis. Nach Definition der Multiplizität und den Eigenschaften der Resultante aus Anhang 1 können wir zur Vereinfachung annehmen, daß f und g irreduzibel sind. Sei $k = \deg f$, $l = \deg g$, $\zeta = \exp \frac{2\pi i}{k}$, $\xi = \exp \frac{2\pi i}{l}$, und seien

$$S \mapsto \left(S^k, \varphi(S) \right), \quad T \mapsto \left(T^l, \psi(T) \right)$$

Puiseux-Parametrisierungen von C und C' entsprechend 7.8. Nach 7.10 ist

$$f(X, Y) = \prod_{\kappa=1}^{k} \left(Y - \varphi(\zeta^\kappa X^{\frac{1}{k}}) \right) \quad \text{und} \quad g(X, Y) = \prod_{\lambda=1}^{l} \left(Y - \psi(\xi^\lambda X^{\frac{1}{l}}) \right) .$$

Sei

$$h(T) := f \left(T^l, \psi(T) \right) = a T^p + \ldots$$

mit $a \neq 0$, $p = \text{ord}_T h$. Dann ist für $\lambda = 1, \ldots, l$

$$h_\lambda(T) := f \left(T^l, \psi(\xi^\lambda T) \right) = a \xi^{p\lambda} T^p + \ldots .$$

Wegen

$$h_1(T) \cdot \ldots \cdot h_l(T) = b T^{pl} + \ldots = b X^p + \ldots \quad \text{mit } b \neq 0 \text{ ist}$$

$$\operatorname{ord}_T h = \operatorname{ord}_X (h_1 \cdot \ldots \cdot h_l) \ .$$

Aus diesen Gleichungen folgt mit Hilfe von A.1.4

$$
\begin{aligned}
\operatorname{mult}(V(f), V(g)) \ &= \ \operatorname{ord}_T h = \operatorname{ord}_X (h_1 \cdot \ldots \cdot h_l) \\
&= \ \operatorname{ord}_X \prod_{\lambda=1}^{l} f\left(X, \psi(\xi^\lambda T)\right) \\
&= \ \operatorname{ord}_X \prod_{\lambda=1}^{l} \prod_{\kappa=1}^{k} \left(\psi(\xi^\lambda X^{\frac{1}{l}}) - \varphi(\zeta^\kappa X^{\frac{1}{k}})\right) \\
&= \ \operatorname{ord}_X \operatorname{Res}_{f,g} \ .
\end{aligned}
$$
$\square$

Wegen $\operatorname{Res}_{g,f} = \pm \operatorname{Res}_{f,g}$ folgt das

Korollar. *Für Kurvenkeime C, C' gilt* $\operatorname{mult}(C, C') = \operatorname{mult}(C', C)$.

8.6. Mit der Methode aus 8.5 erhält man auch den wichtigen

Satz. *Für Kurvenkeime C, C' gilt*

$$\operatorname{mult}(C, C') \geq \operatorname{ord} C \cdot \operatorname{ord} C' \ .$$

Gleichheit gilt genau dann, wenn C und C' keine gemeinsame Tangente besitzen.

Beweis. Wir können wieder annehmen, daß C und C' irreduzibel sind, daß $C = V(f)$ und $C' = V(g)$ mit Weierstraßpolynomen f, g, und daß die Koordinaten nach 6.7 so gewählt sind, daß

$$\operatorname{ord} C = \deg f =: k \quad \text{und} \quad \operatorname{ord} C' = \deg g =: l \ .$$

Weiter können wir voraussetzen, daß C und C' die Gerade $Y = 0$ nicht zur Tangente haben. Entsprechend 8.1 haben die Puiseux-Parametrisierungen unter diesen Voraussetzungen die Form

$$S \mapsto \left(S^k, \varphi(S)\right) \quad \text{mit } \varphi(S) = aS^k + \ldots, \ a \neq 0 \quad \text{und}$$

$$T \mapsto \left(T^l, \psi(T)\right) \quad \text{mit } \psi(T) = bT^l + \ldots, \ b \neq 0 \ .$$

Die Tangentengleichungen sind dann $Y = aX$ und $Y = bX$. Es folgt

$$\prod_{\lambda=1}^{l} \prod_{\kappa=1}^{k} \left(\psi(\xi^\lambda X^{\frac{1}{l}}) - \varphi(\zeta^\kappa X^{\frac{1}{k}})\right) = (b-a)^{kl} X^{kl} + \ldots \ ,$$

also

$$\operatorname{mult}(C, C') = kl \quad \text{für } a \neq b, \quad \text{und} \quad \operatorname{mult}(C, C') > kl \quad \text{für } a = b \ . \qquad \square$$

8.7. Nun endlich stehen alle Hilfsmittel bereit, um die in 2.7 definierte Schnittmultiplizität von algebraischen Kurven mit der in diesem Kapitel eingeführten Schnittmultiplizität von Keimen zu vergleichen.

Seien dazu $C = V(F)$, $C' = V(G) \subset \mathbb{P}_2(\mathbb{C})$ zwei algebraische Kurven und $p \in C \cap C'$. Mit Hilfe einer Resultante war in 2.7 die Schnittmultiplizität von C und C' in p

$$\mathrm{mult}_p(C \cap C')$$

eingeführt worden. Andererseits kann man die Keime C_p und C'_p von C und C' in p betrachten. Die in diesem Kapitel beschriebene Schnittmultiplizität sei mit

$$\mathrm{mult}(C_p \cap C'_p)$$

bezeichnet. Wie zu hoffen war, hat man ([Wa], IV §5) das

Theorem. *Mit den Bezeichnungen und Voraussetzungen von oben gilt*

$$\mathrm{mult}_p(C \cap C') = \mathrm{mult}(C_p \cap C'_p) \,.$$

Beweis. Zunächst müssen wir daran erinnern, welche speziellen Koordinaten in 2.7 gewählt waren. Wegen $(0\!:\!0\!:\!1) \notin C \cup C'$ konnte man

$$F = X_2^m + A_1 X_2^{m-1} + \ldots + A_m\,, \quad G = X_2^n + B_1 X_2^{n-1} + \ldots + B_n$$

$$\text{mit } A_i\,, B_j \in \mathbb{C}[X_0, X_1]\,, \quad \deg A_i = i\,, \ \deg B_j = j$$

wählen. Mit $R \in \mathbb{C}[X_0, X_1]$ sei die Resultante von F und G bezeichnet, nach Satz A.1.3 ist sie homogen vom Grad $m \cdot n$. Weiter können wir annehmen, daß kein Schnittpunkt von C und C' auf der Gerade $X_0 = 0$ liegt. Daher ist $R(0, 1) \neq 0$, also hat

$$R'(X_1) := R(1, X_1) \in \mathbb{C}[X_1]$$

den Grad $m \cdot n$, und R' ist die Resultante von

$$f(X_1) = F(1, X_1) \quad \text{und} \quad g(X_1) = G(1, X_1)\,.$$

Da alle Schnittpunkte von C und C' im affinen $\mathbb{C}^2 \subset \mathbb{P}_2(\mathbb{C})$ enthalten sind, können wir

$$C = V(f)\,, \quad C' = V(g) \subset \mathbb{C}^2$$

voraussetzen. Dabei ist

$$f = X_2^m + a_1 X_2^{m-1} + \ldots + a_m\,, \quad g = X_2^n + b_1 X_2^{n-1} + \ldots + b_n$$

$$\text{mit } a_i, b_j \in \mathbb{C}[X_1]\,.$$

Schließlich war in 2.7 vorausgesetzt worden, daß jede Gerade $X_1 = x_1$ höchstens einen Schnittpunkt von C und C' enthält. Tritt für x_1 ein Schnittpunkt p auf, so war

$$\text{mult}_p(C \cap C') = \text{ord}_{x_1} R'(X_1)$$

definiert. Zur Vereinfachung der Bezeichnungen wählen wir $p = (0,0)$, also $x_1 = 0$ und wir setzen $X_1 = X$, $X_2 = Y$. Wie in 7.12 betrachten wir

$$\begin{aligned}
f_0 &= f(0,Y) = Y^k (Y - c_2)^{k_2} \cdot \ldots \cdot (Y - c_r)^{k_r}, \\
g_0 &= g(0,Y) = Y^l (Y - d_2)^{l_2} \cdot \ldots \cdot (Y - d_s)^{l_s},
\end{aligned}$$

mit $k, l \geq 1$, und $c_2, \ldots, c_r, d_2, \ldots, d_s$ paarweise und von 0 verschieden. Wie dort bewiesen wurde, gibt es

$$\varphi_1, \ldots, \varphi_m, \psi_1, \ldots, \psi_n \in \mathbb{C}[[X^*]]$$

mit

$$f = (Y - \varphi_1) \cdot \ldots \cdot (Y - \varphi_m), \quad g = (Y - \psi_1) \cdot \ldots \cdot (Y - \psi_n),$$

und

$$\text{ord}\, \varphi_i, \ \text{ord}\, \psi_j > 0 \quad \text{für } i = 1, \ldots, k, \quad j = 1, \ldots, l,$$

$$\text{ord}\, \varphi_i, \ \text{ord}\, \psi_j = 0 \quad \text{für } i = k+1, \ldots, m, \quad j = l+1, \ldots, n.$$

Nun zu den Resultanten. Nach Anhang 1.4 ist

$$R' = \prod_{i=1}^{m} \prod_{j=1}^{n} (\varphi_i - \psi_j) \in \mathbb{C}[X]. \tag{$*$}$$

Die Keime von C und C' in 0 sind gegeben durch

$$\begin{aligned}
\widetilde{f} &= (Y - \varphi_1) \cdot \ldots \cdot (Y - \varphi_k) \in \mathbb{C}\langle X \rangle [Y] \quad \text{und} \\
\widetilde{g} &= (Y - \psi_1) \cdot \ldots \cdot (Y - \psi_l) \in \mathbb{C}\langle X \rangle [Y].
\end{aligned}$$

Bezeichnet $\widetilde{R} \in \mathbb{C}\langle X \rangle$ die Resultante von $\widetilde{f}$ und $\widetilde{g}$, so ist wieder nach Anhang 1.4

$$\widetilde{R} = \prod_{i=1}^{k} \prod_{j=1}^{l} (\varphi_i - \psi_j) \in \mathbb{C}\langle X \rangle. \tag{$**$}$$

Die zu beweisende Gleichheit der Multiplizitäten bedeutet wegen Lemma 8.5

$$\text{ord}_0 R' = \text{ord}\, \widetilde{R}.$$

Wegen $(*)$ und $(**)$ ist $\widetilde{R}$ ein Teiler von R' in $\mathbb{C}[[X^*]]$, also $R' = S \cdot \widetilde{R}$, und es genügt

$$\text{ord}\, S = 0$$

zu zeigen. Die Faktoren von S sind von der Gestalt

$$(\varphi_i - \psi_j) \quad \text{mit } i > k \text{ oder } j > l.$$

Die möglichen Anfangsterme von φ_i für $i > k$ sind $c_2, \ldots, c_r$, für ψ_j mit $j > l$ sind es $d_2, \ldots, d_s$. Daher hat jede solche Differenz einen von 0 verschiedenen Anfangsterm, also ist

$$\operatorname{ord}(\varphi_i - \psi_j) = 0$$

für jeden solchen Faktor von S. $\qquad\square$

Mit dem Beweis dieses Theorems sind nachträglich die Berechnungen der Schnittmultiplizitäten im Beweis der Plückerformeln aus 5.9 gerechtfertigt. Aber nicht nur das; der Satz von Bézout erhält dadurch eine tiefere Bedeutung. Er ist eine Art von *lokal-global Prinzip*: Die lokalen Invarianten, die Schnittmultiplizitäten, summieren sich zu einer Zahl, die global vorgegeben ist, dem Produkt der Grade.

9. Die Riemannsche Fläche zu einer algebraischen Kurve

Für manche Kurven $C \subset \mathbb{P}_2(\mathbb{C})$ war es gelungen, eine *rationale Parametrisierung* anzugeben, d.h. eine Abbildung

$$\varphi : \mathbb{P}_1(\mathbb{C}) \to C,$$

die außerhalb der Singularitäten von C bijektiv ist. In diesem letzten Kapitel wollen wir zeigen, daß es stets eine solche Art von Parametrisierung gibt, wenn man anstelle von $\mathbb{P}_1(\mathbb{C})$ eine beliebige kompakte Riemannsche Fläche S zuläßt. Dieses S ist durch C bis auf Biholomorphie eindeutig bestimmt, man kann es als *Singularitätenauflösung* von C bezeichnen. Damit kann man viele Eigenschaften ebener Kurven besser verstehen, etwa die Abschätzung der Anzahl singulärer Punkte in 3.8 oder die Dualität in 5.3. Insbesondere die Plückerformeln erscheinen dabei in einem klareren Licht und allgemeinerem Zusammenhang.

9.1. Zunächst wird kurz das zusammengestellt, was über Riemannsche Flächen benötigt wird. Für Einzelheiten und Beweise muß auf die Literatur verwiesen werden (etwa auf [Fo2]).

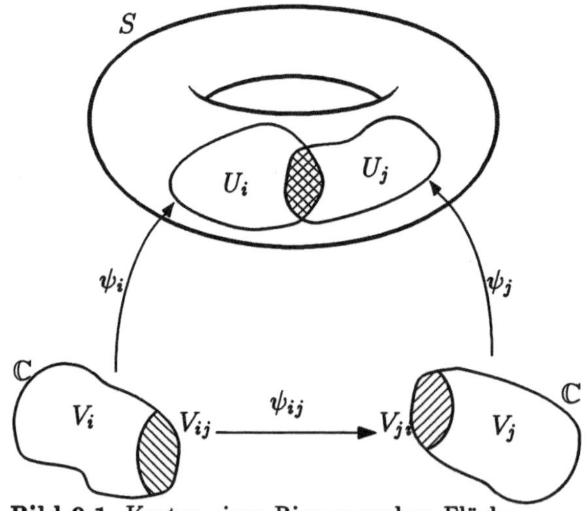

Bild 9.1. Karten einer Riemannschen Fläche

Definition. Unter einer *Riemannschen Fläche* versteht man einen zusammenhängenden hausdorffschen topologischen Raum S zusammen mit einem *komplexen Atlas*

$$(\psi_i : V_i \to U_i)_{i \in I},$$

d.h. für alle $i \in I$ sind die Mengen $V_i \subset \mathbb{C}$, $U_i \subset S$ offen und die Abbildungen ψ_i (die *Karten*) Homöomorphismen, und für alle $i, j \in I$ sind die *Übergangsfunktionen*

$$\psi_{ij} : V_{ij} = \psi_i^{-1}\left(U_i \cap U_j\right) \to V_{ji} = \psi_j^{-1}\left(U_i \cap U_j\right)$$

biholomorph.

Eine Abbildung

$$\varphi : S \to T$$

zwischen Riemannschen Flächen heißt *holomorph*, wenn sie in den Karten betrachtet durch holomorphe Funktionen beschrieben ist.

Eine Riemannsche Fläche S ist eine komplex eindimensionale, also reell zweidimensionale Mannigfaltigkeit. Mit Hilfe der Cauchy-Riemannschen Differentialgleichungen sieht man, daß die reelle Jacobi-Matrix der ψ_{ij} positive Determinante hat. Daher ist S als reelle Fläche orientierbar.

Aus der Topologie weiß man, daß jede kompakte orientierbare *Fläche* (d.h. zweidimensionale topologische Mannigfaltigkeit) homöomorph zu einer Kugel mit g Henkeln ist. Die Zahl $g \in \mathbb{N}$ nennt man das *Geschlecht* der Fläche (vgl. [M]).

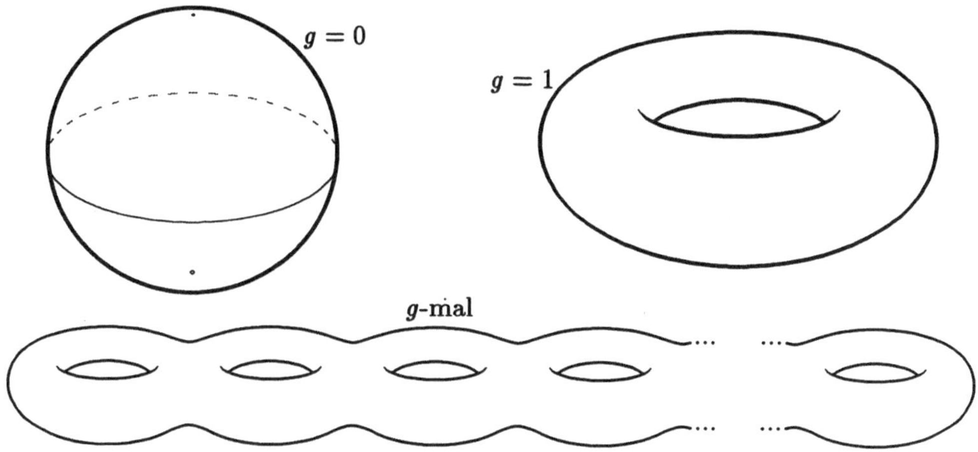

Bild 9.2. Flächen vom Geschlecht g

9.2. Es ist nicht schwer zu zeigen, daß man für jedes $g \in \mathbb{N}$ auf einer Kugel mit g Henkeln einen komplexen Atlas angeben kann. Zur Erholung von der vielen Algebra soll das Verfahren hier skizziert werden.

Für $g = 0$ ist $S = \mathbb{P}_1(\mathbb{C})$ die Riemannsche Zahlenkugel mit zwei Karten, wobei

$$U_0 = \mathbb{P}_1(\mathbb{C}) \smallsetminus (0{:}1), \quad U_1 = \mathbb{P}_1(\mathbb{C}) \smallsetminus (1{:}0).$$

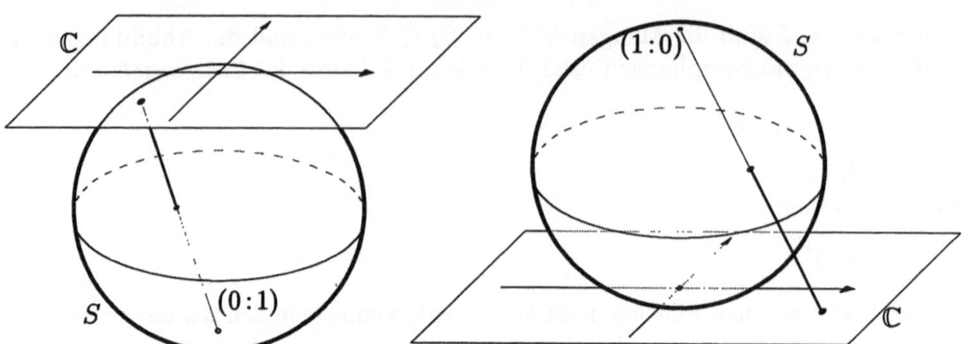

Bild 9.3. Die Riemannsche Zahlenkugel und ihre zwei Karten

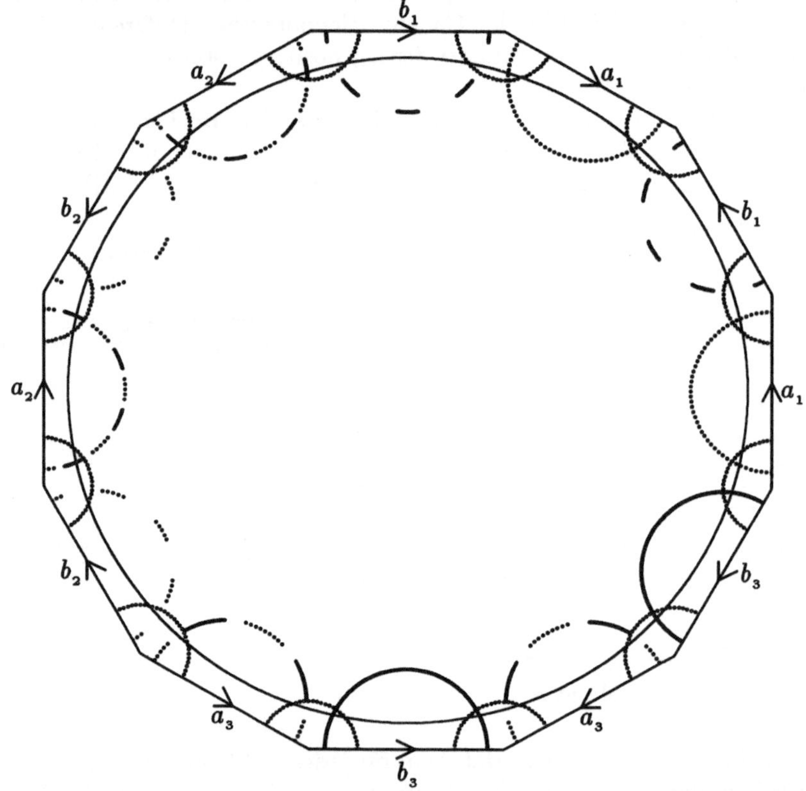

Bild 9.4. Fundamentalpolygon einer Riemannschen Fläche vom Geschlecht $g = 3$

Für $g \geq 1$ starte man mit einem regelmäßigen $4g$-Eck $P \subset \mathbb{R}^2 = \mathbb{C}$ mit Kanten

$$a_1, b_1, a_1', b_1', \ldots, a_g, b_g, a_g', b_g',$$

die in der folgenden Weise angeordnet und orientiert sind: Identifiziert man auf dem Rand von P die entsprechend Bild 9.4 orientierten Kanten a_i mit a_i' und b_i mit b_i', so erhält man eine Fläche S vom Geschlecht g. Alle Ecken von P werden zu einem

Punkt $o \in S$, die Kanten a_i und b_i zu geschlossenen Wegen α_i und β_i von o aus. Der Weg

$$\alpha_1\beta_1\alpha_1^{-1}\beta_1^{-1}\cdot\ldots\cdot\alpha_g\beta_g\alpha_g^{-1}\beta_g^{-1} \quad \text{in } S$$

ist nullhomotop, denn er entspricht dem Rand von P und läßt sich über das Innere von P zusammenziehen. Nun seien

$$U_0, U_1, \ldots, U_g, U_{g+1}, \ldots, U_{2g}, U_{2g+1}$$

die offenen Teilmengen, die durch ihre Urbilder $\widetilde{U}_i$ in P erklärt sind. Dabei ist o nur in U_0 enthalten, U_i trifft nur α_i, U_{g+i} trifft nur β_i und U_{2g+1} trifft keinen der Wege. Dementsprechend gilt in P:

$\widetilde{U}_{2g+1}$ ist zusammenhängend,

$\widetilde{U}_i$ hat für $i = 1, \ldots, 2g$ zwei Zusammenhangskomponenten,

$\widetilde{U}_0$ zerfällt in $4g$ Zusammenhangskomponenten.

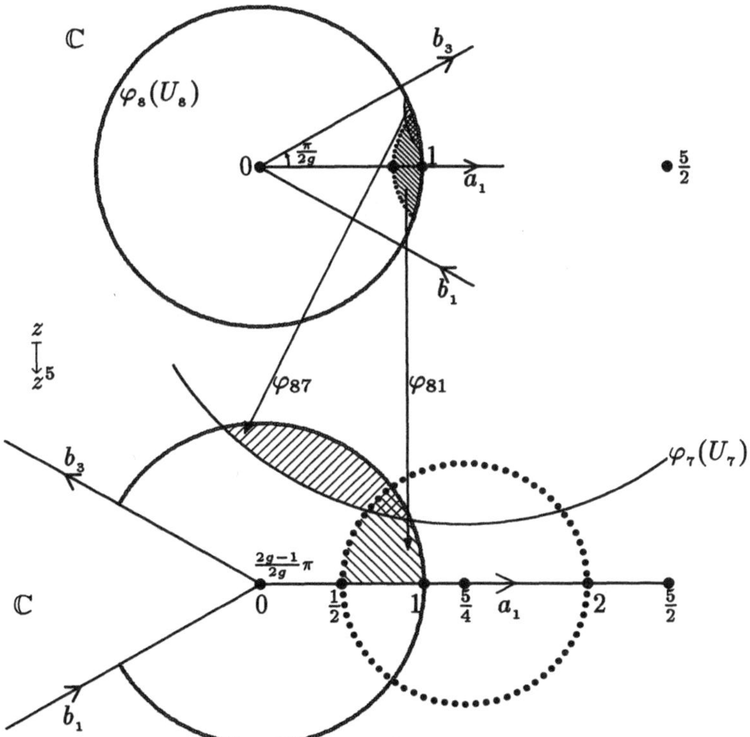

Bild 9.5. Übergangsfunktionen einer Riemannschen Fläche vom Geschlecht $g = 3$

Nun zur Konstruktion der Karten

$$\psi_i : V_i \to U_i \, .$$

Für $i = 2g + 1$ kann man $V_{2g+1} = \widetilde{U}_{2g+1}$ und als ψ_{2g+1} die Einschränkung der kanonischen Abbildung $P \to S$ wählen. Für $i = 1, \ldots, 2g$ wählt man die V_i als Kreisscheiben. Bildet man zwei Hälften auf die beiden Komponenten von $\widetilde{U}_i$ ab, so erhält man ψ_i. Für $i = 0$ teilt man eine Kreisscheibe von passendem Radius in $4g$ gleiche Segmente. Diese haben den Öffnungswinkel $\varphi = \pi/2g$, die Komponenten von $\widetilde{U}_0$ haben den Öffnungswinkel $(2g - 1)\varphi$, also kann man ψ_0 aus Translationen und $(2g - 1)$-ten Potenzen zusammensetzen. Die dabei entstehenden Übergangsfunktionen sind biholomorph. Damit ist gezeigt:

Satz. *Für jedes $g \in \mathbb{N}$ kann man eine kompakte orientierbare Fläche vom Geschlecht g zu einer Riemannschen Fläche machen.*

Die komplexe Struktur ist nur für $g = 0$ eindeutig (vgl. [Fo2], 16.13). Für $g = 1$ hat die Menge der *komplexen Strukturen* (d.h. der biholomorphen Äquivalenzklassen von Atlanten) einen komplexen Parameter, für $g \geq 2$ sind es $3g - 3$ komplexe Parameter. Den Raum dieser Parameter nennt man *Teichmüller-Raum*. Mit obiger Konstruktion erklärt man nur (oder immerhin) einen Punkt in diesem Raum.

9.3. Riemannsche Flächen haben die komplexe Dimension eins; ganz analog kann man n-dimensionale komplexe Mannigfaltigkeiten erklären. Für $n = 2$ konstruieren wir zu $\mathbb{P}_2(\mathbb{C})$ einen aus drei Karten bestehenden Atlas. Dazu sei für $i = 0, 1, 2$

$$U_i := \{(x_0 : x_1 : x_2) \in \mathbb{P}_2(\mathbb{C}) : x_i \neq 0\}$$

und $V_i = \mathbb{C}^2$. Für $i = 0$ ist die Karte ψ_0 gegeben durch

$$\psi_0 : \mathbb{C}^2 \to U_0 \, , \quad (y_1, y_2) \mapsto (1 : y_1 : y_2) \, ,$$

analog für $i = 1, 2$. Der Leser möge zur Übung nachprüfen, daß die entstehenden Übergangsfunktionen ψ_{ij} biholomorph sind.

Damit ist klar, wann für eine Riemannsche Fläche S eine Abbildung

$$\varphi : S \to \mathbb{P}_2(\mathbb{C})$$

holomorph ist: man prüft das in den lokalen Karten nach. Ist $C \subset \mathbb{P}_2(\mathbb{C})$ eine algebraische Kurve, so heißt eine Abbildung

$$\varphi : S \to C$$

holomorph, wenn sie als Abbildung in den $\mathbb{P}_2(\mathbb{C})$ holomorph ist. Nach diesen Vorbereitungen kommen wir zur Formulierung von folgendem

Theorem. *Zu jeder irreduziblen algebraischen Kurve $C \subset \mathbb{P}_2(\mathbb{C})$ gibt es eine kompakte Riemannsche Fläche S und eine holomorphe Abbildung*

$$\varphi : S \to C$$

mit folgenden Eigenschaften:

i) *Ist $C' := C \setminus \operatorname{Sing} C$ der glatte Teil von C und $S' := \varphi^{-1}(C') \subset S$, so ist*

$$\varphi' := \varphi | S' : S' \to C'$$

biholomorph.

ii) *Für jedes $p \in C$ gibt es eine bijektive Abbildung*

$$\varphi^{-1}(p) \to \{Zweige\ von\ C\ in\ p\}.$$

Insbesondere ist $\varphi^{-1}(p)$ für jedes p endlich.

Eine Riemannsche Fläche S mit den Eigenschaften *i)* und *ii)* ist bis auf biholomorphe Äquivalenz eindeutig bestimmt. Man nennt $\varphi : S \to C$ *Singularitätenauflösung* von C.

Folgerung. Für jede irreduzible Kurve $C \subset \mathbb{P}_2(\mathbb{C})$ kann man das *Geschlecht*

$$g(C) := \text{Geschlecht von } S$$

definieren. C heißt *rational*, wenn $g(C) = 0$.

Bemerkung. Das Theorem ergibt zu jeder ebenen Kurve eine Riemannsche Fläche. Umgekehrt kann man jede kompakte Riemannsche Fläche S als Folgerung aus dem Satz von Riemann-Roch als glatte algebraische Kurve $S \subset \mathbb{P}_3(\mathbb{C})$ realisieren. Wenn man einen geeigneten Punkt $z \in \mathbb{P}_3(\mathbb{C}) \setminus S$ als Zentrum wählt, erhält man eine Projektion

$$\pi : \mathbb{P}_3(\mathbb{C}) \setminus z \to \mathbb{P}_2(\mathbb{C})$$

derart, daß

$$\varphi | S : S \to C := \pi(S)$$

fast überall biholomorph ist (vgl. [H], Ch. IV). *Jede kompakte Riemannsche Fläche S entsteht also als Desingularisierung einer ebenen algebraischen Kurve C.* Die Projektion kann sogar so gewählt werden, daß C eine Plückerkurve ist und als Singularitäten höchstens einfache Doppelpunkte hat (vgl. 5.7).

9.4. Zum *Beweis von Theorem 9.3* konstruieren wir zunächst eine Riemannsche Fläche S. Dies geschieht durch Verkleben einer großen Zahl von offenen Mengen $V \subset \mathbb{C}$.

Ist $p \in C'$, so gibt es nach dem Satz über implizite Funktionen (6.9) eine offene Menge $V_p \subset \mathbb{C}$, eine Umgebung $p \in W_p \subset \mathbb{P}_2$ und eine biholomorphe Abbildung

$$\psi_p : V_p \to C \cap W_p \subset C'.$$

Zu jedem $q \in \operatorname{Sing} C$ wähle man eine Umgebung $q \in W_q \subset \mathbb{P}_2$, so daß diese Umgebungen W_q paarweise disjunkt sind und derart, daß

$$C \cap W_q = C_{q,1} \cup \ldots \cup C_{q,k_q} \,,$$

wobei die $C_{q,i}$ Repräsentanten der Zweige von C in q sind (vgl. 6.14). Insbesondere sei

$$C_{q,i} \cap C_{q,j} = q \quad \text{für } i \neq j \,.$$

Weiter sei W_q so klein gewählt, daß es für jedes i eine Puiseux-Parametrisierung

$$\psi_{q,i} : V_{q,i} \to C_{q,i}$$

gibt, wobei $V_{q,i} \subset \mathbb{C}$ offen ist. Nun bilden wir die *disjunkte* Vereinigung all der oben erhaltenen offenen Mengen in $\mathbb{C}$:

$$M := \bigcup_{p \in C'} V_p \cup \bigcup_{q \in \operatorname{Sing} C} V_{q,1} \cup \ldots \cup V_{q,k_q} \,.$$

Die Abbildungen ψ_p und $\psi_{q,i}$ zusammen ergeben eine holomorphe Abbildung

$$\psi : M \to C \,.$$

Nun wird in M folgendermaßen verklebt: für $p, p' \in C'$ und $q \in \operatorname{Sing} C$ gilt

$$v \in V_p \text{ und } v' \in V_{p'} \text{ sind äquivalent} \Leftrightarrow \psi_p(v) = \psi_{p'}(v') \in C' \,,$$

$$v \in V_p \text{ und } v' \in V_{q,i} \text{ sind äquivalent} \Leftrightarrow \psi_p(v) = \psi_{q,i}(v') \in C' \,.$$

Zwischen den Mengen $V_{q,i}$ und $V_{q,j}$ wird nichts verklebt. Mit S bezeichnen wir den Quotienten von M nach der dadurch gegebenen Äquivalenzrelation, versehen mit der Quotiententopologie. Die Abbildung ψ induziert eine Abbildung

$$\varphi : S \to C \,.$$

Es ist zu zeigen, daß sie all die im Theorem angegebenen Eigenschaften hat.

a) $\varphi' : S' \to C'$ *ist bijektiv*: Das folgt aus der Konstruktion.

b) *S ist ein Hausdorff-Raum*: Das erfordert einige Fallunterscheidungen und sei dem Leser überlassen.

c) *S ist kompakt*: Sei

$$S = \bigcup_{i \in I} U_i \quad \text{mit } U_i \subset S \text{ offen.}$$

Wir benutzen die Kompaktheit von C, aber etwas Arbeit entsteht dadurch, daß die Mengen $\varphi(U_i) \subset C$ nicht offen sein müssen. Die Ausnahmemenge $A := \varphi^{-1}(\operatorname{Sing} C) \subset S$ ist endlich, also kompakt. Wir definieren

$$I_0 := \{ i \in I : U_i \cap A \neq \emptyset \}, \quad I_1 := I \smallsetminus I_0 \,.$$

Wegen

$$A \subset \bigcup_{i \in I_0} U_i$$

gibt es eine endliche Teilmenge $J_0 \subset I_0$, so daß

$$A \subset \bigcup_{i \in J_0} U_i =: U \,.$$

Wegen der Endlichkeit von A ist $\varphi(U)$ offen. Wir definieren $U_i' := U_i \smallsetminus A$ für $i \in I_0 \smallsetminus J_0$. Das ergibt die offene Überdeckung

$$C = \varphi(U) \cup \bigcup_{i \in I_0 \smallsetminus J_0} \varphi(U_i') \cup \bigcup_{i \in I_1} \varphi(U_i) \,.$$

Da C kompakt ist, gibt es endliche Teilmengen $I_0' \subset I_0 \smallsetminus J_0$ und $J_1 \subset I_1$, so daß

$$C = \varphi(U) \cup \bigcup_{i \in I_0'} \varphi(U_i') \cup \bigcup_{i \in J_1} \varphi(U_i) \,.$$

Also ist mit $I^* := J_0 \cup I_0' \cup J_1 \subset I$

$$S = \bigcup_{i \in I^*} U_i \,.$$

d) S *ist zusammenhängend*: Hier wird benutzt, daß C irreduzibel ist. Allgemeiner kann man zeigen, daß jeder irreduziblen Komponente von C eine Zusammenhangskomponente von S entspricht.

Sei also $C = V(F)$ mit einem homogenen irreduziblen Polynom $F \in \mathbb{C}[X_0, X_1, X_2]$ vom Grad $n \geq 1$. Wir können annehmen, daß $q := (0\!:\!0\!:\!1) \notin C$; dann ist bis auf einen Faktor in $\mathbb{C}^*$

$$F = X_2^n + A_1 X_2^{n-1} + \ldots + A_n \quad \text{mit } A_i \in \mathbb{C}[X_0, X_1], \ \deg A_i = i \,.$$

Wir betrachten die Abbildungen

$$S \xrightarrow{\varphi} C \xrightarrow{\pi} \mathbb{P}_1(\mathbb{C}) \,,$$

wobei π die Projektion mit Zentrum q bezeichnet. Sei $\Delta_F \in \mathbb{C}[X_0, X_1]$ die Diskriminante von F (vgl. A.1.2). Nach Satz A.1.3 ist Δ_F homogen, also können wir die Ausnahmemenge

$$B := V(\Delta_F) \subset \mathbb{P}_1(\mathbb{C})$$

erklären. Da F irreduzibel ist, ist $\Delta_F \neq 0$, also ist B endlich. Sei

$$C^* := C \smallsetminus \pi^{-1}(B), \quad \pi^* := \pi|C^* : C^* \to \mathbb{P}_1(\mathbb{C}) \smallsetminus B \,.$$

Es ist nun einfach zu sehen, daß $C^* \subset C'$ und daß π^* eine Überlagerung der Blätterzahl n ist (vgl. 7.9). Angenommen, es gibt eine Zusammenhangskomponente $T \subset S$ mit $\emptyset \neq T \neq S$. Da die Ausnahmemenge

$$\widetilde{B} := \varphi^{-1}(\pi^{-1}(B)) \subset S$$

endlich ist, ist $T^* := T \smallsetminus \widetilde{B}$ zusammenhängend, also ist

$$D := \varphi(T^*) \subset C^*$$

zusammenhängend. Nach Bemerkung 2 aus A.2.1 ist

$$\eta := \pi|D : D \to \mathbb{P}_1(\mathbb{C}) \smallsetminus B$$

wieder eine Überlagerung. Sei m die Blätterzahl von η. Da φ' bijektiv ist, folgt $0 < m < n$.

Nun wird gezeigt, daß F einen Faktor G vom Grad m haben muß. Um die Konstruktion von G plausibel zu machen, wird zunächst das gegebene F etwas umgeformt. Wir betrachten die beiden Einbettungen

$$\iota : \mathbb{C} \times \mathbb{C} \to \mathbb{P}_2(\mathbb{C}), \quad (y_1, y_2) \mapsto (1 : y_1 : y_2), \quad \text{und}$$

$$\widetilde{\iota} : \mathbb{C} \times \mathbb{C} \to \mathbb{P}_2(\mathbb{C}), \quad (z_0, z_2) \mapsto (z_0 : 1 : z_2).$$

Dem entsprechen die Transformationen

$$Y_1 = \frac{X_1}{X_0}, \quad Y_2 = \frac{X_2}{X_0} \quad \text{und} \quad Z_0 = \frac{X_0}{X_1}, \quad Z_2 = \frac{X_2}{X_1}.$$

Aus F erhält man die Polynome

$$f(Y_1, Y_2) \quad := \quad F(1, Y_1, Y_2) = \sum_{i=0}^{n} a_i Y_2^{n-i} \quad \text{und}$$

$$\widetilde{f}(Z_0, Z_2) \quad := \quad F(Z_0, 1, Z_2) = \sum_{i=0}^{n} \widetilde{a}_i Z_2^{n-i}, \quad \text{wobei}$$

$$a_i \in \mathbb{C}[Y_1], \quad \widetilde{a}_i \in \mathbb{C}[Z_0], \quad \deg a_i, \deg \widetilde{a}_i \leq i \quad \text{und}$$

$$X_0^i a_i \left(\frac{X_1}{X_0} \right) = X_1^i \widetilde{a}_i \left(\frac{X_0}{X_1} \right) = A_i(X_0, X_1). \qquad (*)$$

Für die affinen Teile von C gilt

$$C_0 := \iota^{-1}(C) = V(f) \quad \text{und} \quad \widetilde{C}_0 := \widetilde{\iota}^{-1}(C) = V(\widetilde{f}).$$

Die Projektion π mit Zentrum q ist in den affinen Koordinaten gegeben durch

$$\begin{array}{ccccc} \iota^{-1}(C^*) & = & C_0^* & \subset \mathbb{C} \times \mathbb{C}, & (y_1, y_2) \\ & & \downarrow \pi_0^* & \downarrow & \downarrow \\ & & \mathbb{C} \smallsetminus B_0 & \subset \quad \mathbb{C}, & y_1. \end{array}$$

Dabei ist B_0 der affine Teil der Ausnahmemenge B. Die Abbildung π_0^* ist als Einschränkung von π^* wieder eine Überlagerung. Daher gibt es für jeden Punkt $p \in \mathbb{C} \smallsetminus B_0$ eine Umgebung W und beschränkte holomorphe Funktionen $\psi_i \in \mathcal{O}(W)$, so daß

$$f(Y_1, Y_2) = \prod_{i=1}^{n} (Y_2 - \psi_i(Y_1)) \quad \text{auf } W \times \mathbb{C}.$$

Die Koeffizienten von f sind die elementarsymmetrischen Funktionen, also

$$a_i = s_i(\psi_1, \ldots, \psi_n) \quad \text{auf } W.$$

Analog erhält man in den Z-Koordinaten

$$\tilde{f}(Z_0, Z_2) = \prod_{i=1}^{n} \left(Z_2 - \tilde{\psi}_i(Z_0) \right), \quad \tilde{a}_i = s_i(\tilde{\psi}_1, \ldots, \tilde{\psi}_n).$$

Indem wir diese Rechnung umkehren, erhalten wir nun aus der Zusammenhangs-komponente $D \subset C^*$ einen Faktor G von F. Dazu sei für ein $p \in \mathbb{C} \setminus B_0$ die Numerierung der ψ_i so gewählt, daß

$$(x, \psi_i(x)) \in D \quad \text{für } i = 1, \ldots, m \quad \text{und } x \in W.$$

Dann definieren wir

$$g(Y_1, Y_2) := \prod_{i=1}^{m} (Y_2 - \psi_i(Y_1)) \quad \text{auf } W \times \mathbb{C}.$$

Die Koeffizienten von g sind gegeben durch die elementarsymmetrischen Funktionen $t_1, \ldots, t_m$ von m Veränderlichen:

$$g = Y_2^m + b_1(Y_1)Y_2^{m-1} + \ldots + b_m(Y_1), \quad b_j = t_j(\psi_1, \ldots, \psi_m).$$

Wegen der Symmetrie der t_j erhält man auf diese Weise Funktionen b_j, die auf $\mathbb{C} \setminus B_0$ holomorph sind. Wegen $q \notin C$ bleiben die ψ_i in B_0 beschränkt, also kann man die b_j holomorph auf $\mathbb{C}$ fortsetzen.

Wir behaupten, daß die b_j sogar Polynome sind. Dazu nutzen wir aus, daß man analog wie oben mit den Z-Koordinaten ein

$$\tilde{g}(Z_0, Z_2) = Z_2^m + \tilde{b}_1(Z_0)Z_2^{m-1} + \ldots + \tilde{b}_m(Z_0)$$

mit holomorphen $\tilde{b}_j$ erhält. Nach Konstruktion gilt analog $(*)$

$$X_0^j b_j \left(\frac{X_1}{X_0} \right) = X_1^j \tilde{b}_j \left(\frac{X_0}{X_1} \right). \tag{$**$}$$

Das bedeutet, daß die ganzen Funktionen b_j im Punkt ∞ mit $X_0 = 0$ höchstens einen Pol der Ordnung j haben, also sind sie Polynome vom Grad $\leq j$. Daher ist

$$B_j(X_0, X_1) := X_0^j b_j \left(\frac{X_1}{X_0} \right) \in \mathbb{C}[X_0, X_1]$$

homogen vom Grad j, und nach Konstruktion ist

$$G := X_2^m + B_1 X_2^{m-1} + \ldots + B_m$$

ein echter Teiler von F, was der Irreduzibilität von F widerspricht. Damit ist die Aussage d) bewiesen.

Der Rest des Beweises ist Routinearbeit und sei dem Leser zur Übung empfohlen. Zum Nachweis der Eindeutigkeit von S benutze man den Riemannschen Fortsetzungssatz für holomorphe Funktionen. $\qquad\square$

9.5. Die eben mit etwas Mühe bewiesene Tatsache, daß S zusammenhängend ist, hat eine wichtige

Folgerung. *Jede irreduzible algebraische Kurve $C' \subset \mathbb{C}^2$ ist zusammenhängend.*

Beweis. Sei $C \subset \mathbb{P}_2(\mathbb{C})$ der projektive Abschluß und

$$\varphi : S \to C$$

eine Singularitätenauflösung. Da $C \smallsetminus C'$ endlich ist, ist $\varphi^{-1}(C \smallsetminus C')$ endlich, also $S' := \varphi^{-1}(C')$ zusammenhängend. Aus $C' = \varphi(S')$ folgt die Behauptung. $\qquad\square$

Übungsaufgabe. Jede algebraische Kurve $C \subset \mathbb{P}_2(\mathbb{C})$ ist zusammenhängend.

9.6. In Kapitel 5 hatten wir in den Plückerformeln eine Reihe von Invarianten einer algebraischen Kurve zueinander in Beziehung gesetzt. Durch die Singularitätenauflösung ist eine neue Invariante aufgetaucht: das *Geschlecht*. In den folgenden Abschnitten wird untersucht, wie es sich zu den anderen Invarianten verhält, insbesondere wie es sich aus dem Grad und Invarianten der Singularitäten berechnen läßt. Dazu benötigen wir einige wohlbekannte Tatsachen aus die Theorie der Riemannschen Flächen, an die zunächst erinnert wird.

Gegeben seien kompakte Riemannsche Flächen S, T und eine nicht-konstante holomorphe Abbildung

$$\chi : S \to T .$$

Zu jedem Punkt $p \in S$ gibt es eine natürliche Zahl $k \geq 1$ und lokale Koordinaten s um p und t um $\chi(p)$, so daß χ beschrieben ist durch

$$s \mapsto t = s^k .$$

Man nennt $\operatorname{ord}_p(\chi) := k$ die *Ordnung* von χ in p und

$$v_p(\chi) := \operatorname{ord}_p(\chi) - 1$$

die *Verzweigungsordnung von χ in p.*

Offensichtlich ist χ genau dann biholomorph in einer Umgebung von p, wenn $v_p(\chi) = 0$. Der Punkt $p \in S$ heißt *Verzweigungspunkt*, wenn

$$v_p(\chi) \geq 1 .$$

Das Bild $M \subset T$ aller Verzweigungspunkte von χ in S ist endlich, und bezeichnet

$$T' := T \smallsetminus M , \quad S' := S \smallsetminus \chi^{-1}(M) , \quad \text{so ist}$$

$$\chi' := \chi|S' : S' \to T'$$

eine Überlagerungsabbildung im Sinne von Anhang 2. Sie hat eine wohldefinierte Blätterzahl, die wir als *Blätterzahl* $\eta(\chi)$ *von* χ bezeichnen. Man beachte dabei, daß χ selbst keine Überlagerungsabbildung zu sein braucht (manchmal verwendet man dafür die Bezeichnung *verzweigte Überlagerung*, aber die Terminologie ist sehr uneinheitlich). All dies ist einfach zu beweisen (vgl. etwa [Fo2]). Wesentlich mehr Mühe erfordert der Beweis der

Formel von Riemann-Hurwitz. *Sei* $\chi : S \to T$ *eine nicht-konstante holomorphe Abbildung zwischen kompakten Riemannschen Flächen. Zwischen den Zahlen*

$$
\begin{aligned}
g(S) &:= \text{Geschlecht von } S, \\
g(T) &:= \text{Geschlecht von } T, \\
n(\chi) &:= \text{Blätterzahl von } \chi, \\
v(\chi) &:= \sum_{p \in S} v_p(\chi) = \text{Verzweigungsordnung von } \chi
\end{aligned}
$$

besteht die Beziehung

$$v(\chi) = 2\,(g(S) - 1) - 2n(\chi)\,(g(T) - 1)\,.$$

Insbesondere ist für $T = \mathbb{P}_1(\mathbb{C})$

$$g(S) = \tfrac{1}{2}v(\chi) - n(\chi) + 1\,.$$

Verschiedenartige Beweise dieser Formel findet man bei [Fo2] und [Ki].

9.7. Die Formel von Riemann-Hurwitz kann man zur Berechnung des Geschlechts einer irreduziblen algebraischen Kurve $C \subset \mathbb{P}_2(\mathbb{C})$ benutzen. Dazu verwenden wir die Abbildungen

$$S \xrightarrow{\varphi} C \xrightarrow{\pi} \mathbb{P}_1(\mathbb{C})\,,$$

wobei φ die Singularitätenauflösung aus 9.3 und π eine Projektion mit einem Zentrum z außerhalb C ist. Dann ist

$$\chi := \pi \circ \varphi : S \to \mathbb{P}_1(\mathbb{C})$$

eine verzweigte Überlagerung der Blätterzahl $n = \deg C$. Es bleibt die Verzweigungsordnung v von χ zu berechnen. Das ist besonders einfach, wenn C glatt ist.

Lemma. *Ist* $C \subset \mathbb{P}_2(\mathbb{C})$ *irreduzibel und glatt vom Grad* n, *so gilt für die Verzweigungsordnung*

$$v = n(n - 1)\,,$$

falls das Zentrum z *der Projektion* π *genügend allgemein gewählt ist.*

Aus der Formel von Riemann-Hurwitz für $T = \mathbb{P}_1$ folgt sofort die

Geschlechtsformel. *Eine glatte irreduzible Kurve $C \subset \mathbb{P}_2(\mathbb{C})$ vom Grad n hat das Geschlecht*

$$g = \tfrac{1}{2}(n-1)(n-2).$$

Beweis des Lemmas. Für eine glatte Kurve kann man $S = C$ annehmen, also ist die Verzweigungsordnung der Projektion π zu bestimmen. Sei $z = (0{:}0{:}1)$ das Zentrum von π. Wir setzen $z \notin C$ voraus, also ist π gegeben durch

$$C \to \mathbb{P}_1(\mathbb{C}), \quad p = (p_0{:}p_1{:}p_2) \mapsto q = (p_0{:}p_1).$$

Der geometrische Hintergrund des Lemmas ist folgender: p ist Verzweigungspunkt von π genau dann, wenn die Projektionsgerade $z \vee q$ Tangente in p ist. Liegt z auf keiner Doppeltangente oder Wendetangente, so gibt es von z aus an C genau $n^* = n(n-1)$ einfache Tangenten (vgl. 5.7). Einfache Tangente bedeutet $v_p(\pi) = 1$, das ergibt die Behauptung.

Wer das zu kurz findet, muß etwas Rechnung über sich ergehen lassen. Ein Minimalpolynom von C schreiben wir in der Form

$$F = X_2^n + A_1 X_2^{n-1} + \ldots + A_n \quad \text{mit } A_i \in \mathbb{C}[X_0, X_1].$$

Die Diskriminante $\Delta \in \mathbb{C}[X_0, X_1]$ hat nach Anhang 1.3 den Grad $n(n-1)$. Wir wählen die Koordinaten so, daß

$$(0{:}1) \notin M := V(\Delta) \subset \mathbb{P}_1(\mathbb{C}).$$

Setzen wir $C' := C \smallsetminus \pi^{-1}(M)$, so ist die Beschränkung

$$\pi' : C' \to \mathbb{P}_1(\mathbb{C}) \smallsetminus M$$

eine unverzweigte Überlagerung. Alle Verzweigungen kann man daher im affinen Teil

$$\mathbb{C} \times \mathbb{C} \to \mathbb{P}_2(\mathbb{C}), \quad (y_1, y_2) \mapsto (1{:}y_1{:}y_2),$$

untersuchen. Ist $f(Y_1, Y_2) = F(1, Y_1, Y_2)$ und $C_0 = V(f) \subset \mathbb{C} \times \mathbb{C}$, so ist

$$\pi_0 = \pi|C_0 : C_0 \to \mathbb{C} \quad \text{gegeben durch} \quad (y_1, y_2) \mapsto y_1.$$

Um die Abbildung π in $p \in C_0$ zu beschreiben, setzen wir zur Vereinfachung der Bezeichnungen $p = (0, 0)$ voraus. Wir behaupten nun

$$\operatorname{ord}_p(\pi) = \operatorname{ord} f(0, Y_2). \tag{$*$}$$

Das folgt aus dem Weierstraßschen Vorbereitungssatz (6.7) und einer Puiseux-Parametrisierung (7.8): Ist $k := \operatorname{ord} f(0, Y_2)$, so kann man f in einer Umgebung von p durch ein irreduzibles Weierstraßploynom vom Grad k ersetzen (C ist glatt, also lokal irreduzibel) und C durch

$$s \mapsto \left(s^k, \varphi(s)\right)$$

parametrisieren. Schaltet man π dahinter, ergibt sich die Abbildung $t = s^k$, was (∗) beweist. Die Zahl k hat noch eine weitere Bedeutung: es gilt

$$k = \mathrm{mult}_p(C \cap L_q)\,,$$

wobei $L_q := z \vee q$ den „Projektionsstrahl" durch p bezeichnet. Ist das Zentrum z außerhalb der Doppel- und Wendetangenten von C gewählt, so gilt $k \leq 2$. Also besteht die Ausnahmemenge M aus genau $n(n-1)$ Punkten, und über jedem liegt ein Verzweigungspunkt der Ordnung 1. $\qquad\square$

9.8. Die Methode aus 9.7 kann man auch für eine singuläre Kurve anwenden, die Berechnung der Verzweigungsordnung $v(\chi)$ ist dann allerdings schwieriger. Wir behandeln zunächst den Spezialfall einer *Plückerkurve* (vgl. 5.7) und benutzen die Klassenformel

$$n^* = n(n-1) - 2d - 3s\,.$$

Die Koordinaten seien so gewählt, daß das Projektionszentrum $z = (0:0:1)$ nicht auf einer der Tangenten in den Doppelpunkten oder Spitzen liegt und daß durch z die Tangenten an glatte Punkte $p_1, \ldots, p_{n^*} \in C$ gehen. Für $x \in S$ berechnen wir $v_x(\chi)$.

a) $\varphi(x) \notin \mathrm{Sing}\, C \cup \{p_1, \ldots, p_{n^*}\}$. Dann sieht man wie in 9.7, daß $v_x(\chi) = 0$.

b) $\varphi(x) \in \{p_1, \ldots, p_{n^*}\}$. Wieder wie in 9.7 ergibt sich $v_x(\chi) = 1$.

c) $\varphi(x)$ sei einfache Spitze. Da der Projektionsstrahl $L = z \vee \varphi(x)$ von der Spitzentangente verschieden ist, erhält man

$$\mathrm{mult}_{\varphi(x)}(C \cap L) = 2\,, \quad \text{also} \quad v_x(\chi) = 1\,.$$

d) $\varphi(x)$ sei einfacher Doppelpunkt. Der zu x gehörende Zweig von C in $\varphi(x)$ schneidet den Projektionsstrahl transversal, also ist $v_x(\chi) = 0$. Insgesamt erhält man

$$v(\chi) = n^* + s = n(n-1) - 2(d+s)\,.$$

Setzt man das in die Formel von Riemann-Hurwitz ein, erhält man die

Geschlechtsformel von Clebsch. *Eine Plückerkurve vom Grad n in $\mathbb{P}_2(\mathbb{C})$ mit $d + s$ Singularitäten hat das Geschlecht*

$$g = \tfrac{1}{2}(n-1)(n-2) - (d+s)\,.$$

Ist $\varphi : S \to C$ die Desingularisierung von C, so wurde daraus in 5.3 eine Parametrisierung

$$\varphi^* : S \to C^*$$

derselben Kurve konstruiert, und es ist einfach zu sehen, daß φ^* ebenfalls eine Desingularisierung ist. Also haben C und C^* dasselbe Geschlecht, und mit den Bezeichnungen aus 5.7 folgt die

Duale Geschlechtsformel. *Eine Plückerkurve hat das Geschlecht*

$$g = \tfrac{1}{2}(n^* - 1)(n^* - 2) - (d^* + s^*)\,.$$

Übungsaufgabe. Für das Geschlecht einer irreduziblen Kurve $C \subset \mathbb{P}_2(\mathbb{C})$ vom Grad n gilt

$$g \le \tfrac{1}{2}(n - 1)(n - 2)\,.$$

9.9. Die Formel von Clebsch kann man so interpretieren, daß zur Berechnung des Geschlechts einer Kurve gewöhnliche Doppelpunkte und Spitzen mit dem Gewicht 1 abzuziehen sind. Für allgemeinere Singularitäten muß man eventuell höhere Gewichte verwenden.

Für einen Punkt $p \in C$ haben wir in 3.3 die Ordnung

$$k_p := \mathrm{ord}_p(C) \ge 1$$

erklärt. p ist genau dann singulär, wenn $k_p \ge 2$, und für einfache Doppelpunkte oder Spitzen ist $k_p = 2$. In Anhang 5 werden wir eine feinere Invariante $c_p \in \mathbb{N}$ mit folgenden Eigenschaften beschreiben:

1) $c_p \ge k_p(k_p - 1)$,

2) c_p ist eine gerade Zahl,

3) a) $c_p = 0 \Leftrightarrow p$ glatt,
   b) $c_p = 2$, falls p einfacher Doppelpunkt oder einfache Spitze.

Damit kann man beweisen (A.5.4):

Geschlechtsformel von Max Noether. *Eine irreduzible algebraische Kurve $C \subset$ $\mathbb{P}_2(\mathbb{C})$ vom Grad n hat das Geschlecht*

$$g = \tfrac{1}{2}\left((n - 1)(n - 2) - \sum\nolimits_{p \in C} c_p\right)\,.$$

Für Plückerkurven ist das die Formel von Clebsch.

Korollar. *Ist $\sum_{p \in C} k_p(k_p - 1) = (n - 1)(n - 2)$, so ist C rational.*

Ein einfacher Spezialfall davon war schon in Bemerkung 3.3 bewiesen worden.

Anhang 1.

Die Resultante

A.1.1. In der algebraischen Geometrie muß man oft entscheiden, ob zwei Polynome eine gemeinsame Nullstelle haben. Mit Hilfe der *Resultante* kann man das an den Koeffizienten ablesen, ohne die Nullstellen zu bestimmen. Das klingt zunächst wie Hexenkunst.

Ist A ein Ring (kommutativ mit 1) und sind

$$f = a_0 X^m + \ldots + a_m, \quad g = b_0 X^n + \ldots + b_n \in A[X],$$

so ist die *Resultante von f und g* erklärt als

$$R_{f,g} = \det \left.\left.\begin{pmatrix} a_0 & & \cdots & \cdots & & a_m & & & \\ & \ddots & & & & & \ddots & & \\ & & a_0 & & \cdots & \cdots & & a_m & \\ b_0 & \cdots & \cdots & b_n & & & & & \\ & & & & & & & & \\ & \ddots & & & & \ddots & & & \\ & & & b_0 & \cdots & \cdots & & b_n & \end{pmatrix}\right\} \begin{matrix} n \text{ Zeilen} \\ \\ \\ m \text{ Zeilen} \end{matrix}\right.$$

Nach Definition ist $R_{f,g} \in A$. Die Bedeutung der Resultante sieht man an dem

Satz. *Sei A faktoriell und seien $f, g \in A[X]$ wie oben mit $a_0 \neq 0$ und $b_0 \neq 0$. Dann sind folgende Bedingungen äquivalent:*

i) f und g haben in $A[X]$ einen gemeinsamen Faktor vom Grad ≥ 1,

ii) $R_{f,g} = 0$ in A.

Der Grad ist dabei immer in Bezug auf X gemeint, auch wenn A selbst ein Polynomring ist. Erster Schritt zum Beweis ist das

Lemma. *Ist A ein Integritätsring, so sind folgende Bedingungen äquivalent:*

i) Es gibt $\varphi, \psi \in A[X]$ mit $(\varphi, \psi) \neq (0,0)$, $\deg \varphi < \deg f$, $\deg \psi < \deg g$ und

$$\psi f + \varphi g = 0,$$

ii) $R_{f,g} = 0$ *in* A.

Beweis des Lemmas. Man darf im Quotientenkörper K von A rechnen, da die Koeffizienten von φ und ψ mit dem Hauptnenner durchmultipliziert werden können. Im Vektorraum V der Polynome vom Grad $< m+n$ aus $K[X]$ betrachten wir Elemente

$$X^{n-1}f, \ldots, Xf, f, X^{m-1}g, \ldots, Xg, g. \tag{$*$}$$

Die Zeilen der Resultantenmatrix sind die Komponenten dieser Vektoren bezüglich der Basis $X^{m+n-1}, \ldots, X, 1$ von V. Also bedeutet $R_{f,g} = 0$, daß die Vektoren $(*)$ linear abhängig sind, d.h. daß es eine nichttriviale Relation

$$\mu_0 X^{n-1}f + \mu_1 X^{n-2}f + \ldots + \mu_{n-1}f + \lambda_0 X^{m-1}g + \lambda_1 X^{m-2}g + \ldots + \lambda_{m-1}g$$

$$= \psi f + \varphi g = 0$$

gibt. $\square$

Zum *Beweis des Satzes* benötigen wir, daß A faktoriell ist. Unter dieser Voraussetzung sind äquivalent:

   i) f und g haben einen gemeinsamen Faktor vom Grad ≥ 1 in $A[X]$,

   ii) es gibt φ, ψ wie oben mit $\psi f + \varphi g = 0$.

i) $\Rightarrow$ *ii)*. Ist h solch ein gemeinsamer Faktor, so ist $f = f_1 h$ und $g = g_1 h$ mit $f, g \in A[X]$, und wir können $\varphi := f_1$, $\psi := -g_1$ setzen.

ii) $\Rightarrow$ *i)*. Wir zerlegen die Polynome aus $f\psi = -g\varphi$ in Primfaktoren

$$f_1 \cdot \ldots \cdot f_r \cdot \psi_1 \cdot \ldots \cdot \psi_k = -g_1 \cdot \ldots \cdot g_s \cdot \varphi_1 \cdot \ldots \cdot \varphi_l,$$

wobei auch Faktoren vom Grad 0 in X auftreten können. Bis auf Einheiten müssen die $g_1, \ldots, g_s$ auch links vorkommen. Wegen $\deg \psi < \deg g$ ist mindestens ein g_σ vom Grad ≥ 1 Primfaktor von f. $\square$

Über $\mathbb{C}$ sind Primfaktoren linear. Also gilt das

Korollar. *Für* $f, g \in \mathbb{C}[X]$ *mit* $\deg f$, $\deg g \geq 1$ *sind äquivalent:*

   i) f *und* g *haben eine gemeinsame Nullstelle,*

   ii) $R_{f,g} = 0$.

A.1.2. Ein wichtiger Spezialfall der Resultante ist die Diskriminante, die man erhält, indem man für g die formale Ableitung von f nimmt: Ist

$$f = a_n X^n + \ldots + a_1 X + a_0, \quad f' := n a_n X^{n-1} + \ldots + a_1 \in A[X],$$

so heißt $D_f := R_{f,f'} \in A$ die *Diskriminante* von f. Sie ist die Determinante einer $(2n-1)$-reihigen Matrix. Ist $n \cdot a_n \neq 0$ in A, so kann man Satz A.1.1 anwenden, und es folgt das

Korollar 1. *Sei A faktoriell von der Charakteristik 0 und $f \in A[X]$ mit $\deg f \geq 1$. Dann gilt: f hat einen mehrfachen Primfaktor in $A[X]$ genau dann, wenn $D_f = 0$ in A.*

Beweis. Nach Satz A.1.1 ist $D_f = 0$ gleichbedeutend mit

$$f = h \cdot \tilde{f} \quad \text{und} \quad f' = h \cdot g \quad \text{für ein irreduzibles } h.$$

Aus $f' = h\tilde{f}' + h'\tilde{f} = h \cdot g$ und $\deg h' < \deg h$ folgt, daß h ein Teiler von $\tilde{f}$, also h^2 ein Teiler von f ist. Die Umkehrung ist trivial. $\square$

Korollar 2. *Für ein $f \in \mathbb{C}[X]$ sind folgende Bedingungen äquivalent:*

i) f *hat in $\mathbb{C}$ eine mehrfache Nullstelle,*

ii) $D_f = 0$.

Für niedrige Grade n kann man die Diskriminante explizit berechnen:

$n = 1$, $f = a_0 X + a_1$, $D_f = a_0$.

$n = 2$, $f = a_0 X^2 + a_1 X + a_2$, $D_f = a_0(4a_0 a_2 - a_1^2)$.

$n = 3$, $f = a_0 X^3 + a_1 X^2 + a_2 X + a_3$,

$$D_f = a_0(27a_0^2 a_3^2 - 18a_0 a_1 a_2 a_3 + 4a_0 a_2^3 + 4a_1^3 a_3 - a_1^2 a_2^2),$$

oder in der „reduzierten Form"

$$f = X^3 + a_2 X + a_3, \quad D_f = 4a_2^3 + 27a_3^2.$$

Wie man leicht sieht, ist D_f ein homogenes Polynom vom Grad $2n - 1$ in den Koeffizienten von f.

A.1.3. Zum Beispiel beim Beweis des Satzes von BÉZOUT benötigt man eine zusätzliche Information über die Resultante von homogenen Polynomen bezüglich einer ausgezeichneten Variablen.

Satz. *Sei K ein Körper, $A = K[Y_1, \ldots, Y_r]$, $f, g \in A[X]$,*

$$f = a_0 X^m + a_1 X^{m-1} + \ldots + a_m, \quad g = b_0 X^n + b_1 X^{n-1} + \ldots + b_n$$

mit $a_0, b_0 \neq 0$, a_μ und b_ν seien homogen vom Grad μ und ν. Dann ist $R_{f,g} \in A$ homogen vom Grad $m \cdot n$ oder $R_{f,g} = 0$.

Beweis (nach [Wa]). Wir benutzen die bekannte Tatsache, daß ein Polynom $a \in K[Y_1, \ldots, Y_r]$ genau dann homogen vom Grad d ist, wenn

$$a(TY_1, \ldots, TY_r) = T^d a(Y_1, \ldots, Y_r) \quad \text{in } K[Y_1, \ldots, Y_r, T].$$

Berechnet man $R_{f,g}(TY_1, \ldots, TY_r)$, so werden die Einträge der Resultante mit folgenden Potenzen von T multipliziert:

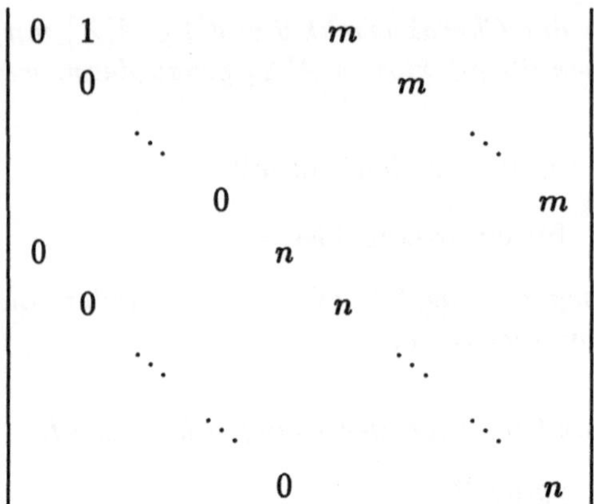

Multipliziert man die Zeilen mit den angegebenen Potenzen von T, so erhält man

Dies kann man aber auch erreichen, indem man die i-te Spalte von $R_{f,g}$ mit T^i multipliziert. Also gilt mit $p = (1+\ldots+n)+(1+\ldots+m)$ und $q = (1+\ldots+(m+n))$

$$T^p R_{f,g}(TY) = T^q R_{f,g}(Y)\,,$$

und die Behauptung folgt aus $q - p = m \cdot n$. $\qquad\qquad\qquad\qquad\qquad\square$

A.1.4. Die zunächst sehr geheimnisvoll erscheinende Fähigkeit der Resultante, gemeinsame Faktoren von Polynomen zu erkennen ohne sie zu bestimmen, wird offensichtlich, wenn es gelingt, durch eine Erweiterung des Koeffizientenringes die gegebenen Polynome in Linearfaktoren zu zerlegen. Das wird in Kapitel 8 entscheidend benutzt.

Satz. *Sei A ein Integritätsring und seien*

$$f = (X - c_1) \cdot \ldots \cdot (X - c_m)\,, \quad g = (X - d_1) \cdot \ldots \cdot (X - d_n)$$

mit $c_1, \ldots, c_m, d_1, \ldots, d_n \in A$. Dann gilt

$$R_{f,g} = \prod_{i=1}^{m} \prod_{j=1}^{n} (c_i - d_j) = g(c_1) \cdot \ldots \cdot g(c_m) \,.$$

Insbesondere ist

$$R_{g,f} = f(d_1) \cdot \ldots \cdot f(d_n) = (-1)^{mn} R_{f,g} \,.$$

Korollar. *Für normierte Polynome $f_1, f_2, g \in A[X]$ gilt*

$$R_{f_1 \cdot f_2, g} = R_{f_1, g} \cdot R_{f_2, g} \quad in \; A \,.$$

Beweis des Korollars. Im gemeinsamen Zerfällungskörper von f_1, f_2, g über dem Quotientenkörper von A wende man den Satz an. $\qquad\Box$

Beweis des Satzes. Im Ring $\mathbb{Z}[Y_1, \ldots, Y_m, Z_1, \ldots, Z_n, X]$ betrachten wir die Polynome

$$F := (X - Y_1) \cdot \ldots \cdot (X - Y_m) = X^m + F_1 X^{m-1} + \ldots + F_m \quad \text{und}$$

$$G := (X - Z_1) \cdot \ldots \cdot (X - Z_n) = X^n + G_1 X^{n-1} + \ldots + G_n \,.$$

Dabei sind F_μ bzw. G_ν die elementarsymmetrischen Polynome von $Y_1, \ldots, Y_m$ bzw. $Z_1, \ldots, Z_n$; sie sind homogen vom Grad μ bzw. ν. Wir definieren

$$R := \mathrm{Res}_{F,G}, \quad S := \prod_{i,j} (Y_i - Z_j) \,.$$

Diese beiden Polynome in $\mathbb{Z}[Y, Z]$ sind homogen vom Grad $m \cdot n$: S nach Definition und R nach Satz A.1.3.

Nun kommt der Kniff, der mühsames Berechnen von Determinanten erspart. Wenn man Z_j für Y_i substituiert, so haben F und G einen gemeinsamen Linearfaktor. Daher hat R für $Z_j = Y_i$ eine Nullstelle, und der Divisionsalgorithmus für Polynome zeigt, daß $(Y_i - Z_j)$ ein Teiler von R ist. Da man das für alle i, j machen kann, ist S Teiler von R, also ist $R = aS$ mit $a \in \mathbb{Z}$. Die Diagonale in $R_{F,G}$ ergibt den Term

$$(-1)^{m \cdot n} (Z_1 \cdot \ldots \cdot Z_n)^m \,.$$

Dieser ist auch in S enthalten, also ist $a = 1$. Die Substitution $Y_i = c_i$ und $Z_j = d_j$ ergibt die Behauptungen. $\qquad\Box$

Übungsaufgabe. Ist $f = (X - c_1) \cdot \ldots \cdot (X - c_m)$, so gilt für die Diskriminante

$$D_f = \prod_{i \neq j} (c_i - c_j) \,.$$

Anhang 2.

Überlagerungen

A.2.1. Die Abbildungen, die wir hier kurz beschreiben wollen, wurden im letzten Jahrhundert zunächst in der Funktionentheorie angetroffen. Später wurde daraus ein Kapitel der Topologie (siehe etwa [O], [M]). Für unsere Anwendungen genügt es, topologische Räume zu untersuchen, die *lokal wegzusammenhängend* und *hausdorffsch* sind. Das sei daher stets vorausgesetzt. Dann stimmen auch die Begriffe zusammenhängend und wegzusammenhängend überein.

Definition. Gegeben sei eine stetige Abbildung $\varphi : S \to T$.
a) φ heißt *lokal-topologisch*, wenn es zu jedem Punkt $p \in S$ Umgebungen U von p und V von $\varphi(p)$ gibt, so daß

$$\varphi|U : U \to V \quad \text{Homöomorphismus ist.}$$

b) φ heißt *Überlagerung*, wenn es zu jedem Punkt $q \in T$ eine offene Umgebung V mit folgender Eigenschaft gibt: ist $\varphi^{-1}(V) = \bigcup_{i \in I} U_i$ die Zerlegung in Zusammenhangskomponenten, so ist für jedes $i \in I$ die Abbildung

$$\varphi|U_i : U \to V \quad \text{ein Homöomorphismus.}$$

Insbesondere folgt dann, daß jedes solche V zusammenhängend ist, $\varphi^{-1}(q) \neq \emptyset$, und daß jeder Punkt $p \in \varphi^{-1}(q)$ in genau einem U_i liegt. Die U_i kann man sich vorstellen als über V liegende *Blätter*. In A.2.3 werden wir sehen, daß ihre Anzahl nicht von q abhängt, falls T zusammenhängend ist.

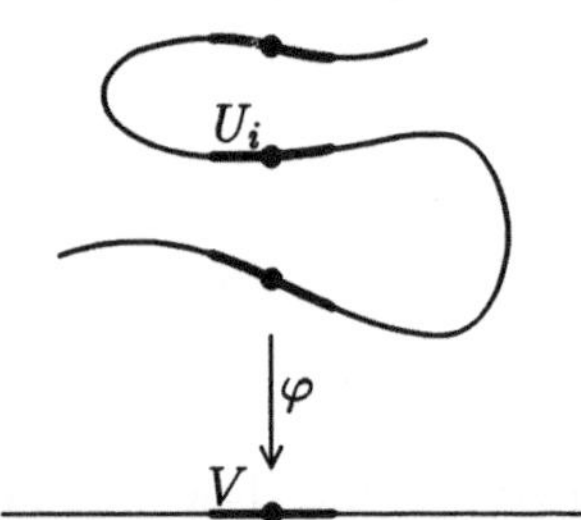

Bild A.2.1. Überlagerung

Offensichtlich ist jede Überlagerung lokal-topologisch, aber nicht umgekehrt. In der Funktionentheorie nennt man Überlagerungen im oben definierten Sinne manchmal auch *unverzweigt* und *unbegrenzt*.

Beispiele. a) $\iota : \mathbb{C}^* \to \mathbb{C}$, $\quad z \mapsto z$, ist lokal-topologisch, aber keine Überlagerung.
b) $\mathbb{C} \to \mathbb{C}^*$, $\quad z \mapsto e^z$, ist eine unendlichblättrige Überlagerung.
c) Für $k \in \mathbb{N}$, $k \geq 1$ ist

$$\mathbb{C}^* \to \mathbb{C}^*, \quad z \mapsto z^k,$$

eine Überlagerung der Blätterzahl k.

Bemerkung 1. In der Topologie berechnet man eine *Fundamentalgruppe*

$$\pi_1(\mathbb{C}^*) = \mathbb{Z}$$

und man beweist, daß es entsprechend den möglichen Untergruppen $k\mathbb{Z} \subset \mathbb{Z}$, $k \in \mathbb{N}$, nur die in b) und c) angegebenen Überlagerungen von $\mathbb{C}^*$ mit zusammenhängendem S gibt ([M], [O]). Analog gilt das für punktierte Kreisscheiben (mit passenden Radien) und die Kreislinie

$$S_1 = \{z \in \mathbb{C} : |z| = 1\}\,.$$

Wir hatten bisher nichts über den Zusammenhang von S oder T vorausgesetzt.

Bemerkung 2. *Sei $\varphi : S \to T$ eine Überlagerung mit zusammenhängendem T und $S_0 \subset S$ eine Zusammenhangskomponente. Dann ist*

$$\varphi | S_0 : S_0 \to T$$

wieder eine Überlagerung.

Beweis. Zu $q \in T$ sei V mit $\varphi^{-1}(V) = \bigcup_{i \in I} U_i$ wie in der Definition und $p_i \in U_i$ mit $\varphi(p_i) = q$. Sei

$$I_0 := \{i \in I : p_i \in S_0\} \quad \text{und} \quad I_1 = I \smallsetminus I_0\,.$$

Nach den Eigenschaften einer Zusammenhangskomponente ist

$$U_i \subset S_0 \quad \text{für } i \in I_0 \quad \text{und} \quad U_i \cap S_0 = \emptyset \quad \text{für } i \in I_1\,.$$

Daraus folgt sofort die Behauptung. $\qquad\qquad\qquad\qquad\qquad\qquad\qquad\square$

A.2.2. Die Eigenschaft einer Abbildung, lokal-topologisch zu sein, kann man oft leicht nachprüfen. Manchmal kann man daraus folgern, daß sie eine Überlagerung (d.h. auch unbegrenzt) ist.

Lemma. *Eine eigentliche lokal-topologische Abbildung $\varphi : S \to T$ ist eine Überlagerung.*

Beweis. Die Voraussetzung *eigentlich* bedeutet, daß für jedes kompakte $K \subset T$ auch $\varphi^{-1}(K) \subset S$ kompakt ist. Das ist insbesondere dann der Fall, wenn S kompakt ist. Eine eigentliche Abbildung ist insbesondere abgeschlossen.

Sei $q \in T$ und $p \in \varphi^{-1}(q)$. Dazu gibt es eine Umgebung U, auf der φ topologisch ist. Daher ist $\varphi^{-1}(q)$ diskret und außerdem kompakt, also

$$\varphi^{-1}(q) = \{p_1, \ldots, p_n\}\,.$$

Seien U_j und V_j Umgebungen von p_j und q, so daß

$$\varphi|U_j : U_j \to V_j$$

topologisch ist und $U := U_1 \cup \ldots \cup U_n$. $S \setminus U$ ist abgeschlossen, also ist $\varphi(S \setminus U) \subset T$ abgeschlossen, daher ist

$$V := T \setminus \varphi(S \setminus U)$$

eine offene Umgebung von q, die wir durch Verkleinerung als zusammenhängend annehmen können, und es gilt $\varphi^{-1}(V) \subset U$. Daher hat V die verlangten Eigenschaften.   □

A.2.3. Die wichtigste Eigenschaft einer Überlagerung ist, daß man Wege oder allgemeiner Homotopien von T nach S hochheben (oder „liften") kann.

Liftungssatz. *Sei* $\varphi : S \to T$ *eine Überlagerung und* $\alpha : I = [0,1] \to T$ *ein Weg,* $q_0 := \alpha(0)$ *und* $q_1 = \alpha(1)$. *Zu* $p_0 \in \varphi^{-1}(q_0)$ *gibt es genau einen Weg* $\tilde{\alpha} : I \to S$, *so daß*

$$\begin{array}{ccc} & & S \\ & \tilde{\alpha} \nearrow & \downarrow \varphi \\ I & \xrightarrow{\ \ \alpha\ \ } & T \end{array}$$

kommutiert und $\tilde{\alpha}(0) = p_0$. *Insbesondere ist der Endpunkt* $p_1 := \tilde{\alpha}(1) \in \varphi^{-1}(q_1)$ *eindeutig bestimmt.*

Beweise findet man etwa bei [Fo2], [M], [O].

Korollar. *Sei* $\varphi : S \to T$ *eine Überlagerung,* $\alpha : I \to T$ *ein Weg von* $q_0 = \alpha(0)$ *nach* $q_1 = \alpha(1)$. *Dann ist die Abbildung*

$$\varphi^{-1}(q_0) \to \varphi^{-1}(q_1)\,, \quad p_0 \mapsto p_1 = \tilde{\alpha}(1)\,,$$

bijektiv. Insbesondere enthalten alle Fasern $\varphi^{-1}(q)$ *gleich viele Punkte, falls* T *zusammenhängend ist. Ihre Anzahl* $b(\varphi)$ *nennt man die Blätterzahl von* φ.
    Für einen geschlossenen Weg um $q \in T$ *erhält man eine Permutation von* $\varphi^{-1}(q)$.
    Da homotope Wege um q *dieselbe Permutation ergeben, erhält man eine Operation von* $\pi_1(T, q)$ *auf* $\varphi^{-1}(q)$. *Sie ist transitiv, falls* S *zusammenhängend ist.*

Die einfachen *Beweise* seien dem Leser überlassen (vgl. auch [M]).

Anhang 3.

Der Satz über implizite Funktionen

Dieser Satz war in 6.9 als Spezialfall des Weierstraßschen Vorbereitungssatzes erhalten worden. Oft ist es jedoch nützlich, ein konstruktives Verfahren zur Berechnung der Lösungsreihe zur Verfügung zu haben. Daher geben wir hier noch einen direkten Beweis im einfachsten Fall.

Satz über implizite Funktionen für zwei Variable. *Sei*

$$f = \sum a_{\mu\nu} X^\mu Y^\nu \in \mathbb{C}\langle X, Y\rangle \quad \textit{mit } a_{00} = 0 \quad \textit{und } a_{01} \neq 0 .$$

Dann gibt es genau ein $\varphi \in \mathbb{C}\langle X\rangle$ mit $\varphi(0) = 0$ und $f(X, \varphi(X)) = 0$ in $\mathbb{C}\langle X\rangle$.

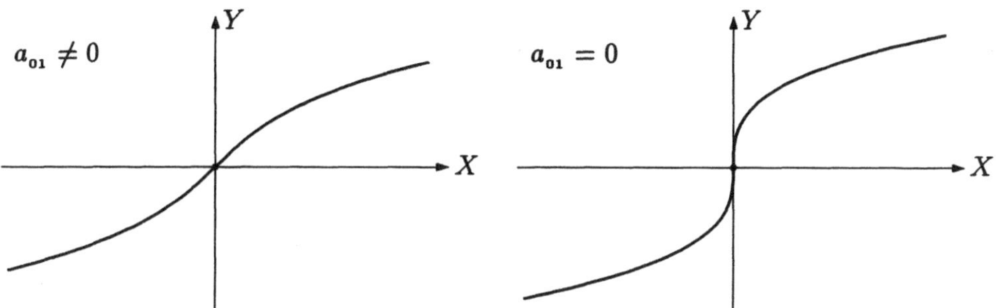

Bild A.3.1.

Beweis. Wir zeigen zunächst, daß φ schon als formale Potenzreihe eindeutig bestimmt ist. Im zweiten Schritt wird dann gezeigt, daß die Konvergenz von φ aus der Konvergenz von f folgt. Zunächst ersetzt man f durch die Reihe

$$g(X, Y) := Y - \frac{f(X, Y)}{a_{01}} = \sum b_{\mu\nu} X^\mu Y^\nu .$$

Aus $a_{00} = 0$ und $a_{01} \neq 0$ folgt $b_{00} = b_{01} = 0$. Weiter ist

$$f(X, \varphi(X)) = 0 \Leftrightarrow g(X, \varphi(X)) = \varphi(X) .$$

Dieses Fixpunktproblem wird durch eine Iteration gelöst. Wir verwenden dabei die Bezeichnungen aus 6.2 für die homogenen bzw. polynomialen Bestandteile einer Potenzreihe. Gesucht ist

$$\varphi = \sum_{k=0}^\infty \varphi_{(k)} \quad \text{mit} \quad \varphi_{(k)} = c_k X^k .$$

Wir definieren

$$\varphi_{(0)} := 0 \quad und \quad \varphi_{(k+1)} := g\left(X, \varphi^{(k)}(X)\right)_{(k+1)}.$$

Um zu zeigen, daß dies die eindeutig bestimmte Lösung ist, benutzen wir den

Hilfssatz. *Sei*

$$g = \sum g_{(k)} \in \mathbb{C}[[X,Y]] \quad und \quad \varphi = \sum \varphi_{(k)} \in \mathbb{C}[[X]] \quad mit$$

$$g_{(0)} = 0, \quad g_{(1)} = b_{10}X \quad und \quad \varphi_{(0)} = 0.$$

Bezeichnet $\mathfrak{m} \subset \mathbb{C}[[X]]$ *das maximale Ideal, so gilt:*

a) $g_{(k)}\left(X, \varphi^{(l)}\right) \in \mathfrak{m}^k$ *für* $k, l \geq 1$,

b) $g_{(l)}\left(X, \varphi^{(k+i)}\right) - g_{(l)}\left(X, \varphi^{(k-1)}\right) \in \mathfrak{m}^{k+1}$ *für* $i \geq 0$ *und* $k, l \geq 1$.

Damit erhält man für alle $k \geq 1$

$$
\begin{aligned}
g(X, \varphi)^{(k)} &= g^{(k)}(X, \varphi)^{(k)} && \text{nach a)}\\
&= g^{(k)}\left(X, \varphi^{(k-1)}\right)^{(k)} && \text{nach b)}\\
&= \varphi^{(k)}.
\end{aligned}
$$

Die letzte Gleichung beweist man durch Induktion nach k:

$$
\begin{aligned}
\varphi^{(k+1)} &= \varphi^{(k)} + \varphi_{(k+1)}\\
&= g^{(k)}\left(X, \varphi^{(k-1)}\right)^{(k)} + g\left(X, \varphi^{(k)}\right)_{(k+1)}\\
&= g^{(k+1)}\left(X, \varphi^{(k)}\right)^{(k)} + g^{(k+1)}\left(X, \varphi^{(k)}\right)_{(k+1)} && \text{nach a) und b)}\\
&= g^{(k+1)}\left(X, \varphi^{(k)}\right)^{(k+1)}.
\end{aligned}
$$

Das beweist $g(X, \varphi) = \varphi$. Ist $g(X, \psi) = \psi$ für irgendein $\psi \in \mathbb{C}[[X]]$, so folgt mit den gleichen Rechnungen wie oben

$$\psi_{(k+1)} = g\left(X, \psi^{(k)}\right)_{(k+1)},$$

also $\psi = \varphi$.

Beweis des Hilfssatzes. a) Setzt man in

$$g_{(k)} = b_{k0}X^k + b_{k-10}X^{k-1}Y + \ldots + b_{0k}Y^k \quad für \quad Y = c_1X + \ldots + c_lX^l$$

ein, so haben alle Terme gleichen Grad $\geq k$ in X.

b) Für $l = 1$ verschwindet die Differenz wegen $b_{01} = 0$. Ist $l \geq 2$, so benutzt man

$$\varphi^{(k+1)} = \varphi^{(k-1)} + \psi_i \quad \text{mit } \psi_i \in \mathfrak{m}^k .$$

Wendet man auf diese Summe die binomische Formel an, so erhält man für die betrachtete Differenz eine Linearkombination von Ausdrücken der Form

$$X^{l-\nu} \left(\varphi^{(k-1)} \right)^{\nu-j} \psi^j \quad \text{mit } j \geq 1 .$$

Dieser Term ist enthalten in $\mathfrak{m}^r$ mit

$$r = l - \nu + \nu - j + jk = j(k-1) + l \geq k+1 . \qquad \square$$

Nachdem bewiesen ist, daß das Iterationsverfahren „formal konvergiert", bleibt die Konvergenz der so erhaltenen Reihe

$$\varphi(X) = \sum_{k=1}^{\infty} c_k X^k$$

zu zeigen. Wegen

$$c_k X^k = g^{(k)} \left(X, \varphi^{(k-1)}(X) \right)_{(k)}$$

gibt es ein Polynom P_k mit Koeffizienten aus $\mathbb{N}$ derart, daß

$$c_k = P_k \left((b_{\mu\nu})_{\mu+\nu \leq k}, c_1, \ldots, c_{k-1} \right) .$$

Man beachte, daß die Koeffizienten von P_k durch das Verfahren festgelegt sind, die Koeffizienten von g und $\varphi^{(k-1)}$ gehen als Variable ein. Der Leser möge zur Übung die Polynome P_k für einige kleine k explizit berechnen.

Zunächst behandeln wir ein spezielles Beispiel, das dann als Majorante für den allgemeinen Fall dienen wird. Sei $B > 0$ und

$$G(X,Y) = B \left(X + \sum_{\mu+\nu \geq 2} X^\mu Y^\nu \right) = B \left(\frac{1}{(1-X)(1-Y)} - Y - 1 \right) .$$

Offensichtlich ist

$$G(X,Y) = X \Leftrightarrow (B+1)Y^2 - Y + \frac{BX}{1-X} = 0 ,$$

daher kann man die Lösung $Y = \Phi(X)$ mit $\Phi(0) = 0$ direkt angeben:

$$\Phi(X) = \frac{1}{2(B+1)} \left(1 - \sqrt{1 - \frac{4B(B+1)X}{1-X}} \right)$$

wobei die Wurzel für kleine X stets positiv ist. Aus der reellen Analysis weiß man, daß die Wurzel einer rationalen Funktion und damit auch Φ analytisch ist, d.h. es gibt eine Potenzreihenentwicklung

$$\Phi(X) = \sum_{k=1}^{\infty} C_k X^k, \quad C_k \in \mathbb{R},$$

mit einem Konvergenzradius > 0. Es ist

$$G(X, Y) = \sum B_{\mu\nu} X^{\mu} Y^{\nu} \quad \text{mit } B_{00} = B_{01} = 0 \quad \text{und } B_{\mu\nu} = B \quad \text{sonst}.$$

Wie eben erläutert haben wir also

$$C_k = P_k\left((B_{\mu\nu})_{\mu+\nu \le k}, C_1, \ldots, C_{k-1}\right) \quad \text{für alle} \quad k.$$

Nun benutzen wir die Konvergenz von $g(X, Y)$. Nach einer eventuellen Streckung der Koordinaten können wir annehmen, daß g im Punkt $(1, 1) \in \mathbb{C}^2$ absolut konvergiert. Sei

$$B := \sum |b_{\mu\nu}|.$$

Nehmen wir obige Reihe G zu diesem B, so ist

$$|b_{\mu\nu}| \le B_{\mu\nu},$$

also folgt rekursiv

$$|c_k| \le C_k,$$

weil die Koeffizienten von P_k nicht-negativ sind. Damit haben wir für φ eine konvergente Majorante gefunden, und der Satz ist bewiesen. $\qquad\qquad\qquad\qquad\square$

Es sei noch angemerkt, daß dieser Beweis ebenso für reell-analytische Funktionen funktioniert. Im Satz über implizite Funktionen für reell-differenzierbare Funktionen ist es zunächst keineswegs klar, daß die Lösung φ analytisch ist, wenn die Bedingung f analytisch war.

Die Verallgemeinerung auf mehrere Variable erfordert keine neuen Ideen, dafür aber eine mühsame Schlacht gegen die Indizes. Wir begnügen uns hier damit, das Ergebnis zu formulieren:

Satz über implizite Funktionen für mehrere Veränderliche. *Gegeben seien Potenzreihen* $f_1, \ldots, f_m \in \mathbb{C}\langle X_1, \ldots, X_n, Y_1, \ldots, Y_m\rangle$ *mit* $f_i(0) = 0$ *für alle* i. *Weiter sei die Funktionalmatrix*

$$\left(\frac{\partial f_i}{\partial Y_j}(0)\right)_{1 \le i, j \le m}$$

invertierbar. Dann gibt es eindeutig bestimmte $\varphi_1, \ldots, \varphi_m \in \mathbb{C}\langle X_1, \ldots, X_n\rangle$ *derart, daß* $\varphi_j(0) = 0$ *und*

$$f_i\left(X_1, \ldots, X_n, \varphi_1(X), \ldots, \varphi(X)\right) = 0 \quad in \quad \mathbb{C}\langle X_1, \ldots, X_n\rangle$$

für $1 \le i, j \le n$.

Man beachte dabei, daß die Komponenten der Funktionalmatrix die Koeffizienten von Y_j in der Potenzreihe f_i sind. Man kann sich also darauf beschränken, die Ableitungen formal zu erklären. Zum *Beweis* vgl. etwa [Che].

Anhang 4.

Das Newton-Polygon

A.4.1. Bei der Konstruktion der Puiseux-Reihe in Kapitel 7 hatten wir schon
den *Träger* einer Potenzreihe von zwei Veränderlichen

$$\mathrm{Tr}\left(\sum a_{\mu\nu} X^{\mu} Y^{\nu}\right) = \{(\mu, \nu) \in \mathbb{N}^2 : a_{\mu\nu} \neq 0\}$$

als Menge von Gitterpunkten in der Ebene verwendet. Wir wollen noch einen
schönen Zusammenhang zwischen der Geometrie dieser Menge und der Faktorzerlegung der Reihe nachtragen. Dabei lehnen wir uns an die in [Che] enthaltene
Darstellung von B. TEISSIER an

Zur Definition des Newton-Polygons von $f \in \mathbb{C}[[X, Y]]$ betrachten wir die *untere
konvexe Hülle* von $\mathrm{Tr}(f)$ in $\mathbb{R}_+ \times \mathbb{R}_+$. Sie entsteht durch Anlegen von Stützgeraden
mit Steigung ≤ 0 von unten (in der Anordnung von $\mathbb{R}$). Der Rand dieser Hülle
enthält einen kompakten Streckenzug, dieser heißt *Newton-Polygon*.

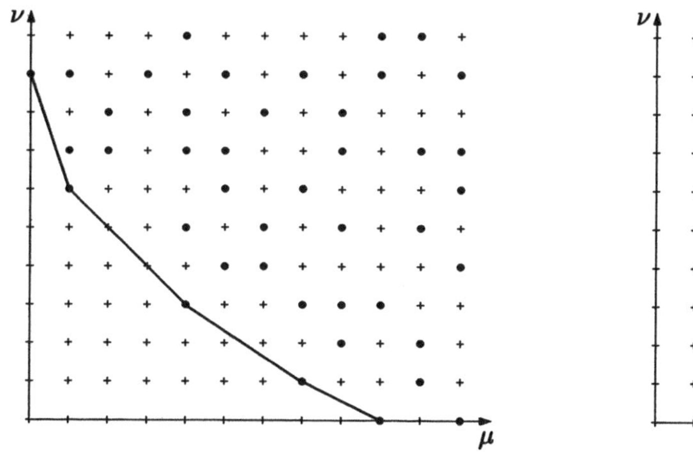

Bild A.4.1. Newton-Polygone

Im allgemeinen besteht es aus endlich vielen Strecken mit negativen rationalen Steigungen. Es kann aber auch zu einem einzigen Punkte entarten, etwa dann, wenn f
Einheit, d.h. $a_{00} \neq 0$ ist.

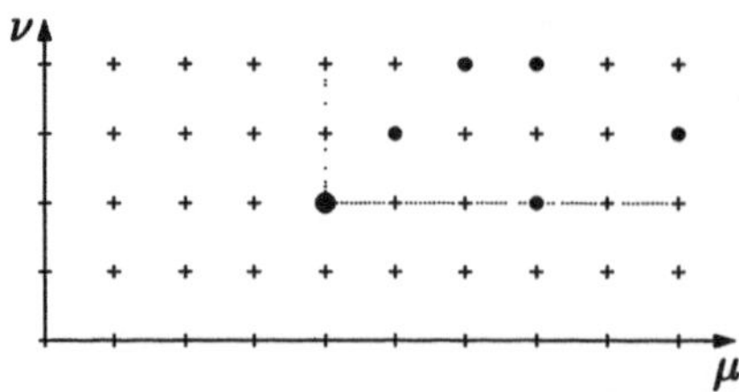

Bild A.4.2. Ein entartetes Newton-Polygon

Nun zur algebraischen Seite. Dazu betrachten wir den in 7.12 eingeführten Ring $\mathbb{C}[[X^*]]$, der die Lösungen des Puiseux-Problems enthält, nämlich die Reihen mit gebrochenen Exponenten und rationalen Ordnungen. Alles Weitere beruht auf dem sehr einfach zu sehenden Zusammenhang zwischen Steigung und Ordnung:

Bemerkung. *Gegeben seien* $f \in \mathbb{C}[[X,Y]]$ *und* $\varphi \in \mathbb{C}[[X^*]]$ *mit* $\varrho := \mathrm{ord}\varphi > 0$ *und* $f(X,\varphi) = 0$. *Dann enthält das Newton-Polygon von* f *eine Strecke der Steigung* $-1/\varrho$.

Man kann also die Ordnungen aller möglichen Puiseux-Parametrisierungen zu f am Newton-Polygon ablesen.

Beweis. Zur Vermeidung der gebrochenen Exponenten setzen wir $X = T^n$, wenn $\varphi \in \mathbb{C}[[X^{\frac{1}{n}}]]$, also

$$\varphi = \lambda T^m + \dots, \quad \text{wobei } \lambda \in \mathbb{C}^*, \ m = n\varrho.$$

Es ist $f(T^n, \varphi) = 0$ in $\mathbb{C}[[T]]$, insbesondere muß der Term niedrigster Ordnung in dieser Reihe verschwinden. Um ihn zu bestimmen, kann man φ durch λT^m ersetzen. Es ist

$$f(T^n, \lambda T^m) = \sum_{\mu,\nu} a_{m u \nu} \lambda^\nu T^{n\mu+m\nu} = T^l \sum_{n\mu+m\nu=l} a_{\mu\nu} \lambda^\nu + \dots,$$

wobei $l := \min\{n\mu + m\nu : a_{\mu\nu} \in \mathrm{Tr}(f)\}$. Also ist λ Nullstelle des Polynoms

$$g(\lambda) := \sum_{n\mu+m\nu=l} a_{\mu\nu} \lambda^\nu \,.$$

Wegen $\lambda \neq 0$ muß g mindestens zwei Koeffizienten ungleich null haben. Also gibt es auf der Geraden $n\mu + m\nu = l$ mindestens zwei Punkte des Trägers von f mit verschiedenem ν. Wegen der Minimalität von l enthält diese Gerade damit eine Strecke des Newton-Polygons von der Steigung $-n/m$.   □

Eine einfache geometrische Anwendung ist die folgende. Für eine konvergente Reihe $f \in \mathbb{C}\langle X,Y\rangle$ mit $f(0) = 0$ hat man den Kurvenkeim $V(f)$. Besitzt er einen glatten Zweig, so kann man diesen parametrisieren durch

$$X \mapsto (X, \varphi(X)) \quad \text{oder} \quad Y \mapsto (\psi(Y), Y),$$

wobei φ und ψ Potenzreihen mit ganzen Exponenten sind. Also muß das Newton-Polygon von f eine Strecke der Steigung $-1/m$ oder $-n$ mit $m, n \in \mathbb{N}$ haben. Ist die Tangente des Zweiges verschieden von den beiden Koordinatenachsen, so ist die Steigung der Strecke gleich -1. Diese Bedingung an das Newton-Polygon ist leider nur notwendig, wie das Beispiel

$$f(X, Y) = X^3 - (X - Y)^2, \quad Y = \varphi(X) = X + X^{\frac{3}{2}},$$

einer linear transformierten Neilschen Parabel zeigt (vgl. jedoch Korollar 3 in A.4.2). Zur Übung betrachte man die Newton-Polygone der Kleeblätter aus 3.3.

In 7.6 hatten wir zur Konstruktion der Puiseux-Reihe das quasihomogene Initialpolynom verwendet. Das entspricht der steilsten Strecke des Newton-Polygons. Man kann nun zeigen, daß als Beginn eine beliebige Strecke des Newton-Polygons verwendet werden kann. Ist die Steigung gleich $-n/m$, so wird die Reihe von der Ordnung m/n. Den Initialterm konstruiert man wie in obiger Bemerkung, die Iteration ist noch komplizierter als in 7.6 (vgl. etwa [Bu] oder [Che]). Ist die Ausgangsreihe ein Weierstraßpolynom, so geht das viel einfacher (vgl. Korollar 2 in A.4.2).

A.4.2. Besonders einfach zu sehen ist der Zusammenhang zwischen geometrischen Eigenschaften des Newton-Polygons und algebraischen Eigenschaften der Potenzreihe, wenn man diese dem Vorbereitungssatz unterzieht, d.h. sie als Weierstraßpolynom voraussetzt.

Sei also $f \in \mathbb{C}\langle X\rangle[Y]$ ein Weierstraßpolynom vom Grad $k > 0$, das Y nicht als Teiler hat. Entsprechend dem Zusatz aus 7.12 sortieren wir die Wurzeln von f aus $\mathbb{C}[[X^*]]$ nach ihren Ordnungen

$$f = f_1 \cdot \ldots \cdot f_l \quad \text{mit} \quad f_j = (Y - \varphi_{j,1}) \cdot \ldots \cdot (Y - \varphi_{j,k_j}) \quad \text{für } j = 1, \ldots, l, \quad (*)$$

$$\text{wobei} \quad \varrho_j = \operatorname{ord}\varphi_{j,i} \quad \text{für } i = 1, \ldots, k_j \quad \text{und} \quad \varrho_1 > \varrho_2 > \ldots > \varrho_l > 0.$$

Dann ist $k = k_1 + \ldots + k_l$. Ist g ein irreduzibler Faktor von f, so teilt g genau ein f_j, da alle Wurzeln von g nach Korollar 7.10 die gleiche Ordnung haben. Die Zerlegung $(*)$ von f ist also im allgemeinen gröber als die Zerlegung in irreduzible Faktoren. Leider nicht gleich, aber immerhin vergleichbar. Und man kann die charakteristischen Zahlen k_j und ϱ_j mit bloßem Auge am Newton-Polygon ablesen:

Satz. *Das nicht durch Y teilbare Weierstraßpolynom $f \in \mathbb{C}\langle X\rangle[Y]$ sei entsprechend $(*)$ zerlegt. Dann besteht das Newton-Polygon von f aus Strecken $S_1, \ldots, S_l$. Für $j = 1, \ldots, l$ sind $-1/\varrho_j$ die Steigungen und k_j die Höhen (d.h. die Projektionen in die senkrechte ν-Richtung) dieser Strecken.*

Korollar 1. *Das Newton-Polygon eines irreduziblen Weierstraßpolynoms besteht aus einer einzigen Strecke.*

Damit kann man oft direkt die Reduzibilität erkennen, aber leider nicht die Irreduzibilität (Beispiel $f = X^2 - Y^2$)!

Korollar 2. *Sei $f \in \mathbb{C}\langle X\rangle[Y]$ ein Weierstraßpolynom und $-1/\varrho$ die Steigung einer Strecke seines Newton-Polygons. Dann gibt es ein konvergentes $\varphi \in \mathbb{C}[[X^*]]$ mit $f((X, \varphi(X)) = 0$ und $\mathrm{ord}\,\varphi = \varrho$.*

Beweis. In der Zerlegung (∗) kommen alle möglichen Lösungen φ des Puiseux-Problems vor. $\qquad\qquad\qquad\qquad\qquad\qquad\qquad\qquad\qquad\qquad\qquad\qquad\qquad$ □

Korollar 3. *Hat das Newtonpolygon eines Weierstraßpolynoms f eine Strecke der Höhe 1, so hat der Keim $V(f)$ einen glatten Zweig.*

Beweis. Zu dieser Strecke gehört ein irreduzibler Faktor von f in $\mathbb{C}\langle X\rangle[Y]$, der in Y linear ist. $\qquad\qquad\qquad\qquad\qquad\qquad\qquad\qquad\qquad\qquad\qquad\qquad\qquad\qquad$ □

Allgemeiner gestatten die Höhen $k_1, \ldots, k_l$ eine Abschätzung der Grade der irreduziblen Faktoren von f. Wie man all dies in der Theorie der Singularitäten mit Gewinn benutzen kann, ist in [B-K] beschrieben.

Zum *Beweis des Satzes* baut man den Träger von f rekursiv aus den Linearfaktoren der Form $Y - \varphi$ mit $\varphi \in \mathbb{C}[[X^*]]$ auf. Dabei treten als Zwischenschritte Reihen aus $\mathbb{C}[[X^*]][Y]$ auf, deren *Träger* allgemeiner als in 7.3 Teilmengen von $\mathbb{Q} \times \mathbb{N}$ sind.

Der elementarste Schritt ist der folgende. Ist $\mathrm{ord}\,\varphi = \varrho \in \mathbb{Q}$ und $g = X^\sigma Y^n$ mit $(\sigma, n) \in \mathbb{Q} \times \mathbb{N}$, so sehen die Träger von $(Y - \varphi)$, g und $(Y - \varphi) \cdot g$ so aus:

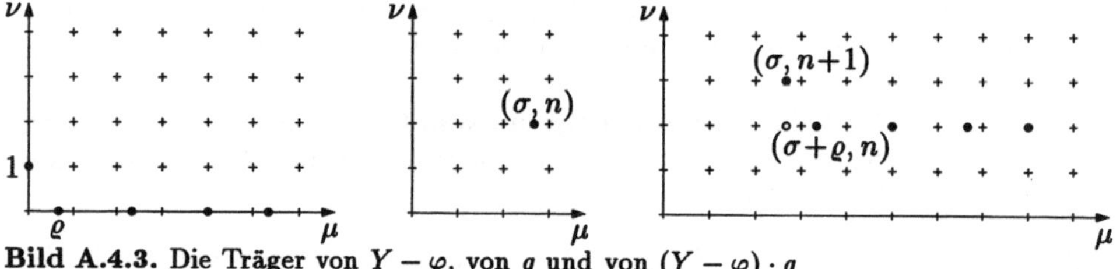

Bild A.4.3. Die Träger von $Y - \varphi$, von g und von $(Y - \varphi) \cdot g$

Insbesondere besteht das Newton-Polygon von $Y - \varphi$ aus einer einzigen Strecke. Ist $g \in \mathbb{C}[[X^*]][Y]$ nun Y-allgemein von der Ordnung k', und S' die steilste Strecke des Newtonpolygons von g mit der Steigung $-1/\varrho'$, so untersuchen wir das Newton-Polygon von $(Y - \varphi) \cdot g$, falls $0 < \mathrm{ord}\,\varphi = \varrho \le \varrho'$.

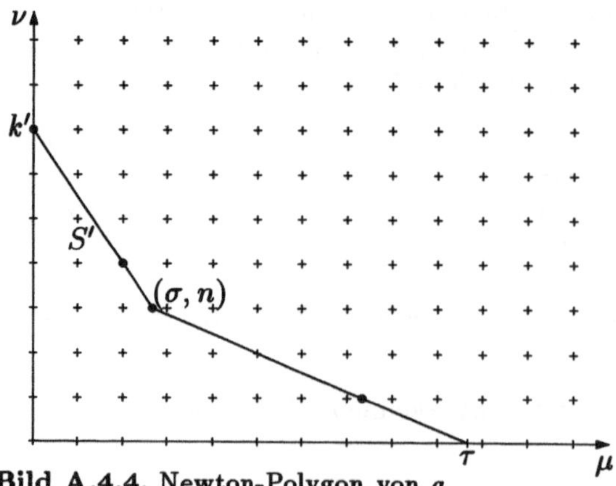

Bild A.4.4. Newton-Polygon von g

Zur Bestimmung des Newton-Polygons kann man φ durch den Initialterm λX^ϱ mit $\lambda \neq 0$ ersetzen. Wie man anhand der Bilder leicht sieht, wird das Newton-Polygon von g um ϱ nach rechts verschoben.

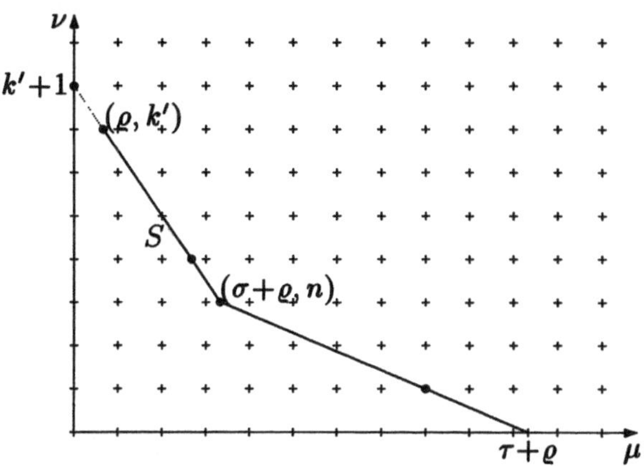

Bild A.4.5. Newton-Polygon von $(Y - \varphi) \cdot g$ im Falle $\varrho = \varrho'$

Im Fall $\varrho = \varrho'$ wird die Strecke S' links oben in der angegebenen Weise verlängert, im Fall $\varrho < \varrho'$ kommt eine steilere Strecke S'' dazu.

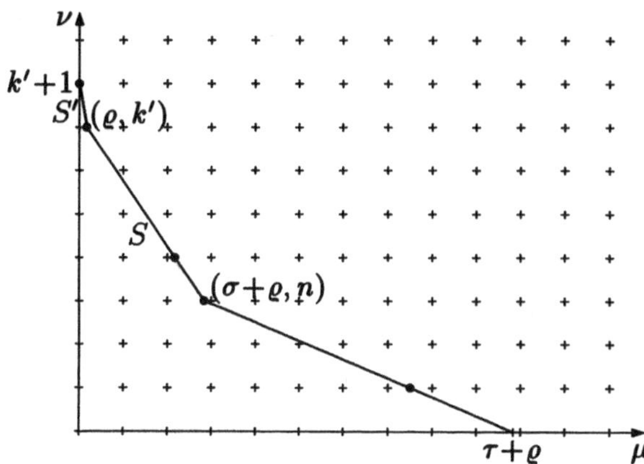

Bild A.4.6. Newton-Polygon von $(Y - \varphi) \cdot g$ im Falle $\varrho < \varrho'$

Damit ist die Rekursion klar: man hat die Ordnungen

$$\varrho_1 > \varrho_2 > \ldots > \varrho_l > 0$$

und baut f in der entsprechenden Reihenfolge aus den Linearfaktoren auf. Daraus ergibt sich die Gestalt des Newton-Polygons. $\square$

Anhang 5.

Eine numerische Invariante von Kurvensingularitäten

A.5.1. Zwei Kurvenkeime im Ursprung des $\mathbb{C}^2$ (vgl. 6.12) heißen *analytisch äquivalent*, wenn sie durch eine in Umgebungen des Ursprungs biholomorphe Abbildung ineinander übergehen. Damit ist auch für zwei algebraische Kurven C und C' die analytische Äquivalenz in $p \in C$ und $p' \in C'$ erklärt. Sind p und p' glatte Punkte, so sind sie in diesem Sinne stets äquivalent, andernfalls spricht man von *analytisch äquivalenten Singularitäten*.

Der Nachweis der Äquivalenz von zwei Singularitäten oder gar die Klassifikation aller möglichen Singularitäten bis auf Äquivalenz sind sehr schwierige Probleme. Leichter kann es sein, die Nicht-Äquivalenz zu zeigen, indem man geeignete *analytische Invarianten* benutzt. Die einfachsten Invarianten sind natürliche Zahlen, wie etwa die in 3.3 eingeführte Ordnung oder die Anzahl der lokalen Zweige (6.14). Man beachte, daß dagegen der Grad der ganzen Kurve zwar eine globale Invariante, aber keine lokale Invariante in einem Punkt ist.

Unter den zahlreichen numerischen Invarianten von Singularitäten ist eine besonders nützlich, weil man damit die Auswirkungen der Singularität auf Klasse und Geschlecht der Kurve messen, d.h. die Formeln von Plücker und Clebsch verallgemeinern kann. Ihrer Beschreibung dient dieser Anhang. Wir stützen uns dabei vor allem auf [Na] und [Ki].

A.5.2. Wir betrachten die folgende Situation. Im Ursprung 0 des $\mathbb{C}^2$ sei ein Kurvenkeim $C = V(f)$ mit minimalem $f \in \mathbb{C}\langle X, Y \rangle$ gegeben. Die Zerlegung in Zweige sei

$$C = C_1 \cup \ldots \cup C_s \,.$$

Weiter sei $L \subset \mathbb{C}^2$ eine Gerade durch 0, parametrisiert durch

$$T \mapsto (aT, bT)\,, \quad (a\!:\!b) \in \mathbb{P}_1(\mathbb{C})\,.$$

Ihr unendlich ferner Punkt in $\mathbb{P}_2(\mathbb{C})$ ist

$$q = (0\!:\!a\!:\!b) \in \bar{L}\,.$$

Wie bei algebraischen Kurven können wir zum Keim C und diesem q einen *Polarenkeim*

$$P_q C := V\left(a\frac{\partial f}{\partial X} + b\frac{\partial f}{\partial Y} \right)$$

erklären. Wie in 4.2 sieht man, daß er keinen Zweig mit C gemeinsam hat, falls L kein Zweig von C ist. Entscheidend für die Definition der gesuchten Invariante ist die folgende Aussage über die Schnittmultiplizitäten von Keimen im Ursprung:

Lemma. *Der Zweig C_i von C sei keine Gerade und q sei unendlich ferner Punkt der Gerade L durch 0. Dann ist die ganze Zahl*

$$\operatorname{mult}(C_i, P_q C) - \operatorname{mult}(C_i, L)$$

unabhängig von der Wahl der Geraden L. Insbesondere ist $\operatorname{mult}(C_i, P_q C)$ *unabhängig von q, falls q nicht zur Tangente von C_i gehört.*

Beweis. Wir betrachten zunächst die beiden Geraden

$$V(X) \quad \text{bzw.} \quad V(Y) \quad \text{und die Polaren} \quad V\left(\frac{\partial f}{\partial Y}\right) \quad \text{bzw.} \quad V\left(\frac{\partial f}{\partial X}\right).$$

Hat der Zweig C_i eine Puiseux-Parametrisierung

$$T \mapsto (\varphi(T), \psi(T)),$$

so gilt nach 8.3, 5)

$$\operatorname{mult}(C_i, V(X)) = \operatorname{ord}_T \varphi, \quad \operatorname{mult}(C_i, V(Y)) = \operatorname{ord}_T \psi.$$

Weiter gilt nach 8.4

$$\operatorname{mult}\left(C_i, V\left(\frac{\partial f}{\partial Y}\right)\right) = \operatorname{ord}_T \frac{\partial f}{\partial Y}(\varphi(T), \psi(T)),$$

$$\operatorname{mult}\left(C_i, V\left(\frac{\partial f}{\partial X}\right)\right) = \operatorname{ord}_T \frac{\partial f}{\partial X}(\varphi(T), \psi(T)).$$

Differenziert man $f(\varphi(T), \psi(T)) = 0$ nach T, so erhält man

$$\frac{\partial f}{\partial X}(\varphi, \psi) \cdot \frac{d\varphi}{dT} + \frac{\partial f}{\partial Y}(\varphi, \psi) \cdot \frac{d\psi}{dT} = 0, \quad \text{also}$$

$$\operatorname{ord}_T \frac{\partial f}{\partial X} + \operatorname{ord}_T \varphi = \operatorname{ord}_T \frac{\partial f}{\partial Y} + \operatorname{ord}_T \psi. \tag{$*$}$$

Nun können wir annehmen, daß $V(Y)$ die Tangente an C_i ist. Nach 8.1 ist dann

$$k := \operatorname{ord}_T \varphi < \operatorname{ord}_T \psi =: r. \tag{$**$}$$

Wir vergleichen einen Punkt $q = (0 : a : 1)$ und die Gerade L mit $p = (0 : 1 : 0)$ und $V(Y)$. Es gilt

$$k = \operatorname{mult}(C_i, L), \quad r = \operatorname{mult}(C_i, V(Y)).$$

Aus $(*)$ und $(**)$ folgt

$$\operatorname{ord}_T \frac{\partial f}{\partial Y} < \operatorname{ord}_T \frac{\partial f}{\partial X}, \quad \text{also} \quad \operatorname{ord}_T \left(a \frac{\partial f}{\partial X} + \frac{\partial f}{\partial Y} \right) = \operatorname{ord}_T \frac{\partial f}{\partial Y},$$

und das ergibt wieder mit (∗)

$$\operatorname{mult}(C_i, P_q C) - \operatorname{mult}(C_i, L) = \operatorname{mult}(C_i, P_p C) - \operatorname{mult}(C_i, V(Y)). \qquad \square$$

Definition. Sei $C = C_1 \cup \ldots \cup C_s$ wie oben ein in Zweige zerlegter Kurvenkeim und L eine Gerade durch 0 mit unendlich fernem Punkt q. Für $i = 1, \ldots, s$ sei

$$c_i := \operatorname{mult}(C_i, P_q C) - \operatorname{mult}(C_i, L) + 1 \quad \text{und}$$

$$c := c_1 + \ldots + c_s.$$

Beispiele. a) Ist C glatt, so ist $s = 1$ und $c = 0$.
b) Für einen einfachen Doppelpunkt ist $s = 2$, und falls L keinen Zweig tangiert, ist

$$\operatorname{mult}(C_i, P_q C) = 1, \quad \operatorname{mult}(C_i, L) = 1, \quad \text{also} \quad c_i = 1 \text{ und } c = 2.$$

c) Für eine einfache Spitze ist $s = 2$, und falls L nicht Spitzentangente ist, folgt

$$\operatorname{mult}(C, P_q C) = 3, \quad \operatorname{mult}(C, L) = 2, \quad \text{also} \quad c = 2.$$

Die einfachsten Eigenschaften dieser Zahl c zu einem Kurvenkeim sind die folgenden:

Satz. *Sei $C = C_1 \cup \ldots \cup C_s$ ein in Zweige zerlegter Kurvenkeim in 0 und $c = c_1 + \ldots + c_s$ wie oben erklärt. Dann gilt:*

1) c ist invariant unter linearen Koordinatentransformationen.

2) Falls L keinen Zweig von C tangiert, gilt

$$c = \operatorname{mult}(C, P_q C) - \operatorname{ord} C + s.$$

3) $c \geq 0$.

4) $c = 0$ genau dann, wenn C glatt in 0.

Beweis. 1) folgt aus der Invarianz der Schnittzahlen unter diesen Transformationen; 2) folgt aus der Additivität von Schnittzahlen und Ordnungen.

Der Rest ist ein kleiner Fisch für Weierstraß und Puiseux. Wir wählen die Koordinaten so, daß kein Zweig eine senkrechte Tangente hat. Dann ist C beschrieben durch ein Weierstraßpolynom

$$f(X, Y) = Y^k + a_1(X) Y^{k-1} + \ldots + a_k(X),$$

und die Betrachtung der homogenen Initialform von f ergibt

$$\operatorname{ord} a_j \geq j \quad \text{für} \quad j = 1, \ldots, k.$$

Ist diese Reihe minimal im Sinn von 6.14, so ist

$$f = f_1 \cdot \ldots \cdot f_s$$

mit irreduziblen paarweise verschiedenen Weierstraßpolynomen f_i vom Grad $k_i = \operatorname{ord} C_i$ und

$$k = k_1 + \ldots + k_s.$$

Zu jedem Zweig $C_i = V(f_i)$ gibt es eine Puiseux-Parametrisierung

$$T \mapsto \left(T^{k_i}, \varphi_i(T)\right) \quad \text{mit} \quad \operatorname{ord}_T \varphi_i \geq k_i$$

(vgl. 8.1). Es ist

$$\frac{\partial f}{\partial Y} = kY^{k-1} + (k-1)a_1(X)Y^{k-2} + \ldots + a_{k-1}(X).$$

Durch Einsetzen und Betrachtung der Ordnungen folgt

$$\operatorname{ord}_T \frac{\partial f}{\partial Y}\left(T^{k_i}, \varphi_i(T)\right) \geq k_i(k-1).$$

Also ist $c_i \geq k_i(k-2) + 1$ und $c \geq k(k-2) + s$. Daraus folgen 3) und 4). $\qquad\square$

Übungsaufgabe. Man gebe die Singularitäten mit $c = 2$ an.

In A.5.5 beweisen wir eine bessere Abschätzung für c. Sehr viel schwieriger ist das

Theorem von Gorenstein-Rosenlicht. *Sei C ein Kurvenkeim mit minimaler Gleichung $f \in \mathbb{C}\langle X, Y\rangle$ und $\tilde{R}$ der ganze Abschluß des Ringes*

$$R = \mathbb{C}\langle X, Y\rangle/(f).$$

Dann ist $c = 2\dim_\mathbb{C}\left(\tilde{R}/R\right)$.
  Insbesondere ist die Zahl c gerade und eine analytische Invariante.

Zum *Beweis* vgl. [Go] und [Ko-2]. Daher ist es üblich, anstelle von c die Invariante

$$\delta := \tfrac{1}{2}c$$

zu verwenden, die manchmal *Grad der Singularität* genannt wird. Sie kann auch anders beschrieben werden mit Hilfe von sogenannten monoidalen Transformationen, mit denen man die Singularitäten eines Kurvenkeimes auflösen kann. Dabei entsteht ein „Baum", der in p eingepflanzt ist und der mit glatten Punkten $q_1, \ldots, q_s$ endet ($s = $ Anzahl der Zweige). Insgesamt enthält er Punkte $p_1, \ldots, p_t$ (einschließlich p und $q_1, \ldots, q_s$). Diese nennt man unendlich benachbarte Punkte und sie haben Ordnungen $k_1, \ldots, k_t$, wobei $\operatorname{ord} q_i = 1$. Damit gilt

$$c = \sum_{j=1}^{t} k_j(k_j - 1)\,.$$

Einen Beweis dieser Gleichung, der auch den Satz von Gorenstein-Rosenlicht erklärt, findet man bei [H], Example 3.9.3.

Viele historische Hinweise zur Invariante δ finden sich in [A-2], eine Beschreibung mit Hilfe der Halbgruppe einer Singularität wird bei [Ku] gegeben.

A.5.3. Ist $C \subset \mathbb{P}_2(\mathbb{C})$ nun wieder eine global erklärte algebraische Kurve, so kann man zu jedem Punkt $p \in C$ den Keim und dazu wie in A.5.2 die Invariante $c_p \in \mathbb{N}$ betrachten. Da c_p mit Hilfe einer Polaren erklärt war, ist es nicht verwunderlich, daß man damit die Klassenformel von Plücker verallgemeinern kann.

Allgemeine Klassenformel. *Sei $C \subset \mathbb{P}_2(\mathbb{C})$ irreduzibel vom Grad $n \geq 2$. Es sei*

$$
\begin{aligned}
n^* &= \textit{Klasse von } C, \\
k_p &= \textit{Ordnung von } C \textit{ in } p, \\
s_p &= \textit{Anzahl der Zweige von } C \textit{ in } p.
\end{aligned}
$$

Dann gilt

$$n^* = n(n-1) - \sum_{p \in \operatorname{Sing} C} (c_p + k_p - s_p)\,.$$

Beweis. Wir benutzen wieder die Methode aus 5.9 und wählen dazu die Koordinaten in $\mathbb{P}_2(\mathbb{C})$ so, daß durch $q = (0\!:\!0\!:\!1)$ genau n^* Tangenten durch glatte Punkte von C gehen, und daß durch q keine Tangente an einen singulären Punkt geht. Nach dem Satz von Bézout ist

$$n(n-1) = n^* + \sum_{p \in \operatorname{Sing} C} \operatorname{mult}_p(C \cap P_q C)\,,$$

und aus A.5.2 folgt

$$\operatorname{mult}_p(C \cap P_q C) = c_p + k_p - s_p\,. \qquad \square$$

Es sei nicht versäumt zu notieren, daß

$$c_p + k_p - s_p = \begin{cases} 2 + 2 - 2 = 2 & \text{falls } p \text{ einfacher Doppelpunkt,} \\ 2 + 2 - 1 = 3 & \text{falls } p \text{ einfache Spitze.} \end{cases}$$

A.5.4. Beim Beweis der Geschlechtsformel von Clebsch für Plückerkurven in 9.8 wird die Klassenformel von Plücker verwendet. Mit der allgemeinen Klassenformel und der Invariante c_p ergibt die Methode der Projektion auf $\mathbb{P}_2(\mathbb{C})$ die in 9.9 angekündigte Formel

$$g = \frac{1}{2}\left((n-1)(n-2) - \sum_{p \in \mathrm{Sing}\,C} c_p\right).$$

Zum *Beweis* verwenden wir wie in 9.7 die Abbildungen

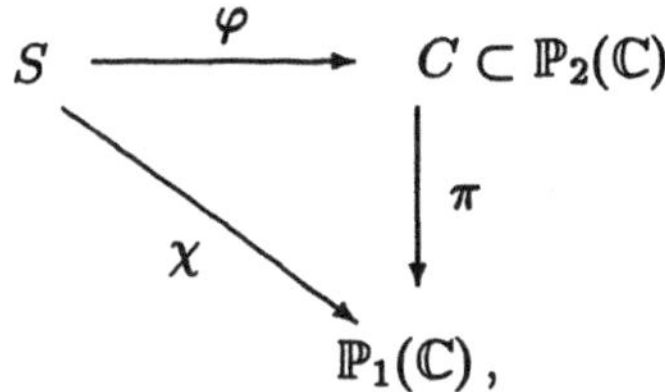

wobei φ eine Singularitätenauflösung und π die Projektion mit dem Zentrum $(0{:}0{:}1)$ ist. Unter den dort gemachten Annahmen gilt für die Verzweigungsordnung von χ

$$v(\chi) = n^* + \sum_{p \in \mathrm{Sing}\,C} (k_p - s_p). \tag{$*$}$$

Es genügt, diese Formel zu beweisen. Denn dann folgt mit der Klassenformel A.5.3

$$v(\chi) = n(n-1) - \sum_{p \in \mathrm{Sing}\,C} c_p$$

und mit Riemann-Hurwitz (9.6) die obige Formel für g.

Zum Beweis der Formel $(*)$ berechnen wir den Beitrag der Singularitäten zur Verzweigungsordnung. Ist $p \in \mathrm{Sing}\,C$, so ist

$$\varphi^{-1}(p) = \{x_1, \ldots, x_{s_p}\},$$

und zu jedem x_i gehört ein Zweig C_i des Keimes von C in p. Wir können die Koordinaten so transformieren, daß $p = (1{:}0{:}0)$. Da φ durch Puiseux-Parametrisierungen konstruiert ist, können wir um x_i eine Koordinate t so wählen, daß die Parametrisierung von C_i beschrieben ist durch

$$t \mapsto \left(t^{k_i}, \varphi_i(t)\right) \quad \text{mit } k_i = \mathrm{ord}\,C_i.$$

Also ist χ um x_i beschrieben durch

$$t \mapsto t^{k_i}, \quad \text{und es ist} \quad v_{x_i}(\chi) = k_i - 1.$$

Insgesamt liefert p zur Verzweigungsordnung den Beitrag

$$\sum_{i=1}^{s_p}(k_i - 1) = k_p - s_p. \qquad \square$$

Neben der Klassenformel kann man die Wendepunktsformel auf Kurven mit beliebigen Singularitäten verallgemeinern. Der daran interessierte Leser möge [B-K] konsultieren.

A.5.5. Die in A.5.3 bewiesene Abschätzung für die Invariante c ist sehr schwach. Insbesondere gibt sie keine Auskunft darüber, wie sie sich gegenüber der einfachsten lokalen Invariante, nämlich der Ordnung, verhält. Das wollen wir noch ausführen.

Satz. *Für einen Kurvenkeim C der Ordnung k gilt $c \geq k(k-1)$.*

Beweis (vgl. [Na]). Wie im Beweis von Satz A.5.2 verwenden wir das minimale Weierstraßpolynom

$$f = f_1 \cdot \ldots \cdot f_s \quad \text{vom Grad } k = k_1 + \ldots + k_s \, .$$

Für jedes $i \in \{1, \ldots, s\}$ genügt es zu zeigen, daß

$$c_i \geq k_i(k-1) \, , \qquad\qquad (*)$$

dann folgt die Behauptung durch Addition dieser Ungleichungen.

Zum Beweis von $(*)$ wählen wir die Koordinaten (X, Y) so, daß die Tangente des Zweiges C_i waagrecht, d.h $V(Y)$ ist, und kein Zweig eine senkrechte Tangente hat. Nach A.5.2 ist mit $q = (0\!:\!0\!:\!1)$ und $L = V(X)$

$$c_i = \text{mult}\,(C_i, P_q C) - k_i + 1 \, ,$$

also genügt es,

$$\text{mult}\,(C_i, P_q C) \geq k_i k - 1 \qquad\qquad (**)$$

zu beweisen. Der Zweig C_i ist nach Puiseux parametrisiert durch

$$T \mapsto \left(T^{k_i}, \varphi(T)\right) \quad \text{mit} \quad \text{ord}_T \varphi \geq k_i + 1$$

(vgl. 8.1). Nun betrachten wir das Newton-Polygon von f (vgl. A.4.2). Da kein Zweig von C eine senkrechte Tangente hat, ist es enthalten in

$$\left\{(\mu, \nu) \in \mathbb{N}^2 : \mu + \nu \geq k\right\} \, ,$$

also gilt für die Koeffizienten $a_j(X)$ von f

$$\text{ord}_X a_j \geq j \quad \text{für } j = 1, \ldots, k \, .$$

Wegen $\text{ord}_T \varphi \geq k_i + 1$ enthält es eine Strecke der Höhe k_i und der Steigung ϱ mit $-1 < \varrho < 0$. Also gilt sogar

$$\text{ord}_X a_j \geq j + 1 \quad \text{für } k - k_i < j \leq k \, .$$

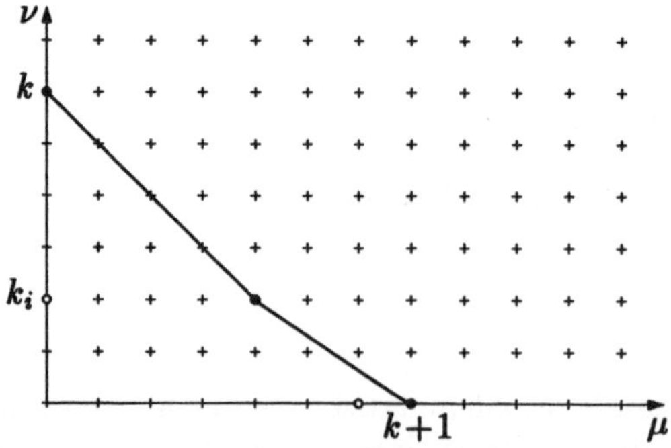

Bild A.5.1. Schranke für den Träger von f

Nun ist

$$\text{mult}\,(C_i, P_q C) = \text{ord}_T \frac{\partial f}{\partial Y}\,\left(T^{k_i}, \varphi(T)\right).$$

Die Ordnungen der Summanden kann man abschätzen durch

$$\text{ord}_T a_j Y^{k-j-1} \geq \begin{cases} kk_i + k - j - 1 - k_i & \text{für } 0 \leq j \leq k - k_i, \\ kk_i + k - j - 1 & \text{sonst.} \end{cases}$$

Der minimale Wert der unteren Schranke ist $kk_i - 1$ für $j = k - k_i$. Das beweist $(**)$. $\square$

Für einfache Doppelpunkte und einfache Spitzen ist $c = k(k-1) = 2$. Man kann die Fälle, in denen die obige Ungleichung scharf ist, explizit angeben (vgl. [Na], 2.1.5).

A.5.6. Nach Definition hängt die Invariante c sowohl von den Singularitäten der einzelnen Zweige als auch von der gegenseitigen Lage der Zweige ab. Um das genauer zu sehen, behandeln wir noch einige

Beispiele. a) Wie in 8.1 betrachten wir den irreduziblen Keim

$$C = V\left(Y^k - X^r\right)$$

mit teilerfremden k, r und $1 \leq k < r$. Dann ist $\text{ord}\,C = k$. Aus der Parametrisierung

$$T \mapsto \left(T^k, T^r\right)$$

erhält man

$$c = r(k-1) - k + 1 = (r-1)(k-1).$$

Durch geeignete Wahl von k und r kann man also die a priori Ungleichungen

$$0 \leq k(k-1) \leq c$$

beliebig spreizen.
b) Besteht $C = C_1 \cup C_2$ aus zwei glatten Zweigen, so ist $k = 2$. Sind die beiden Tangenten verschieden (gewöhnlicher Doppelpunkt), so ist auch $c = 2$. Ist etwa

$$C = V(f_1) \cup V(f_2) = V\left(Y - X^r\right) \cup V\left(Y + X^s\right) \quad \text{mit } 2 \leq r \leq s,$$

so ist $V(Y)$ die gemeinsame Tangente und es ist

$$c = 2r, \quad \text{also} \quad 2 = k(k-1) < c.$$

In diesem Fall ist also die Invariante $\delta = \frac{1}{2}c$ gleich der Schnittmultiplizität der beiden Zweige.
c) Den Fall von zwei Zweigen wie in Beispiel a) überlassen wir dem Leser zur Übung.

In den folgenden Bildern ist $\kappa = \frac{1}{2}k(k-1)$, $\delta = \frac{1}{2}c$:

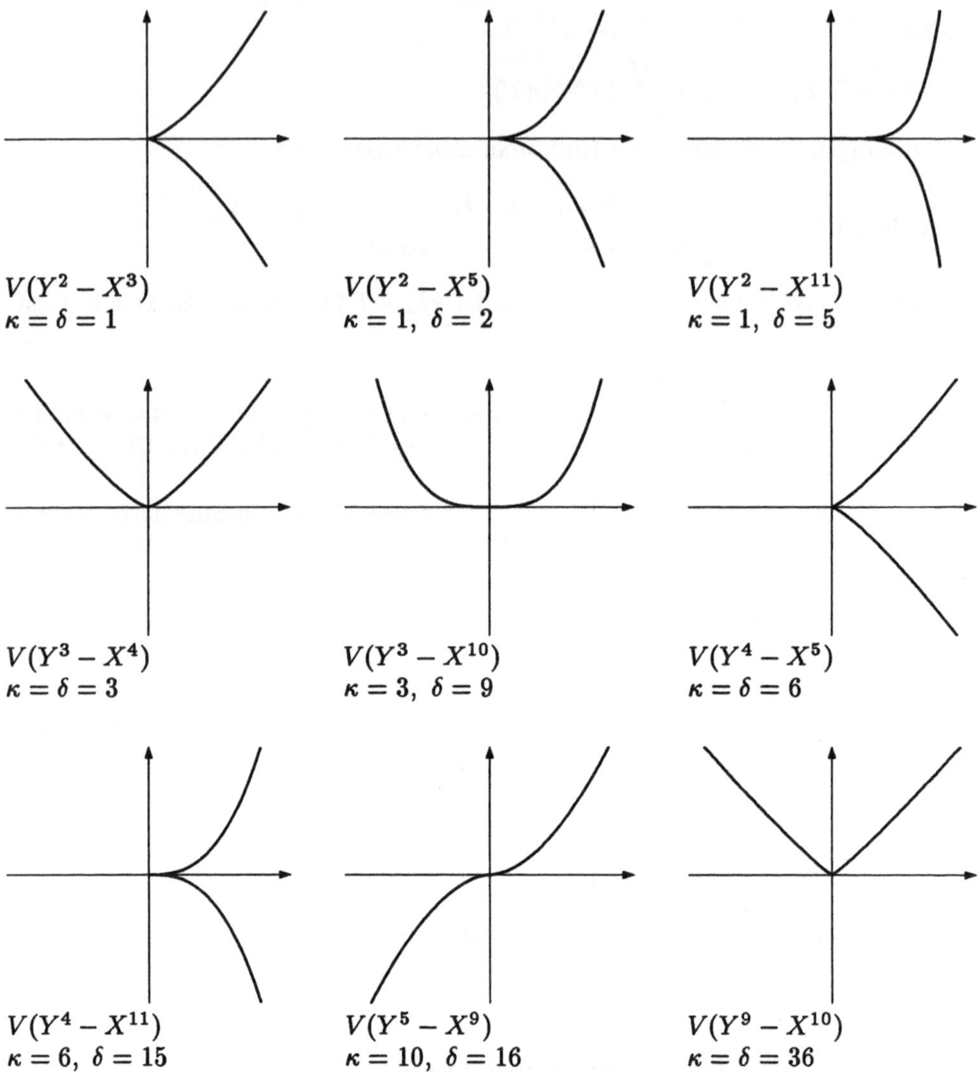

Bild A.5.2. Irreduzible Keime mit teilerfremden Exponenten (Beispiel a)

Beim Betrachten dieser Bilder wird wieder einmal klar, wie wenig von der Kompliziertheit einer Singularität im Reellen zu sehen ist. Bei den Beispielen aus a) kann man die Parametrisierung auf $S_1 \subset \mathbb{C}$ einschränken. Das Bild von S_1 in $S_1 \times S_1 \subset \mathbb{C}^2$ ist ein sogenannter *Torusknoten*, der als *Umgebungsrand* der Singularität auftritt (vgl. [B-K]). Im Reellen sieht man davon nur zwei Punkte.

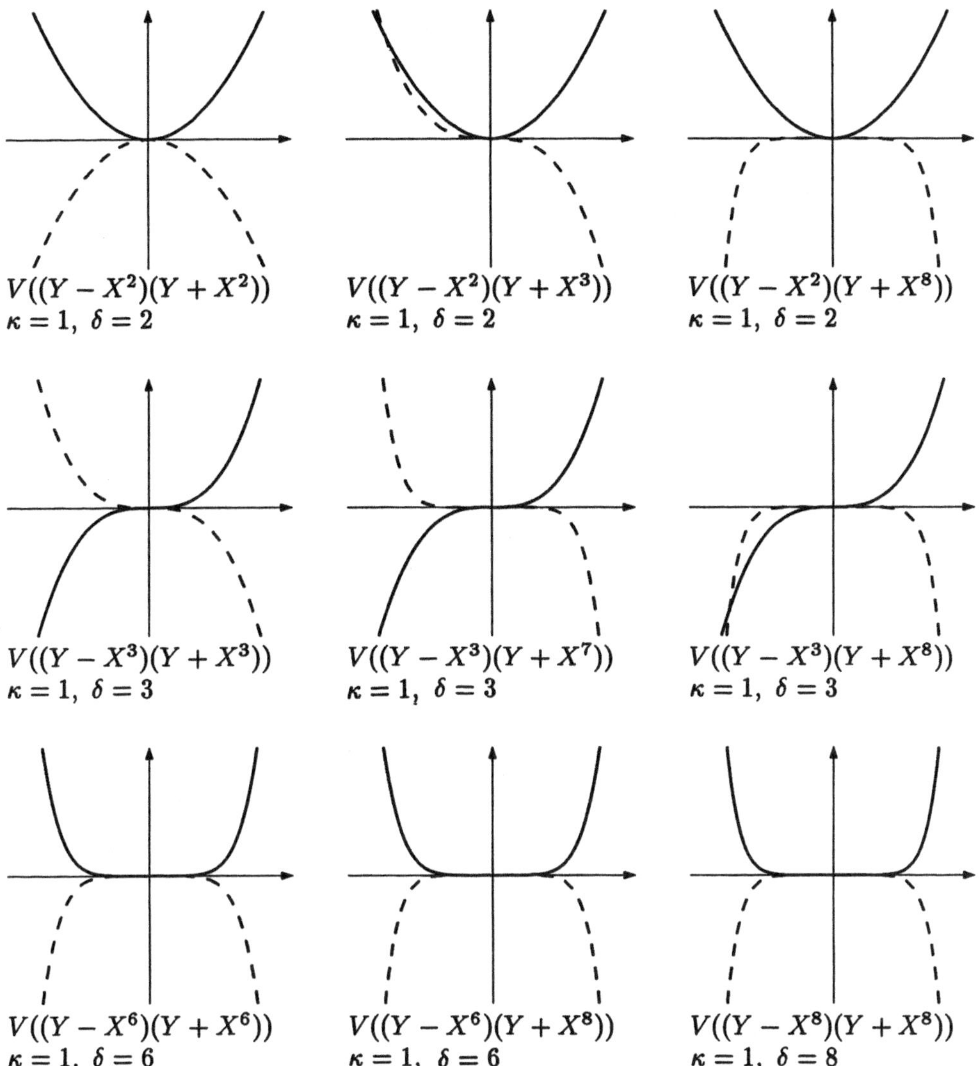

Bild A.5.3. Jeweils zwei glatte Zweige mit gemeinsamer Tangente $V(Y)$ (Beispiel b)

Anhang 6.

Die Ungleichung von Harnack

A.6.1. Zu Beginn von Kapitel 1 hatten wir gesehen, daß eine befriedigende Theorie von ebenen Kurven nur möglich wird, wenn man auch komplexe Nullstellen in die Betrachtung mit einbezieht. Besonders erfreulich ist es, wenn man daraus Rückschlüsse auf die ursprüngliche reelle Kurve ziehen kann. Leider sind solche Fälle ziemlich selten. Wenigstens ein schönes Beispiel dieser Art soll den Abschluß dieses Buches bilden.

Gegeben sei ein homogenes Polynom

$$F \in \mathbb{R}[X_0, X_1, X_2], \quad \deg F = n.$$

Seine Nullstellenmenge ist ein Kegel $V(F) \subset \mathbb{R}^3$ und dazu gehört eine reell-algebraische Kurve

$$C = \{(x_0 : x_1 : x_2) \in \mathbb{P}_2(\mathbb{R}) : F(x) = 0\}.$$

Wir setzen voraus, daß sie *glatt* ist, d.h. daß in jedem Punkt von C der homogene Gradient von F nicht verschwindet (vgl. 3.6). Dann ist C eine eindimensionale differenzierbare Mannigfaltigkeit, und nach einem bekannten Satz der reellen Analysis [Mi] ist jede Zusammenhangskomponente $C' \subset C$ homöomorph zu S_1. Man nennt C' ein *Oval*, wenn das Urbild in S_2 bezüglich der kanonischen Überlagerung $S_2 \mapsto \mathbb{P}_2(\mathbb{R})$ in zwei Komponenten zerfällt.

Übungsaufgabe. Ist n gerade, so sind alle Komponenten von C Ovale.

Ist n ungerade, so gibt es genau eine Komponente von C, die kein Oval ist.

Die Ovale in $\mathbb{P}_2(\mathbb{R})$ sind nullhomotop, jede nicht ovale Komponente repräsentiert das erzeugende Element von $\pi_1(\mathbb{P}_2(\mathbb{R})) = \mathbb{Z}/2\mathbb{Z}$.

A.6.2. Die Frage nach der Höchstzahl von Zusammenhangskomponenten beantwortet die

Ungleichung von Harnack. *$C \subset \mathbb{P}_2(\mathbb{R})$ sei eine glatte algebraische Kurve vom Grad n, r sei die Anzahl der Zusammenhangskomponenten. Dann gilt*

$$r \leq \tfrac{1}{2}(n-1)(n-2) + 1.$$

Sie wurde zuerst von Harnack [H] im Jahr 1876 veröffentlicht. Ein Beweis mit Methoden der reellen algebraischen Geometrie findet sich in [B-C-R]. Man kann sie aber auch aus der Geschlechtsformel 9.7 ableiten. Wir folgen dabei der Darstellung von [Sh] (vgl. auch [We]). Es würde restlos den Rahmen dieses Buches sprengen, hier die erforderlichen topologischen Hilfsmittel einzuführen. Wir notieren nur, was benutzt wird.

Zu dem gegebenen reellen Polynom F betrachten wir die komplex projektive Kurve

$$S = V(F) \subset \mathbb{P}_2(\mathbb{C}),$$

und wir setzen zur Vereinfachung des Beweises voraus, daß sie glatt, also eine Riemannsche Fläche ist. (Singularitäten von S verursachen zusätzliche Probleme bei der Konstruktion der Triangulierung und der Schnittform.) Die komplexe Konjugation in $\mathbb{C}$ ergibt eine topologische Abbildung

$$\tau' : \mathbb{P}_2(\mathbb{C}) \to \mathbb{P}_2(\mathbb{C}), \quad (x_0 : x_1 : x_2) \mapsto (\bar{x}_0 : \bar{x}_1 : \bar{x}_2),$$

mit Fixpunktmenge $\mathbb{P}_2(\mathbb{R})$. Da F reelle Koeffizienten hat, ist $\tau'(S) = S$ und $C \subset \mathbb{P}_2(\mathbb{R})$ die Fixpunktmenge von

$$\tau := \tau'|S : S \to S.$$

Ist g das Geschlecht von S, so genügt es nach 9.4 die Ungleichung

$$r \leq g + 1 \tag{$*$}$$

zu zeigen. Diese Beziehung zwischen r und g wird plausibel durch folgendes Bild:

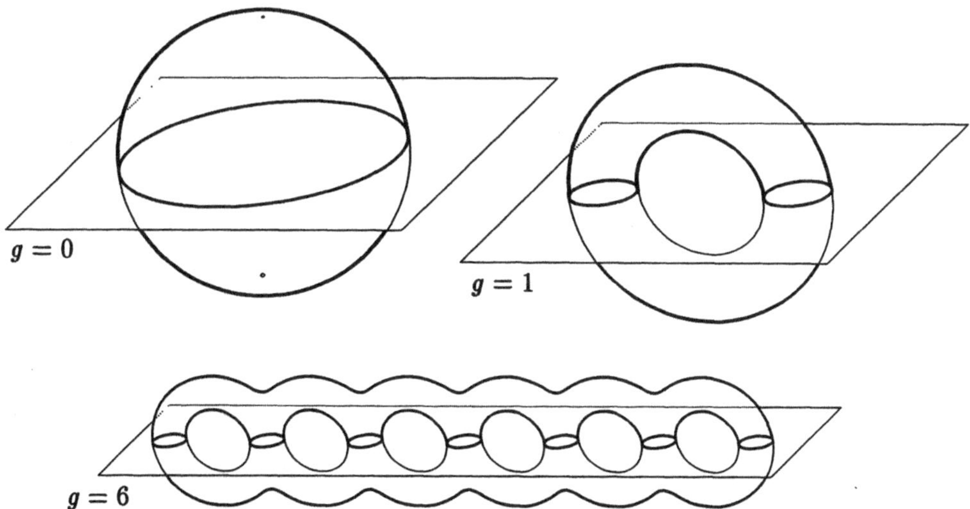

Bild A.6.1. Schnitt einer „reellen" Ebene durch eine Fläche vom Geschlecht g

Zu jeder Triangulierung von S hat man über einem beliebigen Körper $\mathbb{F}$ und für $i = 0, 1, 2$ die Vektorräume

$B_i \subset Z_i \subset K_i$,   wobei

K_i die i-Ketten,

Z_i die i-Zyklen, und

B_i die i-Ränder bezeichnet.

$$\partial_i : K_i \to B_{i-1}$$

sei für $i = 1, 2$ der Randoperator,

$$H_i(S, \mathbb{F}) := Z_i / B_i$$

ist für $i = 0, 1, 2$ die i-te *Homologiegruppe* von S mit Koeffizienten in $\mathbb{F}$. Man weiß aus der Topologie, daß sie nicht von der Wahl der Triangulierung abhängt, und daß

(1) $\dim H_1(S, \mathbb{F}) = 2g$, $\dim H_2(S, \mathbb{F}) = \dim Z_2 = 1$.

Nun konstruiert man sich ausgehend von einer Triangulierung der reellen Kurve C durch 0- und 1-Simplices und durch Konjugation von 2-Simplices in S eine τ-invariante Triangulierung von S mit folgenden Eigenschaften:

(2) Für $i = 0, 1, 2$ induziert τ Isomorphismen

$$\tau_i : K_i \to K_i \,,$$

die mit den Randoperatoren verträglich sind. Mit $K_i^\tau \subset K_i$ bezeichnen wir die *τ-invarianten* Ketten.

(3) Sind $z_1, \ldots, z_r \in Z_1$ die von den Zusammenhangskomponenten von C erzeugten 1-Zyklen und ist $V \subset Z_1$ der von ihnen aufgespannte Untervektorraum, so gilt

$$\partial K_2^\tau \cap V = 0 \,,$$

falls char $\mathbb{F} = 2$. Das bedeutet, daß keiner der Zyklen z_ϱ als Rand eines τ-invarianten 2-Zyklus auftreten kann.

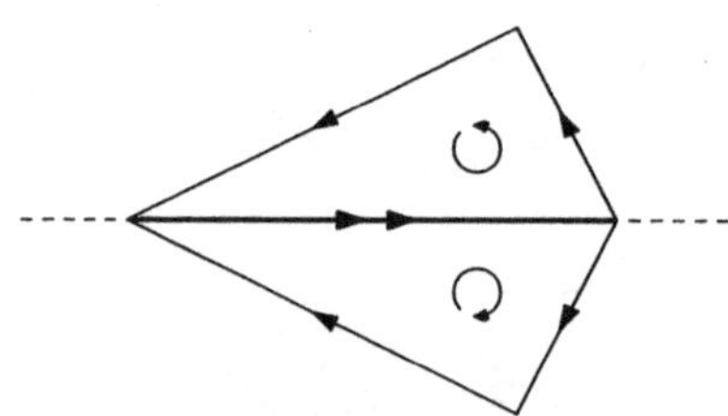

Bild A.6.2. τ-invarianter Zyklus

Als weiteres Hilfsmittel aus der Topologie benötigen wir die *Schnittform*

$$\sigma : H_1(S, \mathbb{F}) \times H_1(S, \mathbb{F}) \to \mathbb{F} \,.$$

Das ist eine alternierende Bilinearform.

Für zwei Homologieklassen zählt sie die Schnittpunkte repräsentierender 1-Zyklen mit Gewichten in $\mathbb{F}$. Ist $h_1, \ldots, h_{2g}$ eine Basis, so gilt

$$\det\left(\sigma(h_i, h_j)\right)_{i,j} \neq 0 \,.$$

Ein Untervektorraum $W \subset H_1(S, \mathbb{F})$ heißt *isotrop*, wenn $\sigma(w, w') = 0$ für alle $w, w' \in W$. Aus der linearen Algebra weiß man, daß hieraus

$$\dim W \leq \tfrac{1}{2} \dim H_1(S, \mathbb{F}) = g$$

folgt. Sei nun

$$\varrho : Z_1 \to H_1(S, \mathbb{F}) = Z_1/B_1$$

der kanonische Homomorphismus und $W = \varrho(V)$. Da die Zyklen $z_1, \ldots, z_r$ paarweise disjunkt sind und sich jeder durch einen disjunkten homologen ersetzen läßt, ist W isotrop, also gilt

$$(4) \quad \dim \varrho(V) \leq g \,.$$

A.6.3.   Mit all diesen technischen Hilfsmitteln zur Hand ist der Beweis der Ungleichung $(*)$ ein reines Vergnügen. Man verwendet das Körperchen $\mathbb{F} = \mathbb{Z}/2\mathbb{Z}$. Es ist

$$\dim_{\mathbb{F}} V \leq g + 1$$

zu zeigen, und wegen

$$\dim V = \dim \varrho(V) + \dim(V \cap \ker \varrho)$$

und (4) genügt der Nachweis von

$$\dim(V \cap \ker \varrho) \leq 1 \,.$$

Über $\mathbb{F}$ bedeutet das, daß für zwei Elemente

$$0 \neq b, b' \in V \cap \ker \varrho = V \cap B_1$$

$b = b'$ folgen muß. Nehme $k, k' \in K_2$ mit

$$b = \partial k \quad \text{und} \quad b' = \partial k' \,.$$

Wegen $V \subset Z_1^\tau$ folgt

$$\partial k = b = \tau b = \tau \partial k = \partial \tau k \,, \quad \text{also} \quad \partial(k + \tau k) = 0 \quad \text{und} \quad k + \tau k \in Z_2 \,.$$

Es ist $k + \tau k \neq 0$, weil sonst $k \in K_2^\tau$ und $\partial k = b = 0$ nach (3). Analog erhält man $k' + \tau k' \neq 0$, und wegen $\dim Z_2 = 1$ folgt

$$k + \tau k = k' + \tau k' \,, \quad \text{also} \quad \tau(k + k') = k + k' \quad \text{und} \quad k + k' \in K_2^\tau \,.$$

Wieder wegen (3) folgt

$$b + b' = \partial(k + k') \in V \cap \partial K_2^\tau \,, \quad \text{also} \quad b = b' \,. \qquad \qquad \Box$$

Beispiele für Kurven mit der Höchstzahl von Zusammenhangskomponenten wurden schon von HARNACK [H] konstruiert (vgl. auch [B-C-R]).

Literaturverzeichnis

[A1]   Abhyankar, S.S.: *Local Analytic Geometry.* Academic Press 1964.

[A2]   Abhyankar, S.S.: *Historical rambling in algebraic geometry and related algebra.* Am. Math. Monthly, **83**, 409-448 (1976).

[Be]   Bernhard, Th.: *Einfach kompliziert.* Suhrkamp 1986.

[B-C-R]   Bochnak, J., M. Coste et M.-F. Roy: *Géométrie algébrique réelle.* Springer 1987.

[B-K]   Brieskorn, E. and H. Knörrer: *Ebene algebraische Kurven.* Birkhäuser 1981.

[B-J]   Bröcker, Th. und K. Jänich: *Einführung in die Differentialtopologie.* Springer 1973.

[Bu]   Burau, W.: *Algebraische Kurven in der Ebene.* Sammlung Göschen Band 435. W. de Gruyter 1962.

[Cha]   Chandrasekharan, K.: *Einführung in die Analytische Zahlentheorie.* Lecture Notes in Mathematics 29. Springer 1966.

[Che]   Chenciner, A.: *Courbes algébriques planes.* Publ. Math. de l'Univ. Paris VII, 1978.

[D]   Dieudonné, J.: *Cours de géométrie algébrique.* Presses Univ. de France 1974.

[Fi]   Fischer, G.: *Analytische Geometrie.* Vieweg 1978.

[Fo1]   Forster, O.: *Lokale analytische Geometrie.* Math. Inst. der Univ. Münster 1976.

[Fo2]   Forster, O.: *Riemannsche Flächen.* Springer 1977.

[G-F]   Grauert, H. und K. Fritzsche: *Einführung in die Funktionentheorie mehrerer Veränderlicher.* Springer 1974.

[Go]   Gorenstein, D.: *An arithmetic theory of adjoint plane curves.* Trans. AMS **72**, 414–436 (1952).

[G-R1]   Grauert, H. und R. Remmert: *Analytische Stellenalgebren.* Springer 1971.

[G-R2]   Grauert, H. und R. Remmert: *Coherent analytic sheaves.* Springer 1984.

[H]   Harnack, A.: *Über die Vieltheiligkeit der ebenen algebraischen Kurven.* Math. Ann. **10**, 198–198 (1876).

[Ha]   Hartshorne, R.: *Algebraic Geometry.* Springer 1977.

[Ki]   Kirwan, F.: *Complex Algebraic Curves.* Cambridge Univ. Press 1992.

[Kl]   Klein, F.: *Elementarmathematik vom höheren Standpunkte aus.* Band 2, Geometrie. Springer 1925.

[Ko1]   Kodaira, K.: *Complex Manifolds and Deformation of Complex Structures.* Springer 1986.

[Ko2]   Kodaira, K.: *On compact complex analytic surfaces.* Ann. of Math. **71**, 111–152 (1960).

[Ku]   Kunz, E.: *Ebene algebraische Kurven.* Regensburger Trichter, Band 23, 1991.

[M]   Massey, W.: *Algebraic Topology: An Introduction.* Harcourt, Brace & World 1967.

[Mi]   Milnor, J.: *Topology from the Differentiable Viewpoint.* The University Press of Virginia 1965.

[Na]   Namba, M.: *Geometry of Projective Algebraic Curves.* Dekker 1984.

[Ne]   Newton, I.: *Curves.* In: Lexicon Technicum, John Harris, London 1710. Nachdruck in *The Mathematical Works of Isaak Newton*, Volume 2, Johnson Reprint Corporation 1967.

[O]   Ossa, E.: *Topologie.* Vieweg 1992.

[R]   Rückert, W.: *Zum Eliminationsproblem der Potenzreihenideale.* Math. Ann. **107**, 259-281 (1933).

[Sh]   Shafarevich, I.R.: *Basic Algebraic Geometry.* Springer 1974.

[St]   Stickelberger, L.: *Über einen Satz des Herrn Noether.* Math. Ann. **30**, 401-409 (1887).

[T]   Thimm, W.: *Vorlesung über Funktionentheorie mehrerer Veränderlicher.* Aschendorff, Münster 1961.

[Wa]   Walker, G.: *Algebraic Curves.* Princeton Univ. Press 1950.

[Wae]   van der Waerden, B.: *Einführung in die algebraische Geometrie.* Springer 1939.

[We]   Westermann, M.: *Ein Beweis der Ungleichung von Harnack mit Hilfe der Geschlechtsformel.* Diplomarbeit, Düsseldorf 1994.

[Z-S]   Zariski, O. and P. Samuel: *Commutative Algebra.* Van Nostrand 1960.

Sachwortverzeichnis

Symbolverzeichnis